マイクロリアクター技術の最前線
R&D Frontiers in Microreactor for Production Technology

《普及版／Popular Edition》

監修 前 一廣

シーエムシー出版

巻頭言

　生産用マイクロリアクターに関する研究は1990年代にドイツで興り，21世紀に入って日本でも研究が開始され10年少しになる。シーエムシー出版では，日本におけるマイクロリアクター研究のパイオニアで現在も第一人者である京都大学 吉田潤一教授監修のもと，タイムリーに2003年に「マイクロリアクター―新時代の合成技術―」を，2008年には，その普及版書籍である「マイクロリアクターの開発と応用」を刊行し，マイクロリアクターを初めて扱う研究者，技術者の学習に寄与してきた。

　この間，日本では9年間にわたるNEDOの産学共同基盤研究が推進され，世界的にも欧州を中心に数多くの産学連携プロジェクトが行われ，マイクロリアクターの設計や操作への理論的な理解が深まるとともに，いくつかの産業化事例も出てきた。このように2003年当時に比べると，本技術は飛躍的に進歩しているが，その基礎原理から応用に至るまでを体系的に纏めたものは存在せず，未だ世界的にも単発の事例報告のレベルに留まっているのが現状であった。

　そこで，本書では，マイクロリアクター技術のより深い理解と最新の情報を伝えることを目的に，日本におけるマイクロリアクター研究開発の最前線で活躍している数多くの研究者，技術者の方々に，基礎学理からデバイス設計，各分野での適用事例，プロセス化の試みなどを執筆頂いた。本書では，2000年代では想定していなかった数万トン／年レベルのバルク生産を視野にしたリアクター例も示されており，読者各位が本書を精読しそれぞれ独自に考えて頂くことで，マイクロリアクターが高機能部材からバルク原料までをカバーする高効率，環境調和型化学産業を支えるコア技術の一つとして展開されることと確信している。

　最後に，ご多忙の中，本書の各章の執筆および翻訳を快く引き受けてくださった諸先生方に厚く御礼申し上げます。

　2012年4月

京都大学

前　一廣

普及版の刊行にあたって

　本書は2012年に『マイクロリアクター技術の最前線』として刊行されました。普及版の刊行にあたり，内容は当時のままであり加筆・訂正などの手は加えておりませんので，ご了承ください。

2019年3月

シーエムシー出版　編集部

執筆者一覧（執筆順）

前　一廣	京都大学　大学院工学研究科　化学工学専攻　教授
長谷部　伸治	京都大学　大学院工学研究科　化学工学専攻　教授
外輪　健一郎	徳島大学　大学院ソシオテクノサイエンス研究部　教授
近藤　賢	JAASインターナショナル㈱　広島支店　支店長
妹尾　典久	岡山大学　大学院自然科学研究科　研究員
富樫　盛典	㈱日立製作所　日立研究所　機械研究センタ　第一部　ユニットリーダ　主任研究員
野一色　公二	㈱神戸製鋼所　機械事業本部　機器本部　技術室　開発グループ　担当課長
御手洗　篤	DKSHジャパン㈱　テクノロジー事業部門　科学機器部　主任
吉田　潤一	京都大学　大学院工学研究科　合成・生物化学専攻　教授
永木　愛一郎	京都大学　大学院工学研究科　合成・生物化学専攻　助教
川波　肇	�産業技術総合研究所　コンパクト化学システム研究センター　主任研究員
水野　一彦	大阪府立大学　名誉教授；奈良先端科学技術大学院大学　物質創成科学研究科　客員教授
中谷　英樹	ダイキン工業㈱　化学事業部　プロセス技術部
平賀　義之	大金フッ素化学中国有限公司　董事副総経理，ダイキン工業㈱　化学事業部　中国技術革新プロジェクトリーダー
井上　朋也	�産業技術総合研究所　集積マイクロシステム研究センター　主任研究員
川口　達也	宇部興産㈱　研究開発本部　有機化学研究所　触媒化学G　主席研究員
時實　昌史	大阪府立大学　大学院理学系研究科　分子科学専攻　博士研究員
福山　高英	大阪府立大学　大学院理学系研究科　分子科学専攻　准教授
柳　日馨	大阪府立大学　大学院理学系研究科　分子科学専攻　教授
草壁　克己	崇城大学　工学部　ナノサイエンス学科　教授

安川 隼也	三菱レイヨン㈱ 中央技術研究所 触媒研究グループ 副主任研究員	
岩崎 猛	出光興産㈱ 機能材料研究所 化学品開発センター 研究主任	
石坂 孝之	㈱産業技術総合研究所 コンパクト化学システム研究センター 研究員	
鈴木 敏重	㈱産業技術総合研究所 コンパクト化学システム研究センター 企画連携統括	
渡邉 哲	京都大学 大学院工学研究科 化学工学専攻 助教	
宮原 稔	京都大学 大学院工学研究科 化学工学専攻 教授	
木俣 光正	山形大学 大学院理工学研究科 バイオ化学工学分野 准教授	
西迫 貴志	東京工業大学 精密工学研究所 助教	
小野 努	岡山大学 大学院自然科学研究科 教授	
小林 功	㈱農業・食品産業技術総合研究機構 食品総合研究所 食品工学研究領域 主任研究員	
竹島 弘昌	東レエンジニアリング㈱ エンジニアリング事業本部 プラント技術部 第2プラント技術室 マイクロ化学チーム 主席技師	
太田 俊彦	日油㈱ 愛知事業所 武豊工場 研究開発部 主査	
Dominique Roberge	Lonza Ltd. Lonza Custom Manufacturing Head of Continuous Flow/MRT Business Development	
早川 道也	ロンザジャパン㈱ 有機合成受託事業部 事業部長	
夕部 邦夫	三菱ガス化学㈱ 東京研究所 主任研究員	
松山 一雄	花王㈱ 加工・プロセス開発研究所1室 グループリーダー	
長澤 英治	富士フイルム㈱ R&D統括本部 技術戦略部 主任技師	
滝沢 容一	綜研化学㈱ PLD事業推進プロジェクト リーダー	
内田 正之	東洋エンジニアリング㈱ 取締役常務執行役員,経営計画本部長	

執筆者の所属表記は,2012年当時のものを使用しております。

目　　次

第1章　生産用マイクロリアクター利用の基本概念とデバイス開発

1　マイクロリアクター利用の基本概念と大量生産化戦略 …… **前　一廣** …… 1
　1.1　はじめに …… 1
　1.2　マイクロリアクターの特長 …… 1
　1.3　マイクロ空間で発現する機能を利用した操作法 …… 2
　1.4　マイクロリアクターの適用分野 …… 6
　1.5　大量生産プロセスへの開発戦略 …… 6
　1.6　おわりに …… 8

2　高効率マイクロリアクターの形状設計法 …… **長谷部伸治** …… 10
　2.1　はじめに …… 10
　2.2　設計時の留意点 …… 10
　2.3　コンパートメントモデルを用いた形状最適化 …… 10
　2.4　CFDシミュレーションと応答局面を用いた形状最適化 …… 12
　2.5　随伴変数法の適用 …… 13
　2.6　分配器の設計 …… 14
　2.7　おわりに …… 16

3　深溝型マイクロリアクター …… **外輪健一郎** …… 17
　3.1　深溝型流路による処理量増大の概念 …… 17
　3.2　作製精度と流動状態 …… 18
　3.3　混合性能の改良 …… 19
　3.4　応用例 …… 21
　3.5　実用化に向けて …… 22

4　工業用化学反応器として適合するマイクロリアクターの開発 …… **近藤　賢** …… 23
　4.1　はじめに …… 23
　4.2　スループットの向上 …… 23
　4.3　混相系への適合性 …… 26
　4.4　生産ツールとして備えるべきそのほかの重要な機能と拡張機能 …… 28
　4.5　プラント …… 31
　4.6　まとめ …… 32

5　各種金属製マイクロリアクターの開発 …… **妹尾典久** …… 33
　5.1　はじめに …… 33
　5.2　界面反応型マイクロリアクター（マイクロミキサー）の開発 …… 34
　5.3　複合液滴生成用マイクロリアクターの開発 …… 37
　5.4　海・島型マイクロリアクター …… 38
　5.5　多孔・多段式マイクロミキサー（カルマン型マイクロミキサー） …… 39
　5.6　流体を微粒子にするマイクロリアクター …… 39
　5.7　分配器 …… 40
　5.8　転相温度乳化装置およびその方法 …… 41
　5.9　参考資料 …… 42
　5.10　おわりに …… 42

- 6 中量産に向けたマイクロリアクターの開発 ……… 富樫盛典 …… 43
  - 6.1 はじめに …… 43
  - 6.2 マイクロリアクターが適用可能なプロセス …… 43
  - 6.3 「ナンバリングアップ」の概念 …… 44
  - 6.4 外部ナンバリングアップの中量産プラント …… 45
  - 6.5 内部ナンバリングアップの中量産プラント …… 48
- 7 バルク生産用マイクロリアクター開発 ……… 野一色公二 …… 51
  - 7.1 はじめに …… 51
  - 7.2 バルク生産用マイクロリアクターの基本概念 …… 51
  - 7.3 バルク生産用熱交換器から大容量MCRへ …… 51
  - 7.4 大容量MCR 積層型多流路反応器（SMCR™）について …… 53
  - 7.5 SMCR™の適用事例 …… 55
  - 7.6 おわりに …… 58
- 8 モジュラー型マイクロリアクター開発 ……… 御手洗 篤 …… 59
  - 8.1 はじめに …… 59
  - 8.2 モジュラーマイクロ反応システムMMRS …… 61
  - 8.3 プロセスコントロール …… 66
  - 8.4 スタンドアローン・モジュール …… 67
  - 8.5 スケールアップ戦略 …… 68
  - 8.6 おわりに …… 69

第2章 マイクロリアクターを用いた各種物質製造技術

- 1 マイクロリアクターを使った環境調和型有機合成，高分子合成技術 ……… 吉田潤一，永木愛一郎 …… 72
  - 1.1 はじめに …… 72
  - 1.2 フローマイクロリアクターの特長 …… 72
  - 1.3 マイクロリアクターの特長を活かした有機合成 …… 73
  - 1.4 まとめ …… 78
- 2 高温高圧マイクロリアクターを用いた化学物質の高効率製造法 ……… 川波 肇 …… 80
  - 2.1 はじめに …… 80
  - 2.2 高温高圧水 …… 80
  - 2.3 高温高圧水—マイクロリアクター …… 81
  - 2.4 おわりに …… 88
- 3 フロー系マイクロリアクターを用いる高効率・高選択的光化学反応 ……… 水野一彦 …… 89
  - 3.1 はじめに …… 89
  - 3.2 フロー系マイクロリアクターを用いる光化学反応の特長 …… 89
  - 3.3 光化学反応装置 …… 89
  - 3.4 均一系光化学反応—その1 …… 90
  - 3.5 均一系光化学反応—その2 …… 92
  - 3.6 不均一系および界面を用いる光化学反応 …… 93

3.7 おわりに ………………………… 94
4 マイクロリアクターを用いたフッ素系ファインケミカル製品の合成
　………………… 中谷英樹, 平賀義之 96
　4.1 はじめに ………………………… 96
　4.2 フッ素化合物とフッ素ファインケミカル製品 ………………… 96
　4.3 フッ素系化合物の合成方法 …… 97
　4.4 フッ素系ケミカル製品のマイクロリアクターを用いた事例 ……… 98
　4.5 おわりに ……………………… 102
5 マイクロリアクター技術による直接法過酸化水素製造プロセス開発
　………………………… 井上朋也 104
　5.1 はじめに ……………………… 104
　5.2 過酸化水素について ………… 104
　5.3 過酸化水素製造へのマイクロリアクター技術の適用 ……………… 105
　5.4 実用化に向けて ……………… 109
6 高選択性を目指したスワン酸化反応の素反応制御 ……… 川口達也 111
　6.1 はじめに ……………………… 111
　6.2 スワン酸化反応について …… 112
　6.3 結果 …………………………… 112
　6.4 おわりに ……………………… 117
7 マイクロフローリアクターによる数百グラムオーダーの有機合成
　…… 時實昌史, 福山高英, 柳 日馨 118
　7.1 はじめに ……………………… 118
　7.2 触媒反応によるフロー合成とフローマイクロプラント ………… 118
　7.3 ラジカル反応によるフロー合成 … 121

7.4 光反応による合成 …………… 122
7.5 カチオン反応によるフロー合成 … 123
7.6 アニオン反応によるフロー合成 … 124
7.7 フルオラス溶媒を用いた臭素化反応 ……………………………… 124
7.8 おわりに ……………………… 125
8 マイクロチューブリアクターを用いたバイオディーゼルの合成 … 草壁克己 127
　8.1 はじめに ……………………… 127
　8.2 マイクロチューブリアクターによる反応促進効果 ……………… 128
　8.3 BDF合成条件の最適化 ……… 129
　8.4 マイクロチューブリアクター内の流動状態と反応特性 …………… 130
　8.5 マイクロチューブリアクターを用いた新規BDF合成 ……………… 133
　8.6 おわりに ……………………… 134
9 気液マイクロリアクターを用いたピルビン酸の製造 ……… 安川隼也 136
　9.1 はじめに ……………………… 136
　9.2 マイクロリアクターの適用 … 136
　9.3 乳酸エチルの酸化反応へのマイクロリアクターの適用 …………… 137
　9.4 気液スラグ流の流動状態と反応成績 …………………………… 138
　9.5 スケールアップを目的とした反応解析と安定操作法の探索 …… 140
　9.6 まとめ ………………………… 143
10 マイクロリアクターを用いたラジカル重合, カチオン重合 …… 岩崎 猛 144
　10.1 はじめに ……………………… 144
　10.2 マイクロリアクターを用いたラジ

　　　　カル重合 ………………… 144
10.3　ナンバリングアップリアクターと
　　　　連続運転 ………………… 146
10.4　マイクロリアクターを用いたカチ
　　　　オン重合 ………………… 149
10.5　まとめ ……………………… 151
11　マイクロリアクターを用いたポリイミ
　　ドナノ構造体の連続作製
　　　… **石坂孝之**, **川波　肇**, **鈴木敏重** … 152
11.1　はじめに …………………… 152
11.2　マイクロリアクターを用いた微粒子
　　　　の作製 …………………… 152
11.3　迅速な逐次操作に注目したナノ材
　　　　料作製 …………………… 153
11.4　マイクロリアクターを用いたポリ
　　　　イミドナノ構造体の作製 …… 154
11.5　おわりに …………………… 157
12　マイクロミキサーを用いた機能性微粒
　　子合成 ……… **渡邉　哲**, **宮原　稔** … 159
12.1　はじめに …………………… 159
12.2　マイクロミキサーを用いたPtナ
　　　　ノ粒子の合成 ……………… 159
12.3　マイクロミキサーを用いたAu@
　　　　SiO$_2$粒子の合成 …………… 162
12.4　まとめ ……………………… 166
13　多重管型マイクロリアクターによる酸
　　化物ナノ粒子の合成 …… **木俣光正** … 167
13.1　はじめに …………………… 167
13.2　多重管型マイクロリアクター …… 167
13.3　金属アルコキシドの加水分解法に
　　　　よる粒子合成 ……………… 168
13.4　多重円管型マイクロリアクターに

　　　　よるナノ粒子合成 ………… 169
13.5　おわりに …………………… 172
14　マイクロ流路による多相エマルション
　　生成と微粒子作製 ……… **西迫貴志** … 174
14.1　はじめに …………………… 174
14.2　マイクロ流路デバイスを用いた多
　　　　相エマルション生成技術 …… 174
14.3　単分散多相エマルションを基材
　　　　とした微粒子調製 ………… 177
14.4　ナンバリングアップによる生産量
　　　　スケールアップ …………… 180
14.5　おわりに …………………… 181
15　マイクロリアクターによる乳化・エマ
　　ルション調製の微細化 … **小野　努** … 183
15.1　はじめに …………………… 183
15.2　マイクロ流路分岐乳化法によるエ
　　　　マルション調製の微細化 …… 184
15.3　転相温度（PIT）乳化法を利用し
　　　　たナノエマルション調製 …… 186
15.4　マイクロ流路内超音波照射を利用
　　　　したナノエマルション調製 … 188
15.5　おわりに …………………… 190
16　マイクロチャネルデバイスを用いた非
　　球形微小液滴・微粒子の製造
　　　…………………… **小林　功** … 191
16.1　はじめに …………………… 191
16.2　分岐構造を持つMCデバイスを利
　　　　用した非球形単分散微小液滴・微
　　　　粒子の製造 ………………… 191
16.3　MCアレイデバイスを用いた非球形微
　　　　小液滴・微粒子の製造 …… 192
16.4　おわりに …………………… 197

第3章　マイクロ化学プロセス開発

1　マイクロ化学プロセスの生産プラント化へのアプローチ ……… **竹島弘昌** … 199
　1.1　はじめに ……………………………… 199
　1.2　マイクロ化学プラントの基本的装置構成 …………………………… 199
　1.3　ラボ試験からのマイクロ技術ノウハウの蓄積 ………………………… 201
　1.4　マイクロ量産化の手法とその実施例 ……………………………………… 203
　1.5　おわりに ……………………………… 206
2　ニトロ化合物の安全高効率製造 ………………………… **太田俊彦** … 208
　2.1　はじめに ……………………………… 208
　2.2　現在のニトロ化合物の工業的な製造方法とその特徴 ……………… 208
　2.3　ニトロ化合物製造プロセスをマイクロ化するメリット ……………… 209
　2.4　マイクロ空間におけるニトロ化合物の生成反応 …………………… 210
　2.5　おわりに ……………………………… 213
3　医薬品製造のためのマイクロリアクターの工業化設計とスケールアップ戦略 …… **Dominique Roberge，早川道也** … 214
　3.1　概略 …………………………………… 214
　3.2　はじめに ……………………………… 214
　3.3　工業用マイクロリアクター設計のための反応分類 …………………… 215
　3.4　スケールアップコンセプト ……… 218
　3.5　マイクロリアクター技術の工業的利用 ………………………………… 220
　3.6　まとめ ………………………………… 222
4　過酸化水素酸化反応によるビタミンK_3製造プロセス開発 …… **夕部邦夫** … 224
　4.1　はじめに ……………………………… 224
　4.2　過酸化水素酸化反応によるビタミンK_3合成 …………………………… 224
　4.3　過酢酸を酸化剤に用いたビタミンK_3合成 …………………………… 226
　4.4　マイクロ連続反応システムによるビタミンK_3合成 …………………… 228
　4.5　ビタミンK_3合成におけるマイクロ化学プロセス適用のメリット … 231
　4.6　おわりに ……………………………… 232
5　トイレタリー高機能製品の製造 ………………………… **松山一雄** … 233
　5.1　はじめに ……………………………… 233
　5.2　"micro in macro" に基づく汎用マイクロミキサー開発 ……………… 234
　5.3　マイクロ空間の特性を利用した新しい乳化プロセスの提案 ……… 236
　5.4　"micro in macro" の実現による高機能製品の製造 ………………… 238
　5.5　おわりに ……………………………… 239
6　有機顔料微粒子製造 …… **長澤英治** … 240
　6.1　はじめに ……………………………… 240
　6.2　研究開発の動向 ……………………… 240
　6.3　当社における有機顔料微粒子製造プロセスの開発 ………………… 241
　6.4　おわりに ……………………………… 246
7　電子ペーパー用ツイストボール製造

	………………………… 滝沢容一 …… 247
7.1	はじめに ……………………… 247
7.2	ツイストボールの製作方法 …… 247
7.3	マイクロチャンネル法での粒径制御 ……………………………… 249
7.4	スケールアップについて ……… 251
7.5	ツイストボールの設計 ………… 252
7.6	電子ペーパーへの応用 ………… 253
7.7	おわりに ……………………… 254

8 洋上GTLプラントの開発 ………………………… 内田正之 …… 255

8.1	はじめに ……………………… 255
8.2	GTLとは ……………………… 255
8.3	洋上GTLプラントが必要とされる背景 …………………………… 256
8.4	Velocys社およびそのマイクロチャンネルリアクターの特徴 …… 257
8.5	マイクロGTLプラント ………… 260
8.6	開発の状況 …………………… 260
8.7	商業プラントの概念設計 ……… 261
8.8	おわりに ……………………… 262

第1章 生産用マイクロリアクター利用の基本概念とデバイス開発

1 マイクロリアクター利用の基本概念と大量生産化戦略

前 一廣[*]

1.1 はじめに

わが国では，2000年頃から生産用マイクロリアクターに関する研究開発が行われ，10年少しが経過し，いくつかの生産プロセス事例が出始めている。本節では，これまでの10年間の開発研究を通じて明らかになってきたマイクロリアクター技術の特長とそれに基づく操作法の基礎を簡単にまとめるとともに，今後，マイクロリアクター技術をバルク大量生産へ展開するための戦略に関して述べたい。

1.2 マイクロリアクターの特長

マイクロオーダーにスケールダウンすると，体積あたりの表面積が大きくなることから空間内の物理量のバランスが偏奇し，界面張力／慣性力，粘性力／慣性力，伝導伝熱／対流伝熱，拡散／対流などの比が10^{12}～10^{18}と桁違いに大きくなった場となる。このスケールダウン効果により，表1に示すように，物質移動，熱移動が著しく向上する。このことから，マイクロ空間での輸送物性から見た主な特長は次の5項目にまとめられる[1]。

① 拡散距離が短く混合時間を数十ミリ秒までにできる。
② 束縛された空間での精緻な流れ（液滴，気泡）を保証。
③ 界面を介した物質移動が格段に向上。
④ 加熱，冷却速度を1オーダー以上増加できる。
⑤ ミリ秒オーダーの時間制御が可能。

表1 各時間のサイズ効果

	反応時間異相1次	熱交換時間	拡散時間
流路サイズ（L）依存性	L^{-1}	L^{-2}	L^{-2}

---

[*] Kazuhiro Mae 京都大学 大学院工学研究科 化学工学専攻 教授

1.3 マイクロ空間で発現する機能を利用した操作法
1.3.1 基本的な考え方

まず,マイクロ空間の特長を最大限に活かすためのロジックを述べる。マイクロリアクターを利用する基本的思想は,反応器設計の段階で望む操作(混合,伝熱,反応,物質移動,液滴・気泡径など)を織り込み,操作段階で演繹的に制御する点にある。これを合理的に進める手段として,「マイクロ流体セグメント」という概念を導入し組み立てていくことがマイクロリアクター利用の効果的なアプローチである[2,3]。さて,このマイクロ流体セグメントの設計の手順は,

① 製造レシピに従って望む条件(混合速度や伝熱速度など)を満足するセグメントのパラメータ(幅,形状など)を計算,設計する。

② 決定されたセグメントのパラメータを満足するミキサー,反応器,マイクロ装置の設計と操作法を考案する。

という流れになる。あくまで,マイクロリアクターは製造レシピを物理化学的に厳密かつ迅速に実行するためのツールであり,マイクロリアクターを使って何かできるかというアプローチは意味をなさない。物理化学操作,反応操作を短時間でシャープに実行する上で高い能力を有するマイクロリアクターを十二分に活かすためには,対象とする系の速度変化過程のメカニズムをしっかり把握することが大前提である。それでは,以下,各特長に従って,マイクロ空間での操作の考え方を簡単に説明する。

1.3.2 瞬間混合操作(ナノ粒子製造を例に)

現在,各分野で開発されているナノ粒子製造では,処方を工夫することで粒径を揃えようとしている。しかし,ナノ粒子は非常に速い相転移過程(核生成過程)を経て形成されるため,この過程の厳密な制御が鍵になる。この速度過程で単分散粒子を得るための戦略は図1に示すように,原料を数ミリ秒で一気に完全混合し均一な過飽和状態を形成し,核生成を均一に進行させたのち,直ちに原料濃度を低下させるプロファイルで操作することである。このときに適切な分散剤を混合しておくと,結晶径の揃った均一なナノ粒子を製造できる。さらに,マイクロミキサーで核生成過程のみ実施し,そのあと,バッチ反応器で熟成,粒子成長させることで均質な粒子を得ることも可能である。この操作の代表的具体例は,白金ナノ粒子やナノ顔料製造の項目および参考文

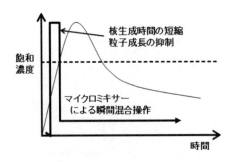

図1 マイクロ瞬間混合による核生成制御法

第1章 生産用マイクロリアクター利用の基本概念とデバイス開発

献[4~6]を参照されたい。

1.3.3 束縛された空間での精緻な流動を利用した操作

(1) マイクロ空間での均相系流体の流動

まず均相系でのマイクロ流路内の流動について簡単にまとめておく。通常の流動条件ではほとんどの場合で層流を形成する。ただし，せん断速度（＝u/D）は大きくなるため，マクロと同じRe数でもせん断速度が何桁も大きい流動となるところに特長をもつ。この条件下では，ナビエ－ストークスの運動方程式やエネルギー保存式からの解析と実験結果が数％の誤差精度で一致するため，設計，操作のシミュレーションによる予測が効果的に活用できる。また，精緻な流れを形成できるということは，マクロ操作での常識であった完全混合状態にして反応を進行させるという，とおり一遍のアプローチとは異なり，反応器内の濃度分布を正確に設計した操作法を容易にする[7]。これによって，選択性を高める，粒子成長を精密に行うなどの精緻反応操作を行える可能性がある[8,9]。また，二重管マイクロリアクターを利用した粒子製造に関しては本書で木俣が詳述しているので参照されたい。

(2) 液滴，気泡の制御

液滴や気泡などが共存する異相系流体の操作では，束縛されたマイクロ流路は圧倒的に有利な条件を提供できる。その方法論は大別して，界面張力支配場での精緻な制御とせん断場での微細化制御がある。以下，それぞれに関して説明する。

① 界面張力支配場

混合槽などのマクロ場では撹拌により液滴を作成するため，液滴を均一にすることができない。しかし，マイクロ流路では，流路のサイズや形状を適宜設定することでセグメントサイズを選択でき，液滴径という製品物性を設計段階で規定できるという圧倒的な利点を有している。その一例として，中嶋ら[10,11]は，均一エマルション製造用貫通型マイクロチャンネルによって，数十μmで一定の単分散液滴の製造に成功している。また，この特長を利用して，本書に記載されているように，機能性粒子を製造する例もいくつか示されている。

② せん断力支配場

この流れ場では，流路のサイズに加えて流体の流速などの操作条件によって液滴サイズが決定される。この領域は，マクロの混合槽においても高速撹拌を行うことで流体場を乱流にして十分小さな液滴を生成可能である。しかし，この領域でのマクロ操作とマイクロ操作の決定的な違いは，最小液滴が形成されるまでの時間にある。マクロ空間ではいくら高速で撹拌しても数秒〜数分の混合時間が必要であるのに対して，マイクロ流路内では流れ場に供給する流体セグメントサイズを数百μm以下と小さく設計することで，乱流場でなくてもミリ秒オーダーで微小セグメントを得ることが可能である。高速で制御困難な反応晶析や貧溶媒化による晶析に対応できる。また，通常，高圧ホモジナイザーのような何回も繰り返し混合する操作が行われるが，マイクロ流路を用いた場合は，松山ら[12,13]が報告（本書にも後述）しているように，マイクロ流路では低圧力損失のもと，瞬間的な圧力変化によって高エネルギーを液滴生成に与えることができるため，

1パスでエネルギー効率の良い液滴製造が可能である。この操作では，液滴を製造する狭いゾーンだけ高エネルギー散逸場（ときには乱流場）とし，直ちに精緻な流れ場に戻し液滴に外乱を与えないようにすることができる。このような操作はマクロ場では実現不可能でマイクロ空間場ならではの特長である。

③ 界面張力とせん断力を利用したマイクロスラグ流

マイクロ流路内でのスラグ流でも各流体に壁面でせん断応力が働き，図2に示すような極めて速い循環流が生じる。これによって液滴内あるいは気泡内での混合が極めて迅速に起こる。これまでの研究で，数百μmの流路で高流量条件ではスラグ内の混合時間は数ミリ秒オーダーであることを明らかにしている[14~17]。また，均一混合された液滴が押し出し流れで流路内を進むため，均一かつ厳密な滞留時間が保障される。同時に，液滴は一つのマイクロセグメント反応器とみなせ，各液滴内で同じ原料濃度を保証できるので，確実に同じ製品を製造できる。この操作は高効率な分離操作としても適用可能である。青木らによって，高効率な液／液抽出の可能性が検討され，マイクロスラグ流の操作パラメータが提案されている[18]。

この流動状態は気液系でも同様である。束縛された空間を利用して微細な気泡径を合一することなしに分散でき，気液間の物質移動がマクロ系の数～数十倍と大きい状況のもと有効な気液反応を実施できる反応場としての可能性を持っている[19~22]。

1.3.4 大きな熱交換能力

混合性能と同様に，マイクロリアクターの代表的な利点として高速な伝熱能力が挙げられる。境膜モデルに従えば，伝熱係数は温度境膜の厚みに依存するが，マイクロ流路内の温度境膜はマクロ流路に比べ小さくなり，伝熱係数は飛躍的に増加する。加えて，流体単位重量あたりの伝熱面積も大きくなるので，単位長さあたりの伝熱量（伝熱速度）が飛躍的に大きくなる。既往の報告を概観すると，数十～数百μmの流路での伝熱係数の値はマクロのそれの10倍以上になることは明らかである。一方，マイクロ流路では，壁での熱伝導の影響が大きくなってくるため，壁材質，壁厚みの設計が非常に重要となる。

この熱移動の特長は高圧容器で伝熱速度が遅いという欠点を一気に解消する。マクロの高温高圧反応器では，壁の厚みが非常に厚く伝熱速度が極端に遅い。高温高圧では一般に反応速度が速い場合が多く（超臨界水反応はその典型例），加熱，除熱効率の悪さが障壁になっている。これに対して，マイクロ反応器では，流路半径が小さいため，管肉厚も小さくしても十分圧力に耐える。

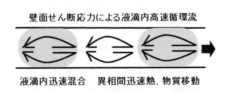

図2 マイクロスラグ流の効果

これより，加熱，除熱速度が飛躍的に大きくでき，高温高圧反応を厳密に制御できるという利点も有している。

1.3.5 反応時間の厳密制御

(1) 素反応制御

上述のように，マイクロ流路では数ミリ秒オーダーでの混合，熱，物質移動が実現できるため，この特長を最大限利用して反応を厳密制御することが期待できる。その一例として，図3に我々が開発した素反応の温度，滞留時間を独立制御できるマイクロリアクターの模式図を示す[23]。開発した反応器は混合部，反応部がパイプレスで連結できるようになっており，有機合成反応の素反応機構に従って順次パーツを組み上げていくことが可能となっている。また，直径10 cm，長さ20 cm程度の大きさで100 t/年の生産能力を有している。これを用いてモデル反応としてブロモベンゼンの合成反応を実施した。この反応は中間活性種が不安定で寿命が短いため，バッチ式反応器では−50℃の低温で実施しているが，室温では14％の収率に留まってしまう。これに対して，本マイクロリアクターを用いることで，室温でも収率82％の高収率で得ることに成功している。このようなマイクロリアクターを利用した有機合成反応は数多く実施されており，その概要は本書で記載の吉田，柳の報告を参照されたい。以上，提案したマイクロ反応システムは，反応系の機構やレシピに合わせて機能を忠実かつ柔軟に組み上げていくシナリオ設計型システムといえよう。

(2) 安全操作保証

マイクロリアクターのもう一つの特長は，着火しても火炎が伝播しない点である。さらに，除熱速度も大きいので，マクロでは操作困難であった爆発性物質の反応を過酷な条件で安全に操作できる。本書でも，高温でのニトロ化反応の安全操作，60％過酢酸を80〜100℃で操作するビタミンK_3の製造[24]が紹介されているので参照されたい。さらに，スターアップ，シャットダウンが数

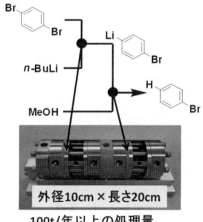

図3　機能アセンブルマイクロリアクターによる有機合成反応

マイクロリアクター技術の最前線

十分レベルで可能である，反応器内洗浄が容易であるなどの利点を有しており，高機能部材の多品種生産のエネルギー原単位を低減する手段として期待できる。

1.4 マイクロリアクターの適用分野

　これまで，マイクロリアクター操作の基礎的事項を述べてきたが，次に，マイクロリアクター技術の適用範囲，大量生産への戦略に関して述べる。まず，研究開発の特長は，各国とも化学メーカー，デバイスメーカー，公的研究機関の三位一体で推進されている点にある。製品の特許出願でもデバイスメーカーが出願するというこれまでにない現象が顕在化している。これは，既往の生産基盤技術と異なり，汎用の機器構成では望む製品が製造できないためである。逆に考えると，国際競争の中で，明確に技術によって製品を差別化できることを意味しており，今後の日本の産業にとって是非検討していくべき内容であると考えられる。

　次に，マイクロリアクター技術の適用分野を図4にまとめた。マイクロリアクター技術の特長は，上述のように，①迅速な混合，物質移動，熱移動，②安全操作保証，③コンパクト化の3点に集約される。これらの特長を活かせる生産，製品が開発対象となる。現在，世界的に見て高機能部材製造，医薬中間体の製造などに実用化例が出ているが，その生産量レベルは数百トン／年レベルである。今後の上記①〜③を活かしたバルク製品のエネルギー原単位を低減し本質安全設計に資する技術にするための技術開発が望まれるところである。それでは，実際，マイクロリアクターで数万トン／年クラスの生産は可能であろうか？　答えはイエスである。次項ではその戦略を示す。

1.5 大量生産プロセスへの開発戦略

　大量生産するには，マイクロの特長を維持しつつ大量に生産可能な単体を設計することが最大のポイントになる。これまで安直に唱えられていたナンバリングアップは最後の手段である。図

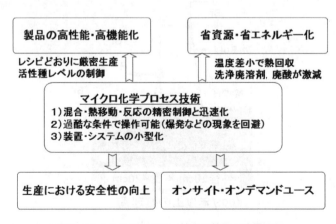

図4　マイクロリアクター技術の特長と適用分野

第1章 生産用マイクロリアクター利用の基本概念とデバイス開発

5に示すように，最初のステップは冒頭に記述した「マイクロ流体セグメント」の合理的な設計により，マイクロ空間の機能（迅速な混合や物質移動）を保証しつつリーズナブルな圧力損失で空間をミリメートル以上に拡大することである。これに加えて，伝熱，混合速度の迅速性，厳密な反応時間制御性，安全性を最大限利用して，高温高圧化を図り操作条件を過酷にしてハイスループットにすることも重要である。

図6にマイクロ流体セグメントの設計法[25]に関するフローチャートを示す。反応系の速度論か

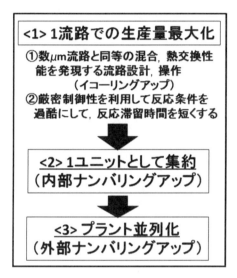

図5 大量生産化の手順

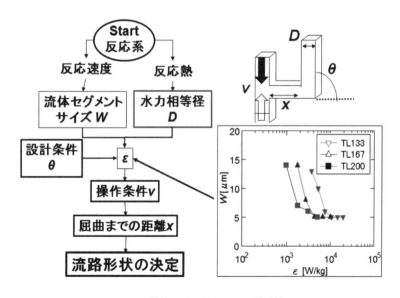

図6 機能マイクロミキサー設計法

ら反応律速になる混合速度となる流体セグメントサイズWが設計条件として与えられる。一方，図中のグラフからエネルギー散逸率εが得られる。さらに，除熱速度の観点から管径Dが，設計可能な範囲で取り得る最大の混合部角度θを設計条件として与えると，ε＝(混合部の圧損)／(流体密度×混合部滞留時間)から操作条件である流量vの値を算出することができる。これよりReが決定するので速度助走距離を求めることで距離xが決定し流路形状が定まる。図からも判るように，高ε条件にすることで，流路径の約40分の1の流体セグメントサイズにできる。このことは，200μmのマイクロ流体の幅は必要な操作において，8mm (約3/8")の配管でマイクロの機能を実現できることを意味している。設計法の詳細は文献を参照されたい (文献25)。このように，1流路での処理量最大化を図ったのち，内部ナンバリングアップ，外部ナンバリングアップを処理量に合わせて行い大量生産対応していく。例えば，10μm幅の有効流体セグメントの混合機能が必要な反応を考えた場合，上述の流路設計で40倍の管径にできるので処理量は1600倍にできる。一方，活性化エネルギーにもよるが，高温高圧化で反応速度を10倍にできると考えられ，同じ圧力損失で10倍の流量にできる。これに内部ナンバリングアップで100流路にすれば，マイクロ空間の機能を維持しつつ1基あたり160万倍の処理が可能となる。この数値から，10μm径の配管ベースで10kg／年の処理量とした場合，1基あたり16000トン／年の処理量を有するマイクロ機能を有した反応器をビルドアップ可能である。これを2～3基外部ナンバリングアップ (並列化) することで数万トン／年は十分可能である。

1.6 おわりに

以上，マイクロ流路内での輸送物性からマイクロリアクター利用のコンセプトを事例とともに示した。本節で示してきたマイクロリアクターの利点を再度まとめると，①迅速な混合，物質移動，熱移動，②安全操作保証，③装置のコンパクト化に要約される。今後の化学生産技術に求められる方向に照らしてマイクロ化学プロセスの可能性を考えると，①マイクロデバイスの組み合わせを変更することで高機能製品をタイムラグなく生産するスクラップアンドビルド型生産体制へ展開できる，②現有バッチプロセスで洗浄などに大量に使用されていた溶剤の大幅削減など環境調和型プロセスとなり得る，③マイクロ空間では火炎が伝播しないため危険な物質を過酷な条件で安全に操作できる，などで貢献できるものと思われる。今後，マイクロ化学技術を深化させることが必要条件となるが，次世代の新化学生産技術の一翼となり得る可能性は大いにあると期待している。

文　献

1) K. Mae, *Chem. Eng. Sci.*, **62**, 4842 (2007)

第1章　生産用マイクロリアクター利用の基本概念とデバイス開発

2) N. Aoki, S. Hasebe, K. Mae, *Chem. Eng. J.*, **101**, 323（2004）
3) N. Aoki, S. Hasebe, K. Mae, *AIChE Journal*, **52**, 1502（2006）
4) H. Nagasawa, N. Aoki, K. Mae, *Chem. Eng. Technol.*, **28**, 324（2005）
5) H. Maeta *et al.*, 2006 AIChE Spring Meeting, No.98 a, Orlando（2006）
6) S. Watanabe *et al.*, Proc. Int. Symp. on Micro Chemical Process and Synthesis, No. OP-18-a, Kyoto（2008）
7) N. Aoki, K. Mae, *Studies in Surf. Sci. and Catal.*, **159**, 641（2006）
8) M. Takagi *et al.*, *Chem. Eng. J.*, **101**, 269（2004）
9) H. Nagasawa, K. Mae, *I&EC Res.*, **46**, 2179（2006）
10) 小林 功ほか, 化学工学会第33回秋季大会, G122, 札幌（2000）
11) 中嶋光敏ほか, 化学工学会第35回秋季大会, G308, 神戸（2002）
12) K. Matsuyama *et al.*, *Chem. Eng. Sci.*, **65**, 5912（2010）
13) K. Matsuyama *et al.*, *Chem. Eng. J.*, **167**, 727（2011）
14) J. C. Burns, C. Ramshaw, *Lab on a Chip*, **1**, 10（2001）
15) H. Song, R. F. Ismagilov, *JACS*, **125**, 14613（2003）
16) B. Zheng, J. D. Tice, R. F. Ismagilov, *Langmuir*, **19**, 9127（2003）
17) W. Tanthapanichakoon, N. Aoki, K. Mae, *Chem. Eng. Sci.*, **61**, 4220（2006）
18) N. Aoki, S. Tanigawa, K. Mae, *Chem. Eng. J.*, **167**, 651（2011）
19) A. R. Oroskar *et al.*, Proc. IMRET-5, 153（2001）
20) T. Zech *et al.*, Proc. IMRET-4, 390（2000）
21) T. Yasukawa *et al.*, *I&EC Res.*, **50**, 3858（2011）
22) N. Aoki, R. Ando, K. Mae, *I&EC Res.*, **50**, 4672（2011）
23) N. Aoki, R. Kitajima, C. Itoh, K. Mae, *Chem. Eng. Technol.*, **31**, 1140（2008）
24) K. Yube, K. Mae, *Chem. Eng. Technol.*, **28**, 331（2005）
25) N. Aoki, R. Umei, A. Yoshida, K. Mae, *Chem. Eng. J.*, **167**, 643（2011）

2 高効率マイクロリアクターの形状設計法

長谷部伸治*

2.1 はじめに

マイクロ化の利点を生かすためには，装置内での流動や拡散の影響を考えて設計，操作条件を定めなければならない。装置内の流動状態は，当然装置形状の影響を受ける。したがって，設計問題も従来の装置のように完全混合や押し出し流れを仮定せず，装置内での速度分布や装置形状を変数に加えたモデルに基づいて定式化する必要がある。マイクロ装置内の流れは多くの場合層流となり，計算機でシミュレーションするには好都合である。市販のCFDソフトウェアも整備されてきており，流動の専門家でなくても装置内の流動や伝熱状態を容易に計算できる状況にある。本節では，CFDシミュレーションをベースとした方法を中心に，装置形状を考慮した最適設計手法について説明する。

2.2 設計時の留意点

設計問題は一般に，(2)，(3)式のような等号，不等号制約下で，(1)式の評価zを最適とする設計変数uと状態変数xを求める問題として定式化できる。

最小化（最大化）
$$z = f(x, u) \tag{1}$$
制約条件
$$g(x, u) = 0 \tag{2}$$
$$h(x, u) \geq 0 \tag{3}$$

装置内の流動状態を表現しようとした場合，(2)式は一般にNavier-Stokes式および連続の式であり，設計変数uが与えられたとき，(2)式を満たす状態変数xを求めるだけでも多大な計算時間を要する。よって，最適なuを求めるための探索回数（uを与えて，(2)，(3)式を満たすxを求める回数）をいかに減らすかが課題となる。

2.3 コンパートメントモデルを用いた形状最適化

対象をいくつかの集中定数系で表現できる要素（コンパートメント）に分割することにより要素間の物質移動，熱移動を表現したモデルをコンパートメントモデルと呼ぶ。各コンパートメントのサイズを最適化することにより形状最適化を行うことができる。この方法は，これまでの化学工学に関する物質収支や熱収支の関係式をそのまま用いることができるという利点を持つ。

金属プレートに溝を掘り，蓋をしてできた空間を流路として用いるデバイスでは，流れ方向の断面積を自由に変えることができる。発熱を伴う反応器に対して，コンパートメントモデルを用

---

* Shinji Hasebe 京都大学 大学院工学研究科 化学工学専攻 教授

第1章 生産用マイクロリアクター利用の基本概念とデバイス開発

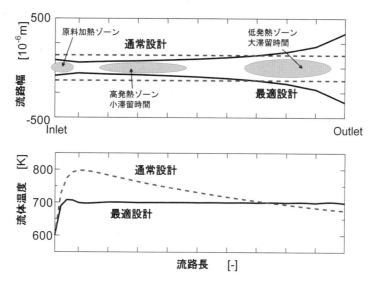

図1 ホットスポット考慮した流路設計

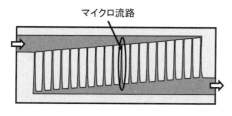

図2 流路形状を最適化したプレートフィン型マイクロデバイス

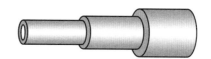

図3 異なる内径の管の利用

いた流路断面積の最適化結果について紹介する[1]。

　最適化変数は流路幅（深さは一定）であり，評価は流路各部での設定温度（700 K）からのずれである。反応条件などの詳細は省略するが，かなり大きな発熱反応を設定した。最適化の結果を図1に示す。図1下には，流路幅一定の場合の流体温度プロファイルも示してある。この結果より明らかなように，形状を最適化することにより，ホットスポットの出現を抑制できている。

　図2は，図1で求めた最適流路を，プレートフィン型マイクロデバイスに組み込んだ例である。詳細は省略するが，プレートフィン型マイクロデバイスのマニホールド部については，圧力コンパートメントモデルを用いその形状を最適化している[2]。

　流路を小さくすればそれだけ処理量が少なくなる。よって，生産を目的としたマイクロデバイスでは，マイクロ化した効果が得られる範囲でできるだけ大きなサイズとすることが望ましい。図1の形状は，一見突飛なように見えるが，熱交換が鍵となる部分はできるだけ流路を細くし，マイクロ化が不要な部分は流路を太くすることは，理にかなっている。円管を用いる場合は，継ぎ手などを用いて図3のように内径の異なる管を利用することも検討すべきである。特に長い滞

留時間が必要な部分は，それほど除熱が必要でない場合が多い。そのような場合は，圧力損失を小さくする観点からも，部分的に太い管を用いることを検討すべきである。

2.4 CFDシミュレーションと応答局面を用いた形状最適化

形状設定とCFDシミュレーションを繰り返し行えば，装置形状を徐々に望ましいものにすることができる。ただし，設計変数が高次元の場合，形状をどう変化させるべきかの判断は容易ではない。特に与えた形状に対して制約を満たす結果を得るのに長時間のCFDシミュレーションを行う必要がある場合は，多くの形状に対して計算できない。ここでは，少ないシミュレーション回数で，効率的に最適形状を求める手法を例を用いて説明する。

前項で取り上げた流路形状の決定問題において，入口の流路幅は与えられており，出口を含むn地点の流路幅を最適に定める問題を考える。説明を簡単にするため，$n=3$とする。3地点の流路幅$u=[u_1, u_2, u_3]$を与えれば，図4に示すように装置の形状が定まる（ここでは流路幅を定めた地点間は直線で結ぶ形状とした）。よって，その形状でCFDシミュレーションを実施すれば，評価zも求めることができる。

今，K回のシミュレーションを行い，$(u^1, z^1), (u^2, z^2) \cdots, (u^K, z^K)$の値が得られたとする。応答局面法[3]では，適当な関数を設定して，

$$z^i = f(u^i) + \varepsilon^i \tag{4}$$

と近似する。一般には，$f(u)$としてはuの多項式が選ばれ，最小二乗法により係数が求められる。$f(u)$が定まれば，zを最小にするuの値は，$f(u)$を最小にするuとして，比較的簡単な計算で求めることができる。この考え方を用いれば，以下の手順で最適な設計値を求めることができる。

① いくつかのuに対して，CFDシミュレーションによりzを求める。uの選び方については，一般に実験計画法の考え方が用いられる。
② $f(u)$の関数型を定め，①の結果を用いてその係数を求める。
③ $f(u)$を最小にするu（u^*とする）を求める。不等号制約があれば，それも考慮する。
④ u^*に対してCFDシミュレーションを実施し，z（z^*とする）を求める。
⑤ $f(u^*)$と④で求めたz^*を比較し，ある範囲内の誤差であれば，得られたu^*を最適形状とす

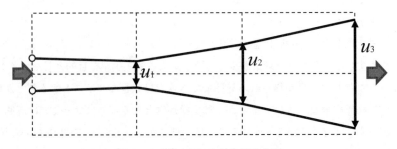

図4　3変数を用いた流路形状表現

第1章　生産用マイクロリアクター利用の基本概念とデバイス開発

る。誤差が大きければ，(u^*, z^*)を新たにデータに加え，②に戻る。

2.5　随伴変数法の適用

(2)式の制約の下での(1)式の最小値を求める問題は，(2)式が解析的に，あるいは数値的に$x = q(u)$と解ければ，$z = f(q(u), u)$の最小値を求める制約条件のない最適化問題となる。勾配法を用いれば，設計変数の初期値u^0に対して，(5)式でその微係数の値を計算し，その方向に基づいて次の探索点を求めるという計算を繰り返すことになる。

$$\varDelta u = -\left.\frac{\partial f(q(u), u)}{\partial u}\right|_{u=u^0} \tag{5}$$

$\varDelta u$の値を数値微分で求めようとすれば，uの各要素について，少し変動させて微係数を求める（具体的には，変動させたuで(2)式を満たすxを求め，その値を(1)式に代入する）という計算を，設計変数の数だけ繰り返す必要がある。(2)式を満たすxを求める計算にCFDを用いる場合，(5)式の微係数を求めるだけでもかなりの計算時間が必要となる。

全ての設計変数に対する評価値の感度を，(2)式を満たすxを求める計算を2度行うのと同程度の計算負荷で求めることができる方法に，随伴変数法[4]がある。

制約条件式をxに対して陽に解き出せない場合，x, uの微小変化dx, duに対する評価値の変化dfは次式で与えられる。

$$df = \frac{\partial f(x,u)}{\partial x}dx + \frac{\partial f(x,u)}{\partial u}du \tag{6}$$

ただし，dx, duは任意の値をとることはできず，$dg = 0$の制約を受ける。この点を考慮して，ラグランジュ乗数λを導入すれば，(6)式は以下のように書き換えることができる。

$$\begin{aligned}df &= \frac{\partial f(x,u)}{\partial x}dx + \frac{\partial f(x,u)}{\partial u}du - \lambda^\mathrm{T}\left(\frac{\partial g(x,u)}{\partial x}dx + \frac{\partial g(x,u)}{\partial u}du\right) \\ &= \left(\frac{\partial f(x,u)}{\partial x} - \lambda^\mathrm{T}\frac{\partial g(x,u)}{\partial x}\right)dx + \left(\frac{\partial f(x,u)}{\partial u} - \lambda^\mathrm{T}\frac{\partial g(x,u)}{\partial u}\right)du\end{aligned} \tag{7}$$

ここで，Tはベクトルの転置を表す。

(7)式の右辺第1項の括弧内を0とできれば，dfは，以下のように表すことができる。

$$df = \left(\frac{\partial f(x,u)}{\partial u} - \lambda^\mathrm{T}\frac{\partial g(x,u)}{\partial u}\right)du \tag{8}$$

(8)式において，右辺の括弧内の値がわかれば，uをどの方向に変化させれば，評価が良くなるかを知ることができる。流路の圧力損失最小化問題を考えたとき，随伴変数法を用いた流路の最

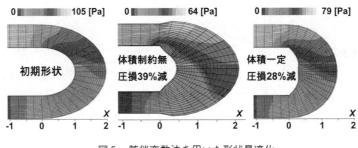

図5　随伴変数法を用いた形状最適化

適形状計算法は，以下のステップからなる。

① 初期形状u^0を与え，メッシュを定めてモデル化する。
② Navier-Stokes式および連続の式を解き（CFD），系内の流れと圧力の状態を求める。
③ 流路の形状設計では，制約式$g(x, u) = 0$は，Navier-Stokes式および連続の式に対応する。よって，これらの式に対して，ステップ②で求めた系内の流れと圧力の情報を用いて，(7)式の右辺第1項を0とする解を求める（随伴方程式を解く）。
④ ステップ②で求めた系内の流れと圧力の情報および，ステップ③で得られた情報を用いて，(8)式右辺の括弧内の値を求める。
⑤ ステップ④で得た情報を元に，流れの境界の位置に対応する設計変数uの値を更新する。
⑥ 評価関数fの値を求める。収束していれば終了し，そうでなければステップ②に戻る。

図5は，随伴変数法を用いて湾曲流路の圧力損失最小化問題を解いた結果である[5]。図5中図が，湾曲部体積に制限をつけない場合，右図が湾曲部体積を一定値とした際の最適形状である。それぞれ30回，92回の形状更新で感度が十分小さくなり，評価値が収束した。最適形状における圧力損失は初期値と比べ，それぞれ39.3%，27.6%低減された。随伴変数法をどの程度複雑な設計問題に適用可能かは未知であるが，注目して良い計算法である。

2.6 分配器の設計

マイクロ化学プラントでは，1流路あるいは1デバイスでの処理量が生産要求に満たない場合，ナンバリングアップあるいはイコーリングアップにより処理量の増加が図られる。外部ナンバリングアップ（デバイスの外部で並列化）を行う場合，流れの分岐が必要となる。図6は様々な分岐部の構造を示したものである。各形状は，定常特性として以下の特徴を有している。マニホールド型はマニホールド部体積を十分大きくとれれば並列部に等流量分配が可能である。二分岐型は対称形状をしていることから，各分岐前の直線部を十分長くとれば流量に依存せず等流量分配が可能である。ただし，流路数が2^n（nは整数）に限定される。一方，分合流型では二分岐型のような流路数の制約はない。ただし，等流量分配の達成には，分岐部の各流路の長さや流路断面積を適切に設計する必要がある。

第1章　生産用マイクロリアクター利用の基本概念とデバイス開発

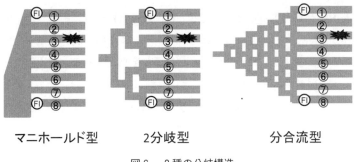

図6　3種の分岐構造

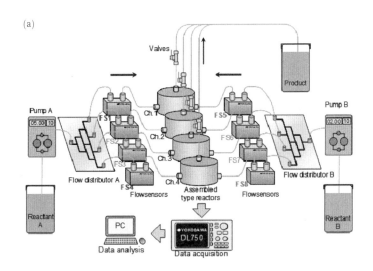

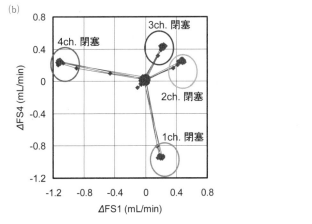

図7　4並列混合器(a)とその閉塞診断結果(b)

　マイクロデバイスを長期連続運転する際の最大の問題点は，流路の閉塞である。全ての流路の流量を計測すれば閉塞は容易に検知できるが，流路数が増えた場合計測のための設備コストが問題となる。ここでは，図6に示した分岐構造の流路①と⑧の2箇所に流量計（FI）を設置して閉

15

塞を検知し，閉塞流路を推定することを考える。総流量は常に一定に制御されているとする。図6の流路③で閉塞が生じたとしよう。このとき，マニホールド型や二分岐型の分岐構造では，流路①と⑧の流量計の流量変化から流路③が閉塞したことを推定することは困難である（二分岐型の場合，流路③と④の閉塞の区別ができないことは容易に推察できる）。一方，分合流型では，流路幅を適切に設計することにより，各流路の閉塞は，流路①と⑧に異なった大きさの流量変化を生じさせるようにできる。詳細は省略するが，全系の圧力バランスを考えると，1つの流路の閉塞は閉塞の程度に依存せず，流路①と⑧に同一の比率で流量変化を生じさせるようにできる[6]。図7(a)は，A，B 2流体の混合反応を模擬した装置である。分合流型の分配器を用いることにより，各流路の閉塞は，FS 1とFS 4の流路に異なった影響を与え，その差によりどの流路が閉塞したかを診断できる[7]。

2.7 おわりに

マイクロデバイスの特徴を生かすためには，形状の最適化が不可欠であり，それに利用可能な形状設計法を紹介した。化学産業が今後より精密な生産へ移行するであろうことを考えると，マイクロ化学プラントのみならず通常の化学プラントにおいても，装置の形状の最適化は不可欠である。その際，計算負荷が必ず問題となる。今後，詳細なモデルと簡略化したモデルを適材適所で組み合わせて用いるような，ハイブリッドモデル，あるいはマルチスケールモデルなどをいかに形状設計に用いるかを検討していく必要がある。

文　　献

1) M. Noda, O. Tonomura, M. Kano, S. Hasebe, CD-ROM of APCChE 2004, Kitakyushu, Oct. 17-21, 4B-08（2004）
2) O. Tonomura, M. Kano, S. Hasebe, M. Noda, Proceedings of the 7th World Congress of Chemical Engineering(WCCE), CD-ROM, O35-003, Glasgow, Scotland, Jul. 10-14（2005）
3) R. H. Myers, D. C. Montgomery, Response Surface Methodology: Process and Product Optimization Using Designed Experiments, John Wiley & Sons, Inc.（1995）
4) M. B. Giles, N. A. Pierce, *Flow Turb. Comb.*, **65**, 393-415（2000）
5) O. Tonomura, T. Takase, M. Kano, S. Hasebe, Fifth International Conference on Nanochannels, Microchannels and Minichannels（ICNMM）, CD-ROM, Puebla, Mexico, June 18-20（2007）
6) 殿村，永原，加納，長谷部，特願2008-093480（2008）
7) 田中，計測と制御，**51**(2), 153-158（2012）

3 深溝型マイクロリアクター

3.1 深溝型流路による処理量増大の概念

外輪健一郎*

深溝型マイクロリアクターは，マイクロリアクターとしての特徴を有しながら容易に大量処理を実現できる反応装置である。代表径の小さな流路で構成されるマイクロリアクターは高速混合が可能であったり，温度を容易に制御できるなどの特徴を持っている。化学反応の中には，その収率が混合速度や温度プロファイルによって大きく影響を受けるものがある。マイクロリアクターを利用してこれらをうまく制御することで高い収率が得られる可能性があることは，本書第2章において紹介されている通りである。

このようなマイクロリアクターを工業的に利用するにあたって，処理量を増大させる手法が問題となる。旧来の化学装置開発では，装置のサイズを大きくして大量処理を達成してきた。ところが，マイクロリアクターの代表径はおおむね1mm以下であり，これを大きくしてしまうと先ほど述べたような特徴を発揮させることができない。代表径を小さく保ったままで処理量を増大させる方法としては，多数のマイクロリアクターを並列化する手法が注目されている。旧来の方法がスケールアップと呼ばれるのに対して，このような並列化手法はナンバリングアップと呼ばれる。現在の工業的マイクロ化学プロセスの構築においては，ナンバリングアップに基づく処理量増大が主として行われている。しかしナンバリングアップの場合は並列に接続できる流路の本数に装置製作やコストの観点からの制約があるほか，多数の流路を同じ流動状態，すなわち同一の反応条件に維持するための新たな技術の開発が必要となる。

ナンバリングアップに代わる処理量増大法の考え方としてイクオリングアップという手法がある。これは混合や熱移動に影響を与える部分の寸法はマイクロサイズに保持したままでそれ以外の寸法を大きくするという手法である。一例としては，同軸二重管型のマイクロリアクターを，そのクリアランスを変化させずに装置の直径を大きくすることで装置化したという報告がある[1]。

深溝型マイクロリアクターはイクオリングアップに基づいた最も単純なマイクロリアクターの処理量増大法である。図1に示すようにマイクロリアクターにおける混合距離は流路の幅に相当する。従って深さを拡大したとしても，装置は大きくなるものの拡散に要する時間はマイクロ流路の場合と同等である。単純に深さを拡張することで，処理量を増大させることを狙った装置が深溝型マイクロリアクターであり，単純であるために工業的に有用と考えられる。

当然ながら，送液圧力が一定の場合には流路の深さに比例して流量が増大する。ある反応に関して深さ$100\mu m$の流路で年間1トンの処理が可能である場合，深さを10cmまで拡張することで，年間1000トンの処理が可能になる。

マイクロリアクターでは，比表面積が大きいことが1つの特徴であるが，深溝型マイクロリアクターも大きな比表面積を有している。流路面積と伝熱面積はいずれも深さに比例して増大する。

---

* Ken-Ichiro Sotowa　徳島大学　大学院ソシオテクノサイエンス研究部　教授

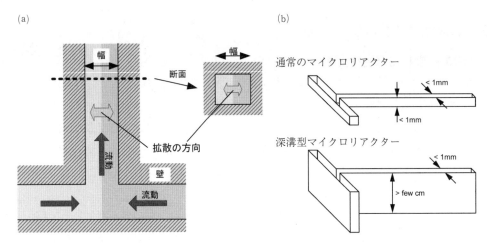

図1 マイクロリアクターにおける拡散の方向(a)と深溝型マイクロリアクターの概念図(b)

従ってその比は，深さを拡張しても変化しない。これは深溝型マイクロリアクターにおける加熱・冷却速度も通常のマイクロリアクターと同等に大きくできる可能性のあることを示している。また，流れの状態も通常のマイクロリアクターと同様に層流となる。

3.2 作製精度と流動状態

深溝型マイクロリアクターを利用して化学反応を効率的に実施するためには，深さ方向に均一な流れの確保が必要条件となる。しかし，条件が整わなければ，例えば流路上部において一方の原料が多く，また，底部において少なくなるような偏流が生じる。このような流動状態が生じると深さ方向に原料の混合比が均一とはならず，本来意図した反応条件を得ることができない。その結果，収率・反応率が低下するだけでなく，発熱の大きな試薬が一箇所に集中的に流れる場合には危険性が増大する。

深溝型マイクロリアクターにおいて偏流が生じる原因には2つが考えられる。1つ目は流体同士の密度の違いであり，2つ目は流路の加工誤差によるものである。密度差が大きい場合には当然ながら重い流体が底部で多くの体積を占めるようになる。液体の場合，表面からの深さに比例して流体内の圧力（水の場合には水圧と呼ばれる）が増す。この圧力は密度にも比例しており，密度の大きな流体ほど高い圧力を示す。すなわち，密度の異なる流体を図1(b)に示すような深溝型流路に導入した場合，底部ではより重い流体がより高い圧力で合流部に達し，軽い流体を押しのけて流入する。このような問題は深溝型マイクロリアクターの設置方法で回避できる。発想においては深溝型マイクロリアクターは水平方向の流動を想定しているが，鉛直の下方方向に流動させるように設置すると先ほど述べたような圧力差が生じず，均一な流動を実現できる。

一方の加工誤差については，その影響をシミュレーションで詳細に検討した報告がある[2,3]。理論的には，深溝型マイクロリアクターを全くの寸法誤差なく作製し，前述した圧力の問題につい

第1章　生産用マイクロリアクター利用の基本概念とデバイス開発

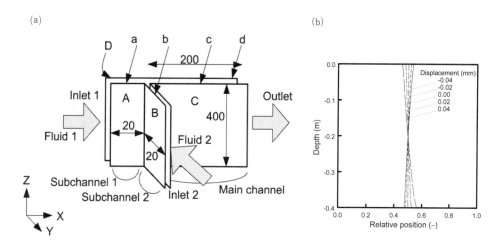

図2　加工誤差による壁の傾きの検討において仮定された流路形状(a)と壁Aの傾きが出口での界面形状に与える影響(b)

ても対応すれば，深さ方向で混合比の分布が生じることはない。しかし加工誤差は実際には避けられないもので，これを原因として流路の抵抗に分布が生じると混合比も均一とはならない。過去の研究では，図1のようないわゆるT字型の流路よりも，一方の流体の流れにもう片方が合流するタイプのいわゆるト字型の流路のほうが混合比が均一に分布しやすいことが示されている[3]。ト字型の流路における加工誤差の影響についてはシミュレーションを利用した研究がある。図2(a)はその検討で想定された流路の例である。これは深さ40 cmで幅が100 μmのト字型流路である。加工誤差には多様な種類が存在するが，その中でも加工誤差によって壁が傾いている場合について計算を行った結果の一例が図2(b)である。この計算ではいくつかある壁のうちAで示されているものがY方向に傾いている場合が想定されている。この壁Aの傾きは辺aがY方向に変位しているものとして表現されている。図2(b)は出口における2液界面の位置を表したものであり，縦軸が深さ，横軸は各深さにおける界面のY横方向の位置を，幅で規格化した値を表している。いずれの流体ともに密度が$1000\,\mathrm{kg/m^3}$，粘度が$1\,\mathrm{mPa\cdot s}$であり，入口平均流速がともに5 cm/sと仮定している。このような条件では界面は理想的には流路の中央に形成される。図2(b)は辺aが本来の位置からずれて壁が傾くとともに界面形状がわずかに歪む様子が分かる。しかし，この計算で想定した辺aの変位は最大で40 μmであり，流路幅100 μmに対する変位としては非常に大きい。現実の加工誤差の範囲で壁が傾いていたとしても混合比は深さ方向に渡って均一と考えてよいことが分かる。同様の計算はA以外の壁が傾いた場合についても計算されているが，最も面積の大きい壁Dが傾いた場合であっても界面の変化は図2(b)に示した程度であることが確認されている。

3.3　混合性能の改良

マイクロリアクターでは迅速な混合が行えると言われているが，これは実際にはいくつかの条

件が揃って初めて実現できるものである。マイクロリアクター内の液の流れが層流であるとき，混合は分子拡散によってのみ進行する。このときの拡散は，Fickの法則によると流路幅が1mmの際には10分のオーダー，0.1mmであっても10秒のオーダーで進行することになり，決して速いとは言えない。より狭い流路を用いれば混合時間をさらに短縮できるが，生産性が低下してしまう。マイクロ空間内で混合を促進するには，二次流れ，すなわち流路の断面方向の対流を発生させる必要がある。二次流れを発生させるためには，流速を大きくし，かつ流路を屈曲させることが有効である。

　深溝型マイクロリアクターは大量処理を指向したものであるので，流速が大きい条件での操作が一般的と考えられる。混合促進のために有効な流路の形状についての研究が進められている。図3(a)は混合促進に有効な流路形状の一例である。深溝型マイクロリアクターの内部に拡大部を設け，さらに，その拡大部に当たる部分に複数の切り込みが設けられている。マイクロリアクターに急拡大部を設けることは混合の促進に有効であると言われているが，深溝型マイクロリアクターにおいては単なる拡大だけでは混合改善の効果が小さい。通常のマイクロリアクターでは上下左右に壁があるために拡大後のせん断力を大きくできるが，深溝型では上下の壁によるせん断がほとんど作用しないためと考えられる。しかし，図3(a)に示すように急拡大部に切り込みを設けると，切り込みに流体が入り込むことで二次流れの発生を促進することができる。図3(b)は，2種の流体を深溝型マイクロリアクターに導入した場合の流体シミュレーションの結果から，合流部から1cm程度下流における流路断面の濃度分布の標準偏差を算出した結果である。混合がより進行すると，標準偏差は0に近づく。拡大も切り込みも設けない場合には混合がほとんど進んでいない。拡大を設けた場合には，流速の上昇ともに混合性能が改善されているが，切り込みを設けると一層混合が促進されている。このような微細加工が混合性能に与える影響は，Villermaux-Dushman反応を利用した実験などによっても確認されている[4,5]。急拡大，切り込みはともに容易に加工できるため，この混合促進手法は工業化に有用である。

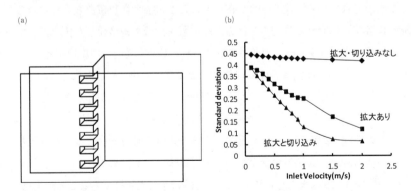

図3　拡大と切り込みを有する深溝型マイクロリアクターの流路形状(a)とシミュレーションによって計算された出口における濃度分布の標準偏差(b)

拡大と切り込みを有する深溝型マイクロリアクターの寸法は次の通りである：拡大前流路幅200μm，拡大後流路幅500μm，切り込み幅300μm，切り込み間隔300μm，流路深さ5mm。

第1章 生産用マイクロリアクター利用の基本概念とデバイス開発

3.4 応用例

深溝型マイクロリアクターを利用した応用の1つとしてニトロフェニルガラクトシドの酵素的加水分解反応への応用が報告されている[3]。この酵素反応はマイクロリアクターを利用することで反応速度が向上すると報告されているものである[6]。報告によると深溝型マイクロリアクターを利用することで，マイクロリアクターよりも大量の処理が行え，かつビーカーよりも早く反応を進行できることが確認されている。

微粒子合成に対して深溝型マイクロリアクターの適用を検討した研究がある[5]。微粒子合成，特に沈殿などのように高速に過飽和度が上昇して粒子が析出する系では，原料をより高速に混合することによって，微細で粒径の揃った粒子を得ることができる。既に多くの研究者によってマイクロリアクターが品質の高い微粒子の合成に有効であることが実証されている。

硫酸バリウムの結晶析出に深溝型マイクロリアクターを利用した結果の一例を図4に示す[6]。この実験では濃度が0.1Mの塩化バリウムおよび硫酸ナトリウム水溶液を原料としている。各種の方法でこれらを混合して硫酸バリウムを合成し，レーザー回折法によって測定した粒子の粒子径を図4(a)に，分散度を図4(b)にそれぞれ示す。横軸は流速であるが比較のためにバッチで合成した結果を流速0 m/sの黒丸のプロットで示している。通常のマイクロリアクターを利用するとより微細で分散度の揃った粒子が得られている。流速が0.2 m/s以下ではバッチよりも大きな粒子が得られているが，これは流れの慣性力が小さく混合速度が遅いためである。本実験で用いた深溝型マイクロリアクターは深さが通常型の10倍のものが使用されているので，同じ流速で比較すると10倍の処理が実現されている。流路内壁に加工を施していない深溝型マイクロリアクターを使った場合には，粒子径と分散度のいずれについてもバッチ合成の場合に対する改善が小さい。一方で，切り込みと急拡大を設けた深溝型マイクロリアクターは，通常型のマイクロリアクターに比べてさらに小さな粒子径と分散度を持つ粒子の合成が可能となっている。このデータは微細加工や急拡大を設けた深溝型マイクロリアクターが高い混合性能を示し，かつ大量処理に活用できることを示している。

同様に食塩結晶の貧溶媒晶析について適用した例もある[5]。これは，析出する結晶が大きいた

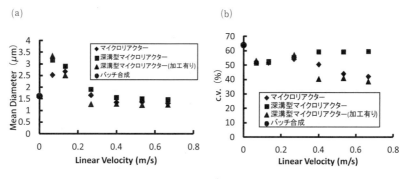

図4 各種マイクロリアクターを利用して合成された硫酸バリウム粒子の平均径(a)と分散係数(b)

め通常型のマイクロリアクターでの実験が困難な系である。深溝型マイクロリアクターを利用すると，ラボでの実験の範囲では安定に運転することが可能となり，連続的な粒子の合成を達成している。さらに結晶径や分散度もバッチに比べて改善できることが確認されている。

3.5 実用化に向けて

深溝型マイクロリアクターの構造は極めて単純であり，工業化に適していると考えられる。徳島大学では深溝型マイクロリアクターによるマイクロ化学プラント（図5）を設置しており，最大1000 t/yrの処理条件での試験を実施できる体制を整えている。各種の反応に対して深溝型マイクロリアクターを適用して，特性を検証したデータが多く発信されることが期待される。

図5　深溝型マイクロリアクター(a)とマイクロ化学プラント(b)

謝辞

本稿で紹介した研究成果の一部は，文部科学省平成17年度都市エリア産学官連携促進事業「発展型」および㈱新エネルギー・産業技術総合開発機構平成19年度産業技術研究助成事業の補助を受けて行われました。ここに記して感謝致します。

文　　献

1) H. Nagasawa, K. Mae, *Ind. Eng. Chem. Res.*, **45**(7), 2179-2186（2006）
2) K. -I. Sotowa, S. Sugiyama, K. Nakagawa, *Org. Process Res. Dev.*, **13**(5), 1026-1031（2009）
3) K. -I. Sotowa, K. Takagi, S. Sugiyama, *Chem. Eng. J.*, **135**(S1), S30-S36（2008）
4) K. -I. Sotowa, A. Yamamoto, K. Nakagawa, S. Sugiyama, *Chem. Eng. J.*, **167**(2-3), 490-495（2011）
5) A. Minami, R. Nii, K. -I. Sotowa, K. Nakagawa, S. Sugiyama, 24 th Symposium on Chemical Engineering, Gyounju, Korea, Dec.（2011）
6) K. -I. Sotowa, R Miyoshi, C. -G. Lee, Y. Kang, K. Kusakabe, *Korean J. Chem. Eng.*, **22**(4), 552-555（2005）

4　工業用化学反応器として適合するマイクロリアクターの開発

近藤　賢*

4.1　はじめに

マイクロリアクターが生産ツールとして利用可能なものとなるために最低備えなければならない機能として，次の2つを挙げることができる。①高いスループット，②混相系への高い適合性，である。マイクロリアクターが適合できる生産規模としては，数～数千トン／年の高機能化学品（医薬品，ファインケミカル品，スペシャル化学品），特殊中間品などのスペシャル化学品の生産が最適であると思われる。そして，生産規模の面で対応は必須であるが，これらの化学品は反応工程上，混相系での反応機構で生産される場合が多い。従って，スループットと，混相系への適合は必ず併せ持たなければならない機能であると言える。

"マイクロ"リアクターの"マイクロ"という冠ワードが供与するところの効果・利点は，高い熱交換性，高い混合性[1,2]という基本的かつ必須の機能と，それにより具象化される高い反応性（温度および圧力条件の緩和，滞留時間の短縮，溶剤量の低減（原料濃度の向上），収率向上，不純物の低減など）および高い安全性である。これらの最新の効果は，文献12においてアルキルニトロ化合物の合成事例から知ることができる。

しかるに"マイクロ"リアクターを包含し幅広く実用上展開されている技術分野であるフロー化学プロセスを省みると，詳細は省略するが，実際的にも上記スループットと，混相系への適合という用件を具備していて，化学生産プロセスで多用されている事実を認めることができる。

実績を持つフロー化学プロセスのさらに高機能な生産ツールとして，マイクロリアクターがフロー化学プロセスに革新的な利点を供与するべく，生産ツールとして浸透していくためには，マイクロリアクター特有の上記効果・利点を備えつつ，高いスループットと，固体，気体などの混相系への適合という，"マイクロ"という言葉とは，いわば逆説的な課題の克服・実現が必須だと考える。以下，この逆説的課題を克服した生産用マイクロリアクターについて概説する。

4.2　スループットの向上

4.2.1　既存マイクロリアクター単体のスループットの限界

高機能化学品，中間品の生産規模として数～数千トン年産の能力が新しいツールには求められる。反応の条件（濃度，収率，反応時間）にも依存して生産能力が上下するが，プロダクトの流量に換算すると200ml～10L／分（100～5,000トン年産を8,000時間の稼動で想定）のスループットとなる。

この数値から明確なとおり，ラボサイズのチャネルサイズが数十～数百μmのマイクロチャネルを単一備えた実験ツールとして主流のタイプのマイクロリアクターでは，実現困難な領域だと直感的に理解できる。例えば，"マイクロリアクター"としてラボで簡易的によく使われるチャネ

＊　Ken Kondo　JAASインターナショナル㈱　広島支店　支店長

ルサイズが500μm矩形のT字ジョイントを考えてみる。このT字型マイクロリアクターの流量範囲は，圧力損失などの関係から〜10mL／分で常用される。従って，100トン生産しようとすると，20個相当のリアクターをナンバリングアップしなければならない。この概念では，化学品生産プラントとして受け入れられない。

4.2.2 既存の内部ナンバリングアップとその限界

内部ナンバリングアップとは，上記した1個のマイクロリアクターを複数ナンバリングアップするのではなく，同じ構造体内にマイクロ空間を形成する手法のことである。これによれば，構造的な液分散技術（マニフォールド構造）により単一もしくはより少数のマイクロリアクター構造体で目的の生産規模へ機能アップを図ることができる。

しかし，ここで内部ナンバリングアップ手法について，考えなければならない限界点がある。それは，より高い生産規模への対応である。例えば，マイクロリアクターの適用が期待される高付加価値品の生産規模である1,000トン付近〜5,000トン規模になると，マイクロチャネルを相当数内部ナンバリングアップしたマイクロリアクターをさらに必要相当数外部ナンバリングアップしなければならない。とても複雑な配管構造になる（内部ナンバリングアップ数，外部ナンバリングアップ数は読者の皆様で計算されたい）。このように既存の内部ナンバリングアップの方法では，幅広い生産規模に対応するにふさわしいコンセプトが欠落している。

4.2.3 1エレメントの能力アップがキー因子

上記した外部・内部ナンバリングアップの限界は，マイクロリアクター1エレメントの能力の限界からもたらされたものである。1エレメントの能力アップで，その限界を緩和することができる。そのための代表的なリアクター構造がコーニングS. A. S社（フランス：以下コーニングという）の進化したマイクロリアクターである。

図1にそのエレメント構造を示す[3]。外観はハート型をしていて，幅広である。深さ百μmとしつつも，幅を数mm〜1cm程度まで拡張している。これは，旧来のマイクロリアクターの構造である四方寸法が数百μmであったことからして，扁平な構造であり大きく異なっている。この構造により流れ方向に直行する方向では薄い膜流を実現してマイクロリアクターの効果（混合と，

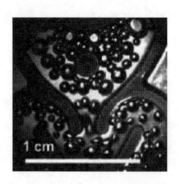

図1　コーニングマイクロリアクターのエレメント構造

第1章　生産用マイクロリアクター利用の基本概念とデバイス開発

熱媒体側への熱伝達性）を保ちつつ流路断面積を拡張することでフィードの流量を確保することを実現している。この独特なハート型は，流路全体にわたりよどみのないプラグフローを実現することと，各エレメント内で効果的に渦流を生じさせて効率的な混合を達成するという流体力学理論に基づいて導かれた形状である。

このエレメント構造を採用したマイクロリアクターのスループットを図2（図は7,200時間稼動

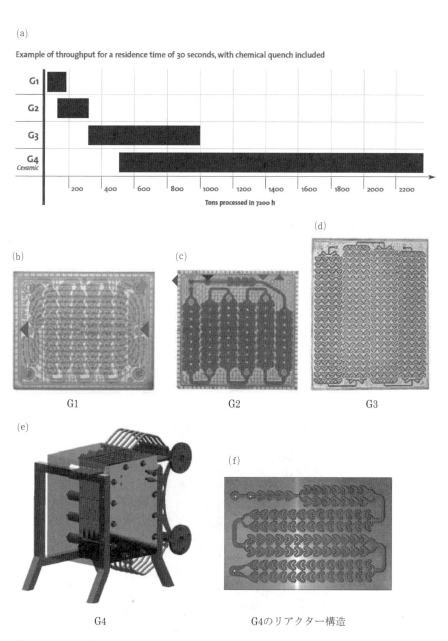

図2　コーニングマイクロリアクターの生産スケール(a)とリアクター各世代製品(b)〜(f)

で，滞留時間30秒を想定）に示す[4]。最低のスループットのユニットG1でも1ユニットで100トン年産に，また最高のスループットのユニットG4では1ユニットで2,000トンクラスの生産に対応することができるのである。G1～G4各ユニットのそれぞれエレメント構造は同じ寸法で同じ形状を有している。これにより，G1で検討したデータをもとに，G2，G3，G4それぞれで流量を最適化すればよく，また，同じエレメント構造ゆえ，G1～G4までプロセスの差異はなく，スケールアップ対応を極めて迅速に行うことができるのである。

　コーニングのマイクロリアクターは，特殊ガラスもしくは特殊セラミックスで構成されている。このことにより高い化学品適合性（耐腐食性；耐アルカリ性，耐酸性）およびノンメタル反応系を実現する。また，優れた機械的強度および耐熱性を実現し，使用温度は，−60～＋200度，使用圧力は，最大18Barまで可能である。

4.3　混相系への適合性
4.3.1　エマルジョン反応系への適合性

　混相系の例としてエマルジョンを代表例として挙げることができる。例えば，Schotten Baumann反応は乳化状態で進んでいく[3]。この反応は，発熱反応なので，除熱能力の点で，マイクロリアクターの効果が少なからず発揮されるようにするには，原料の投入形態を工夫（1箇所から投入すると発熱が一気に生じ，制御が効果的でなくバッチ方式と結果は変わらない）することも重要だが，もっと重要なこととして，流れの中でエマルジョン状態を維持することが挙げられる。

　一般のマイクロリアクターでは，混合ゾーンは，特殊な形状とすることにより流れる液体同士がぶつかりあいエマルジョンを効率的に形成できるように作られているが，滞留時間中チャンネルは直線的形状であるので，生成したエマルジョンが分離してしまい物質移動が損なわれ反応効率が期待以上に得られなくなるケースが多い。コーニング社の進化したマイクロリアクターは，ハート型のミキシングエレメントが滞留時間チャンネル全体にわたって敷設され（図2），エマル

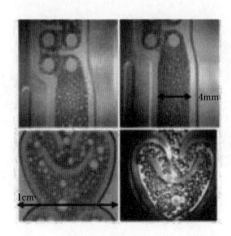

図3　油相と水相とをミキシングした例
　　　水・ヘプタンを混合した例

第1章　生産用マイクロリアクター利用の基本概念とデバイス開発

ジョンを維持しつつ反応を進めることができる。1エレメントでのエマルジョンの生成の様子は，図3のとおり細かなエマルジョンを実現でき[3]，また，平均粒子径が100 μmという粒子の生成分布データ[3]からもエマルジョン生成反応への適合性が伺い知ることができる。

4.3.2　気体混合系への適合性

化学工業の反応として気液反応は圧倒的に多い。中でも水素化，酸化反応などは，二重結合を取り外したり，電子供与性を付与するための代表的な手法である。マイクロリアクターはマイクロ空間とすることで物質移動をしやすくしたツールであるが，一般に液体同士の場合と，液体と気体との混合の場合とでは様相を異にする。

コーニング社のマイクロリアクターは，マイクロバブルカラムと同程度以上の界面積（マイクロバブルカラムが，300×100 μmで9,800 m^2/m^{3}であり，50×50 μmで14,800 m^2/m^{3}であるのに対し，コーニングのマイクロリアクターが14,000 m^2/m^{3}である）を実現できていることが分かっている[3]。これは，気液反応において気体と液体との界面積が大きく取れることを意味していることから，気液反応における反応性の向上に寄与する。

4.3.3　固体混合系への適合性

化学工業で利用される水素化も酸化反応も固体触媒を用いる。マイクロリアクターにこれらを適用するとしたとき，固体触媒をマイクロリアクターに使用できることが求められる。

例えば，水素化反応を例に挙げてみる。図4は，上記したコーニング社の進化したマイクロリ

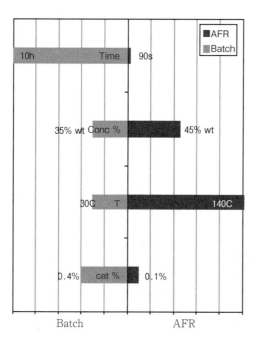

図4　水素添加反応のバッチ式とマイクロリアクター式との比較
水素化の例：AFRはコーニングマイクロリアクターでの結果を示す

アクターを用いて実施された水素化のデータである[5,6]。バッチデータとの対比から自明のとおり，反応時間短縮，触媒量削減などの面でマイクロリアクターの効果が顕著に現れている。

しかるに，マイクロリアクターへPd/Cに代表される固体触媒を用いることができるのかという素朴な疑問が生じるだろう。進化したマイクロリアクターは，上記のとおり流路深さ数百μmで幅が数mm～1cm程度という寸法で設計されているため，流路内で固体によるブリッジングや，ブロッキングが起こるリスクが小さい。最適な粒子サイズとして50μm前後が推奨されるが，200μmを超えなければ，問題なく用いることができる。

ここで，図4のAFRでの温度条件とバッチでの温度条件を見比べて欲しい。AFRでは4倍以上高温での反応を実現している。これは，マイクロリアクターの温度制御性の高さに依存して初めて実現できるものである。温度を高くすることで，分解などの副反応が進む可能性があるが，熱制御を迅速に効率的に実現することができるため，温度を高温にすることで，反応を迅速に効率的に進行させることに成功したと考えられる。マイクロリアクターの特徴が顕著に現れた例であり，同じ類の事例での工業的応用が期待できる。

4.4　生産ツールとして備えるべきそのほかの重要な機能と拡張機能
4.4.1　熱交換性

水素化反応，酸化反応，ニトロ化，有機金属反応など，工業生産プロセスとして用いられる反応は発熱反応である場合が多い。熱交換性能は重要である。図5に進化したマイクロリアクターの熱交換機能を表示する[7]。この図5(a)のとおり，進化したマイクロリアクターは，反応部と統合した熱交換機能を備えたいわゆるサンドイッチ構造である。また，図5(b)上面の図からも分かるとおり，熱媒体はプレートの上下面全体に均等に分散するよう設計されている。そして，特筆すべきは，このような構造により，ガラス製でありながら，既存のシェルアンドチューブ式およ

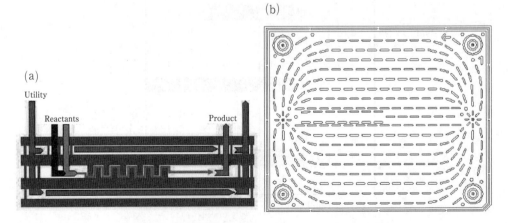

図5　コーニングマイクロリアクターの熱交換の構造
(a)イメージ図，(b)上面図

第1章　生産用マイクロリアクター利用の基本概念とデバイス開発

びプレート熱交換器と同等以上の性能を有する点である。詳しくは，既存のシェルアンドチューブ式は，伝熱面積が400 m²/m³であり，熱交換効率が，0.2 MW/m³Kまた，プレート熱交換器は，伝熱面積が800 m²/m³であり，熱交換効率が，1.25 MW/m³Kであるのに対し，コーニングのマイクロリアクターは，伝熱面積が2,500 m²/m³であり，熱交換効率が，1.7 MW/m³Kと，一般に伝熱抵抗が大きいとされるガラス製であるにもかかわらず，金属性の既存の熱交換器よりも優れた特性を持っている。

4.4.2　滞留時間・反応時間範囲の拡張

これまでマイクロリアクターへの適用が考えられる例としては，マイクロリアクター上で反応時間が数十秒〜数分という比較的短時間で終焉させられる反応が多かった。しかし，今もう少しマイルドな条件で比較的ゆっくりと反応を進めたい事例も存在する[8,9]。図6(a)は，酵素を使ってアミノ酸を酸化した例である。数時間という時間をかけて反応させている。バッチでは10時間ほどかかるので，効率はかなり向上している。このデータは，マイクロリアクターよりも内径の大きな（数cm）セル・チューブ振動式フローリアクター（セル振動式：Coflore ACR，チューブ振動式：Coflore ATR。内容量：ACRは，最大100 ml，ATRは最大10 L。AMテクノロジー社製／英国）で得られたデータである。そして，特徴的なのは，マイクロリアクターのようにスタティック式のミキサーを使って混合するのではなく，反応空間に挿入された振動子を横振動（流体の流れる方向に対してリアクター全体を横振動）させるという手法で混合をしていることにある（図6(b)）。この振動子（図6(c)）は，円柱状でサイズや素材は様々なオプションから反応によって選ぶことができる。例えば，滞留時間を長く取りたいときには，小さな振動子を選定してセル容量を大きくすることができ，また，初期の反応が高速で発熱反応の場合には，はじめのセル（10個の円柱状のセルを流れる方向に対して直列に矩形のチャンネルで連結）に入れる振動子としては，セル容量に対して70％のサイズを選び，後半のセルに向かうに従って55％，30％…という具合に選ぶ，などのオプションがある。素材は，化学品の物性によって一般に選定されるが，このリアクターに特徴的な点は，比重差の大きな複数の化学品を混合する場合には，例えば，液体と，固体との混合の場合（固体の比重が大きい）にはバネ，または比重の大きなセラミックス，ハステロイ，もしくは，液体とガスとの混合の場合（ガスの比重が小さい）にはバネ，比重の小さいフッ素系樹脂製を選定することができる。バネの振動子の撹拌効果が一般にもっとも高い場合が多く，汎用的に用いることができる。このような振動子を用いる撹拌方式により，スタティック式では流速に混合性が依存するために，滞留時間を長くすることに限度があったが，この課題はダイナミック混合法を採用することで克服され，流速に依存せず同じ混合性を実現することを可能とし，滞留時間を数時間と，これまでの流通式のコンセプトを打破する革新的な滞留時間幅を達成したのである。ちなみに，この振動式フローリアクターの混合性能は，静止型ミキサーの4 m/s以上に匹敵し，1/2 L反応容器の400 rpm以上（非混和性液体），1 L反応容器の600 rpm以上（気液混合）の能力がある[8]。

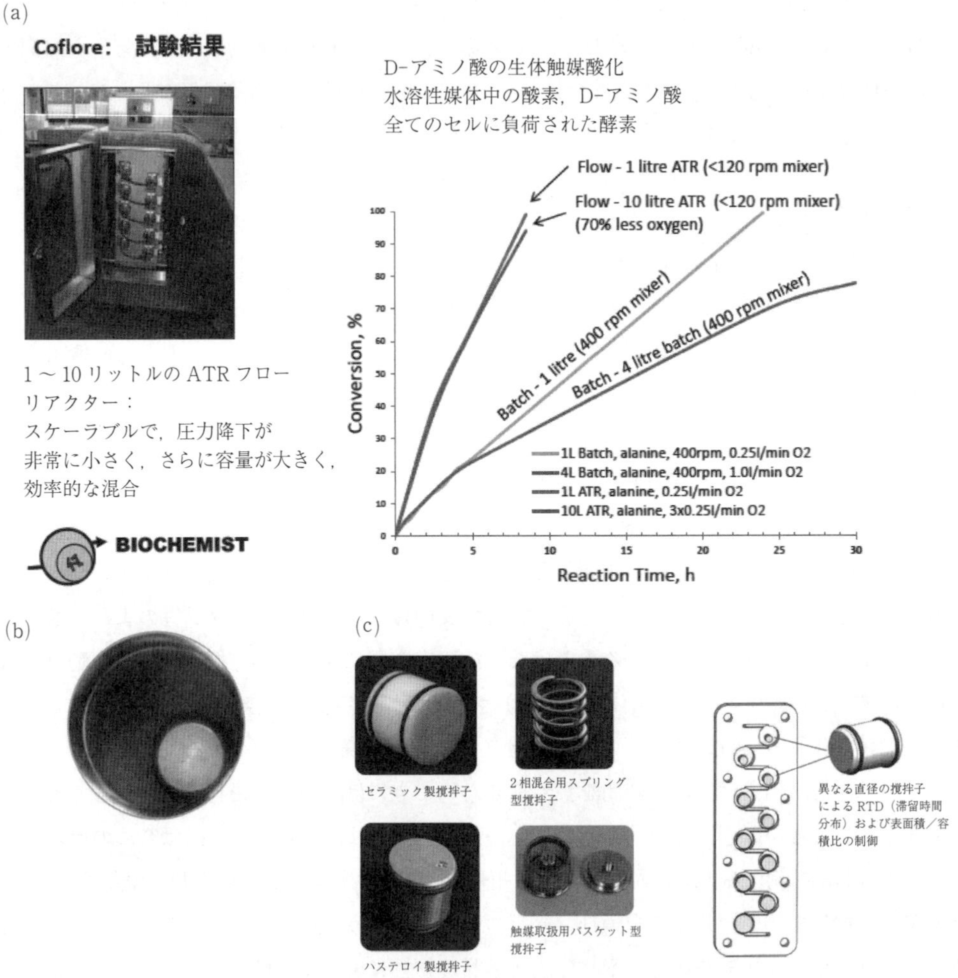

図6 AMテクノロジー社のセル・チューブ振動式フローリアクターの触媒反応データ(a)と，振動セルの構造(b)と振動子のバリエーション例(c)
(b)は外容器が反応容器で中の円柱物が振動子。外容器を振動させることで振動子を揺らし原料を混合する

4.4.3 適用固体物サイズの拡張

固体ハンドリングでは類を見ない進化したコーニングのマイクロリアクターでさえ，固体のサイズは200 μmが上限である。工業上の事例を考えればこれで十分に適用可能な範囲だが，さらに固体サイズを拡張できれば，より一層，(マイクロ)フローリアクターの応用範囲が拡大する。上記したセル・チューブ振動式フローリアクターでは，それよりもさらに大きなサイズまで適用可能である。無機塩，ナノ粒子，無機酸化物，細胞などの粒子を10 μm～1 mmサイズで，10～30％の濃度で流せることが分かっている[8,10]。このことは，このセル・チューブ振動式フローリアク

第1章 生産用マイクロリアクター利用の基本概念とデバイス開発

ターが固体を扱う様々な化学プロセス（結晶化，触媒反応など）に適用可能であることを示唆する。ちなみに，セル・チューブ振動式フローリアクターは，固体触媒を反応空間である網目バスケット中（図6(c)）に保持して連続的に反応が行えるので，固定床式の反応適用が可能であり[8]，一般の触媒をカラムに最密充填した固定床式と比べて，触媒と流体との接触界面が増大するので，反応をより効率化できる（カラム式では，中央部分に充填された触媒部分まで流体が行き届きにくく，主にカラムの周辺部分の触媒と流体が接触する）。

4.5 プラント
4.5.1 医薬品・ニトロ化

上記進化したマイクロリアクターのG1を用いた800トン年産能力のニトロ化プラントが既に医薬品原料生産向けに稼動している[4,11]。NicOx社がDSM社に依頼して製造しているニトロ化合物（アルキルジアルコールのモノニトロ化物；骨関節症治療薬）の生産用で，基質の希釈，硝酸の希釈，混合・反応／反応物の希釈・中和を12枚のリアクターをつないで連続的に実施するユニットプラントを実現している。12枚のリアクターユニット8つをバンクという棚状のケーシングにナンバリングアップしている（図7）。1リアクターユニットあたり100トン生産の能力を持つ。

4.5.2 ファインケミカル・アルキルニトロ化合物

文献12は，アルキルニトロ化合物の合成例を示す。年産10トンの規模をターゲットした高付加価値品の製造例である。進化したマイクロリアクターで得られた効果は，滞留時間の短縮（1時間から5秒），硝酸を用いず *in-situ* で硝酸を生成して安全性の高いプロセスを実現したこと，および温度が発熱反応であるが室温で実現できたことである。

図7　コーニングマイクロリアクターの医薬製造プラント
バンクユニット：1バンクに4つのリアクターユニット（12枚のG1が連結して構成するもの）が組み込まれている

4.5.3 チューブ振動式フローリアクター Coflore ATR

　Coflore ATR（図6(a)装置の写真）は均質および多相の流体に使用する工業用フローリアクターである。実験室規模のCoflore ACR（セル振動式）と同じ混合原理を採用しており，混合を発生させるための横方向への運動と逆混合を防ぐためのステージ分離を行う。ATRは攪拌組立て上に取り付けた10本からなる温度制御付チューブリアクターを使用している。それぞれのチューブは公称1Lまたは100mLの容量を持っており，全体として1～10Lの容量または100mL～1Lとなる。リアクターは攪拌機のハウジング内に収められている[8]。

4.6 まとめ

　以上，これまでのマイクロリアクターでは実現できない，高いスループットと，固体，気体などを含む混相系への適合性という性能を具備したマイクロリアクターや，さらに広範囲の滞留時間や，多種の固体の取扱いが可能となったフローリアクターなどの登場により，マイクロリアクターを含む新規のフローリアクターが，高付加価値品および中間品の生産をターゲットとして，化学生産現場の実ニーズに柔軟に応える機能を備えるに至ったと確信する。

参考文献

1) *Ind. Eng. Chem. Res.*, **40**(12), 2555-2562 (2001)
2) *Chin. J. Chem. Eng.*, **6**(5), 63-669 (2008)
3) コーニングマイクロリアクターの基本性能などが記載，*Chem. Today*, **26**(2) (2008)
4) 進化したマイクロリアクターG4カタログ，コーニング社
5) コーニングマイクロリアクターの水素添加反応事例が記載，*Chem. Today*, **27**(6) (2009)
6) マイクロリアクターの適用場面，経済性などの指標が記載，*AIChE*, **57**(4) (2011)
7) コーニングマイクロリアクターの熱交換性について，ECI International Conference on Heat Transfer and Fluid Flow in Microscale Whistler, 21-26, September (2008)
8) Cofloreカタログ，AMテクノロジー社
9) E. Jones, K. McClean, S. Housden, G. Gasparini, I. Archer, Biocatalytic oxidase: Batch to continuous, *Chem. Eng. Res. Des.* (2012)
10) D. L. Browne, B. J. Deadman, R. Ashe, I. R. Baxendale, S. V. Ley, Continous Flow Processing of Slurries: Evaluation of an Agitated Cell Reactor, *Org. Proc. Res. Dev.* (2011)
11) コーニングマイクロリアクターのニトロ化のプラント事例が記載，*Chem. Today*, **27**(1) (2009)
12) *Chem. Today*, **29**(3) (2011)

5 各種金属製マイクロリアクターの開発

妹尾典久*

5.1 はじめに

岡山県では県内企業の精密生産技術と大学などの知的資源との融合を図りながら技術の高度化や高付加価値のものづくりを永続的に進め，新事業の創出や世界への情報発信を行う『ミクロものづくり岡山創成事業』を推進している。この『ミクロものづくり岡山創成事業』の中核研究開発プロジェクトとして，文部科学省の『都市エリア産学官連携促進事業』によって『一般型』から『発展型』へと6年間にわたって，岡山県内企業の精密加工技術「金属への微細精密加工技術」を活かした岡山独自の新産業を創出すべく研究開発を行ってきた。

特に平成17年度から取り組んだ『発展型』では，精密微細加工技術とマイクロアクチュエータ技術を融合させた『マイクロ反応プロセス構築のためのアクティブマイクロリアクターの開発（岡山発！！オンリーワン・マイクロリアクター）』と高付加価値の化成品製造プロセスへの適応を目指してきた（図1）。

平成20年度には，これまでに培った研究者，企業，および行政など公的機関のネットワークをさらに発展させ，新たなネットワークとして『岡山マイクロリアクターネット』を設立し『岡山発！！オンリーワン・マイクロリアクター』の事業化を進めることとした。岡山マイクロリアクターネットはマイクロ化学反応プロセスおよびマイクロリアクターの設計・製造技術に携わる研究者や企業・研究機関・団体などのニーズに応える窓口として必要な連携を構築するとともに，マイクロリアクターを活用した高効率物質生産プロセスの研究開発や技術の普及活動を推進することによりマイクロリアクターの実用化・事業化・市場化を促進し，併せて岡山県の保有する精

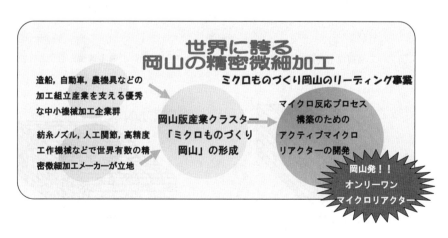

図1　文部科学省　産学官連携促進事業（発展型）

---

*　Norihisa Senoo　岡山大学　大学院自然科学研究科　研究員

密生産技術のポテンシャルを持ってマイクロリアクターの設計・製造の拠点とすることを目指している。

ここでは，『都市エリア産学官連携促進事業・発展型』で開発した各種金属性マイクロリアクター『岡山発！！オンリーワン・マイクロリアクター』の一部を紹介する。

5.2　界面反応型マイクロリアクター（マイクロミキサー）の開発

マイクロリアクターを用いて抽出を行う場合，水相および油相の流れ形状は下の4種類のパターンが考えられる。

図2は一般的な「二液層流」である。界面の面積は「W×L」で表される。図3は「二液多層流」である。この時の界面の面積は図2の5倍すなわち「5×W×L」となる。図4はさらに垂直面にも界面を構成した「二液市松模様」である。この場合，新たな垂直面によって構成された界面の面積は「6×H×L」であり，総界面の面積は「（5×W×L）＋（6×H×L）」となる。図5はさらにL方向にも界面を構成した「二液混層流」である。L方向の界面によって新たに界面積「N×W×H」が得られる。この時の総界面積は「（5×W×L）＋（6×H×L）＋（N×

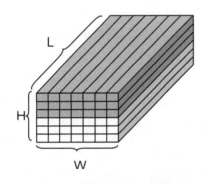

図2　二液層流（普通の流れ）

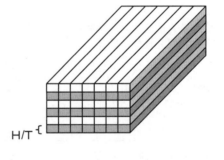

図3　二液多層流

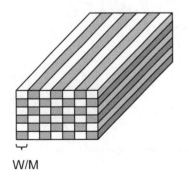

図4　二液市松模様

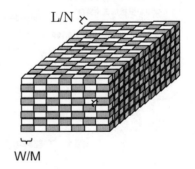

図5　二液混層流
エマルションと同じ状態

第1章 生産用マイクロリアクター利用の基本概念とデバイス開発

W×H)」となる。またこの状態はエマルションと同じ状態と考えることができる。

この考え方に基づいて開発した「二液多層型マイクロリアクター（ミキサー）」，「二液市松模様型マイクロリアクター（ミキサー）」，「二液混層流型マイクロリアクター（ミキサー）」の構造を次に示す（図6～10）。

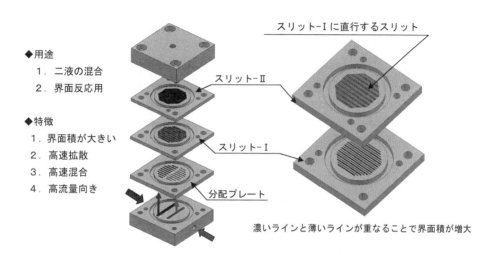

図6　二液多層流 ラインストライプ型マイクロリアクター（図3の流れ）

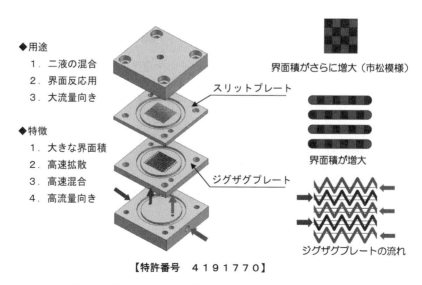

【特許番号　4191770】

図7　ジグザグストライプ型マイクロリアクター（図4の流れ）

マイクロリアクター技術の最前線

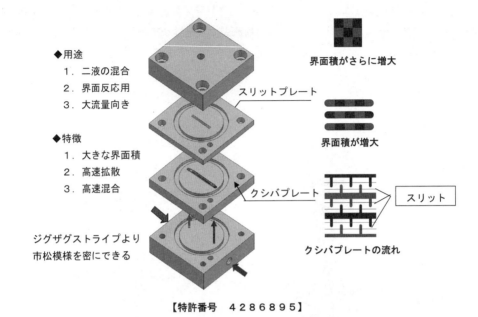

図8　クシバ型マイクロリアクター（図4の流れ）

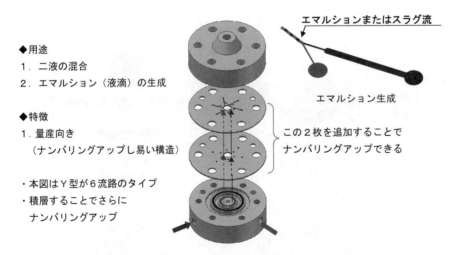

図9　ボルテックス型マイクロリアクター（図5の流れ）

第1章 生産用マイクロリアクター利用の基本概念とデバイス開発

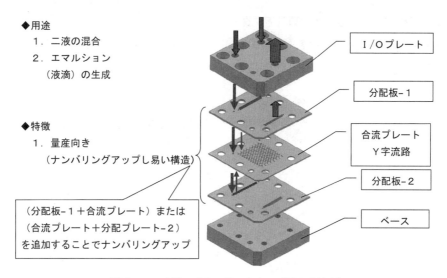

図10 マルチ型マイクロリアクター（図5の流れ）

5.3 複合液滴生成用マイクロリアクターの開発

通常液滴は単一構造であるが，ここでは複合（二成分）型の液滴が生成できるマイクロリアクター，「サイド・バイ・サイド型マイクロリアクター」と「シース・コア型マイクロリアクター」の構造を示す。

5.3.1 サイド・バイ・サイド型マイクロリアクター（図11）

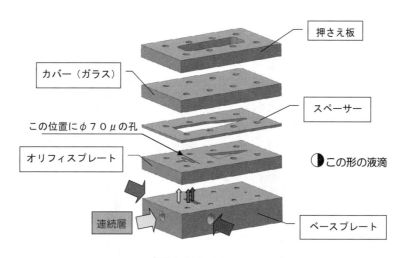

【特許番号 4226634】

図11 サイド・バイ・サイド型マイクロリアクター

5.3.2 シース・コア型マイクロリアクター

B液はA液に内封されるため壁面の影響を受けない。液滴生成にも最適（図12）。

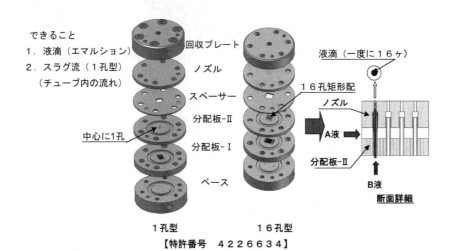

図12 シース・コア型マイクロリアクター

5.4 海・島型マイクロリアクター

海（連続相）の中に多数の島（分散相）を一度に噴出するマイクロリアクター。抽出操作にも利用できる（図13）。

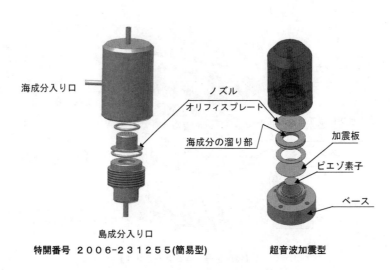

図13 海・島型マイクロリアクター

第1章　生産用マイクロリアクター利用の基本概念とデバイス開発

5.5　多孔・多段式マイクロミキサー（カルマン型マイクロミキサー）

①細孔を通過する時の縮流，②細孔通過直後の噴射・拡散流，③細孔からの噴射によって引き起こされる渦流，④1つの細孔から複数の孔への分散流入，⑤複数の細孔から1孔への合流，これら①→②→③→④→⑤を繰り返すことで発生する乱流を利用した高効率な混合装置（図14）。

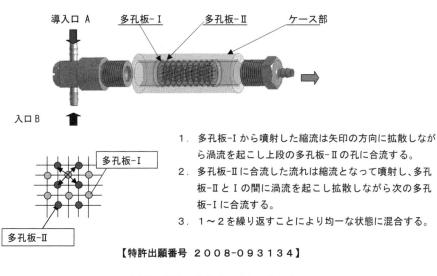

1．多孔板-Ⅰから噴射した縮流は矢印の方向に拡散しながら渦流を起こし上段の多孔板-Ⅱの孔に合流する。
2．多孔板-Ⅱに合流した流れは縮流となって噴射し，多孔板-ⅡとⅠの間に渦流を起こし拡散しながら次の多孔板-Ⅰに合流する。
3．1～2を繰り返すことにより均一な状態に混合する。

【特許出願番号　2008-093134】

図14　多孔・多段式マイクロミキサー

5.6　流体を微粒子にするマイクロリアクター

ローターと外筒は同心に配置されている。連続相の流体はこのクリアランスに充満しており分散相は微少孔から導入される。ローターが回転することによってこのクリアランスに存在する流体に強いせん断力を生じさせて液滴を生成させる。生成する液滴径をローターの回転数で制御できることが最大の特徴である（図15）。

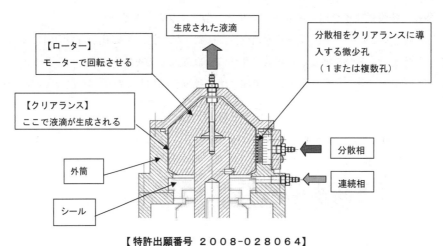

【特許出願番号 2008-028064】

図15 流体を微粒子にするマイクロリアクターの構造

5.7 分配器（図16）

① マイクロリアクターの外部ナンバリングアップ用精密分配器。
② 複数の吐出ポート間の流量バラツキをなくす構造として「円錐形状の狭空間構造」を採用したことを特徴とする精密分配器。

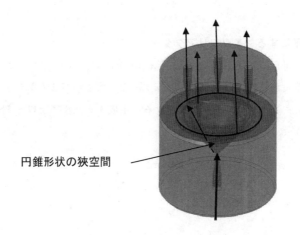

【特許番号 4160098】

図16 精密分配器の構造

第1章　生産用マイクロリアクター利用の基本概念とデバイス開発

5.8　転相温度乳化装置およびその方法

従来のバッチ法では，初期乳化後のエマルションを加熱後冷却する操作が別途必要であったが，これは溶液をリアクター内へ送液するだけでこれらすべての操作を行うことのできる簡便な転相温度乳化用マイクロリアクターシステムである。

油相としてBrij 30（非イオン性界面活性剤）を含むドデカン溶液，水相として超純水を用い，シリンジポンプを使用して7へ送液し，加熱・冷却を経て得られたエマルションの粒径測定を行い，約95 nm のナノエマルションが得られることを確認した（図17）。

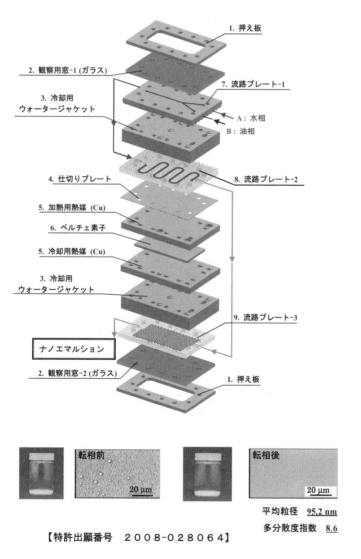

図17　転相温度乳化装置および構造とその結果

5.9 参考資料（表1）

表1 都市エリア事業 特許出願実績一覧（マイクロリアクター関連のみ）

	No.	特許出願番号	発明の名称	特許／公開番号
一般型	1	2003-201654	流体移動装置	特開2005-045891
	2	2005-161874	ポンプ	WO2006/129772
	3	2005-073236	超音波モータ	WO2006/098375
	4	2005-044660	マイクロリアクター，それを用いた化学反応方法およびそれを用いた抽出方法	WO2006/088120
	5	2005-052275	マイクロリアクター	開2006-231255
発展型	1	2006-041241	流体操作装置	開2007-216170
	2	2007-032310	分離型マイクロ流体流路制御装置	開2007-245140
	3	2006-51360	ポンプ	開2007-231747
	4	2006-101177	磁気駆動の装置	開2007-274874
	5	2006-135629	マイクロ電磁バルブ	開2007-303659
	6	2007-068745	マイクロミキサー①	
	7	2007-068751	マイクロミキサー②	
	8	2007-085800	マイクロミキサー③	特4191770
	9	2007-085573	転相温度乳化装置および乳化方法	開2008-238117
	10	2007-060711	分配器	特4160098
	11	2007-087035	微粒流体生成装置	開2008-246277
	12	2007-139069	微生物担体の製造方法	開2008-289424
	13	2007-087260	衝突型マイクロリアクター	開2008-246283
	14	2007-087036	ねじり振動子と微細孔板の利用により液滴径の微細化と安定化を実現する装置	
	15	2007-086917	マイクロリアクター（複数成分微液滴生成用）	特4226634
	16	2007-241407	アクティブ分離装置	
	17	2008-028064	流体を微液滴に乳化するマイクロリアクター	
	18	2008-078924	アクティブスラグリアクター	開2009-233483
	19	2008-068290	マイクロリアクター	
	20	2008-079375	マイクロリアクター	WO2009/119578
	21	2008-082469	マイクロミキサー	特4286895
	22	2008-093134	多孔・多段式マイクロミキサー	開2009-241001

5.10 おわりに

　岡山マイクロリアクターネットでは，マイクロリアクターの実用化に関する相談の受け付け，共同研究・受託研究に関する相談を受け付けています。また目的に応じて開発したマイクロリアクターの貸し出しも行っていますのでお気軽にお問い合わせください（お問い合わせ先：okayamaMR@act.sys.okayama-u.ac.jp）。

6 中量産に向けたマイクロリアクターの開発

富樫盛典[*]

6.1 はじめに

化学反応を行うためのマイクロデバイスはマイクロリアクターと呼ばれているが，その流路幅は髪の毛の断面ぐらい，つまり数10～100μm程度である。マイクロリアクターは，従来の大きな反応槽を用いた化学反応に比べて，マイクロメータのレベルで高速かつ均一に混合・反応が起こる。そのため，反応時間の短縮化，目的生成物の高収率化や品質向上が可能となり，従来の各種プロセスを大きく変えようとしている。ここでは，マイクロリアクターが適用可能なプロセス，「ナンバリングアップ」の概念，マイクロリアクターをナンバリングアップした中量産に向けたプラントの事例について述べる。

6.2 マイクロリアクターが適用可能なプロセス

マイクロリアクターの適用が可能なプロセスとその適用事例を表1に示す。一番左側の欄は，適用プロセスとして，液相反応，気相—固体触媒反応，熱交換，微粒子生成，乳化，濃縮，生化学反応を示している。左から2番目の欄は，上記で述べたマイクロリアクターの特徴（①高速混合，②精密温度制御，③プロセス時間制御，④比表面積増大，⑤微量化）の中で利用した特徴を黒丸（●）で示している。左から3番目の欄は，収率向上，転換率向上，安全性向上，粒径均一

表1 マイクロリアクターの適用が可能なプロセスとその適用事例

プロセス	マイクロリアクターの特徴					効果	適用事例
	高速混合	精密温度制御	時間制御	比表面積増大	微量化		
液相反応	●	●	●			収率向上 選択率向上 安全性向上	医薬品 ファインケミカル
気相—固体触媒反応		●	●	●		転換率向上	水素発生反応 メタノール改善反応
熱交換				●	●	効率向上	電子機器冷却
微粒子生成	●	●	●			粒径均一化	顔料 ポリマー微粒子
乳化			●		●	液滴径均一化	乳液・化粧品
濃縮		●	●	●		効率向上	機能性食品
生化学反応	●		●		●	効率向上	分析・計測

---

[*] Shigenori Togashi ㈱日立製作所 日立研究所 機械研究センタ 第一部 ユニットリーダ 主任研究員

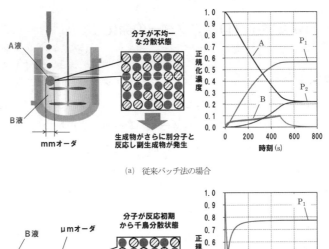

(a) 従来バッチ法の場合

(b) マイクロリアクターの場合

図1　従来バッチ法とマイクロリアクター内での分子の分散状態の比較

化などのマイクロリアクターの効果を示している。一番右の欄は，適用事例として，医薬品・ファインケミカル，水素発生反応，燃料電池のメタノール改質反応，電子機器冷却，顔料，ポリマー微粒子，乳液・化粧品，機能性食品，分析・計測などを示している。

さらに，マイクロリアクターを用いることで反応収率の向上が実現できるメカニズムを以下に説明する。図1(a)に示す従来バッチ法での反応の場合には，滴下するA液の大きさはmmオーダであるため，分子は均一な分散状態にはなっておらず，生成物P_1はさらに原料Bと反応し副生成物P_2ができやすい。一方，図1(b)に示すマイクロリアクターの場合には，μmオーダで流路内のA液とB液を混合するため，分子は千鳥配列状の均一分散に近い状態になっている。そのため，AとBがほぼ1：1に反応し，生成物P_1がより多く生成し，副生成物P_2を抑制できている。このように，マイクロリアクターは迅速混合により分子配置を均一な分散状態にし，反応収率の向上を実現させる機能を有していることがわかる[1〜6]。

6.3　「ナンバリングアップ」の概念

従来バッチ法を用いた反応では，実験室レベルで行った化学プロセスを工業的な生産プラントにスケールアップするためには多くの時間を要し，また反応生成物質の品質を維持することに労を要していた。これに対して，マイクロリアクターは大きさを変えずに数を増やすことにより生

第1章　生産用マイクロリアクター利用の基本概念とデバイス開発

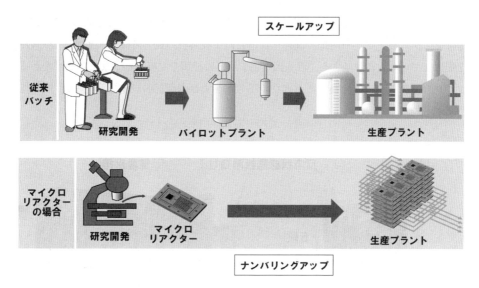

図2　マイクロリアクターのナンバリングアッププラント化

産量を増大させる，いわゆるナンバリングアップ方式のため，図2に示すように実験室での研究開発から生産プラントへの移行が格段に速くなり，かつ反応物の品質維持が容易である点が大きな特徴である。このナンバリングアップ方式には，リアクターの数を増やして並列化する外部ナンバリングアップと，1個のリアクタ内を並列化する内部ナンバリングアップとがある。

外部ナンバリングアップの中量産プラントの例として，次の6.4でマイクロリアクターを20個並列に搭載したプラントを液相反応プロセスに適用した事例について述べる。

一方，内部ナンバリングアップの中量産プラントの例として，6.5でマイクロリアクターを内部に並列化したマイクロリアクターのモジュールを搭載したプラントを濃縮プロセスに適用した事例について述べる。

6.4　外部ナンバリングアップの中量産プラント

外部ナンバリングアップしたマイクロリアクターの中量産プラント（㈱日立製作所）の概観を図3に，また反応状態監視用GUI（Graphical User Interface）の画面の一例を図4に示す。本プラントは液相反応プロセス用に開発されたもので，マイクロリアクターを20個（垂直方向に5段，水平方向に4列）並列化して搭載したプラント（幅1500 mm×高さ1500 mm×奥行き900 mm）である[7,8]。本プラントの内部は上下2段で構成されており，上段は一定の温度で保たれた恒温水槽内にマイクロリアクターが並列に設置される反応制御系に，下段は連続して液体を送るポンプなどの送液制御系になっており，本プラントの特徴を以下に示す。

① 搭載しているマイクロリアクターは分解して洗浄することが可能であり，筐体部分は耐食性のニッケル合金であるハステロイ，流路部分は石英ガラス製で，耐薬品性に優れている。

45

またマイクロリアクターの上流側に，薬液を所定の温度まで加熱するための予熱部を，下流側にマイクロリアクター内部で混合・反応した生成溶液の反応時間を調整するための滞留部を配置している。これにより，取り扱う化学反応の種類や温度条件，反応時間が変わっても，マイクロリアクターを交換することなく予熱部および滞留部の設定を変えるだけで対応することが可能になっている。

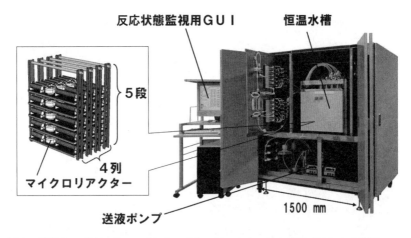

図3　外部ナンバリングアップしたマイクロリアクターの中量産プラントの概観

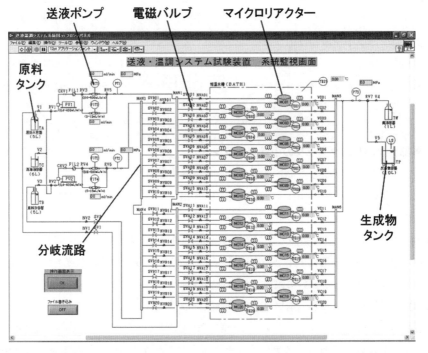

図4　外部ナンバリングアップしたマイクロリアクターの中量産プラントの反応状態監視用GUI

第1章　生産用マイクロリアクター利用の基本概念とデバイス開発

②　マイクロリアクターをコンピュータのブレードサーバのように複数個，並列に配置し，垂直方向に5段，水平方向に4列で最大20個のマイクロリアクターを搭載可能にしている。この方式のメリットは，搭載するマイクロリアクターの数を自由に，かつ容易に変えられるところにある。本プラントの下段である送液制御系で薬液の圧力を制御して均一に液体を送ることを実現し，最大で年間72トン（600 mL／minで1日8時間で200日稼動した場合）の薬液を合成することが可能になっている。

③　本プラントでは，GUI機能を駆使して，流量，圧力，温度などのトレンドグラフを表示し，ナンバリングアップしたマイクロリアクターの状態を常時監視し安定した反応状態の維持や異常を早期に検知することが可能になっている。

上記のような反応状態の監視により，20個のマイクロリアクターの中のいずれかが閉塞した場合には，モニタリングしている流量，圧力，温度などの異常値を検知し，直ちに閉塞した箇所を特定してその流路配管系を電磁弁で停止することができる。また閉塞したマイクロリアクターは，メンテナンス時に分解洗浄し再利用するか，新しいマイクロリアクターに取り換えることが可能な構造になっている。

図5に1個のマイクロリアクターを用いた場合と従来バッチ法の反応収率の比較を示す。ここに示した事例は，医薬品などの中間体製造プロセスなどで用いられるものである。ブロム化反応[9]では，主生成物である1－置換体の反応収率が40％（58.6％→98.6％）向上，ニトロ化反応[10,11]では，主生成物である1－置換体の反応収率が約10％（77.0％→86.3％）向上，エステルの還元反応[12〜14]では，主生成物である1－置換体の反応収率が約13％（25.2％→38.1％）向上していることがわかる。

上記に記載の反応プロセスの中で，ニトロ化反応対象にしてマイクロリアクターをナンバリングアップした本中量産プラントで同様の反応実験を行った。その結果，1個のマイクロリアクタ

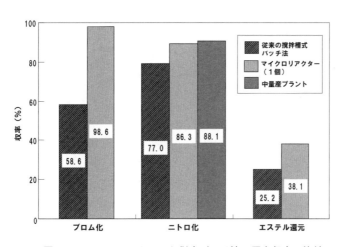

図5　マイクロリアクターと従来バッチ法の反応収率の比較

マイクロリアクター技術の最前線

表2　混合・乳化プロセス用プラントの性能

外部ナンバリングアップの数	5
処理量（トン／日）	2.4
適用温度範囲	室温

図6　外部ナンバリングアップしたマイクロリアクターの中量産プラント（混合・乳化プロセス用）

ーを用いた場合の反応収率が86.3%であるのに対して，マイクロリアクターをナンバリングアップした本プラントでの反応収率は88.1%であり，マイクロリアクターをナンバリングアップしても反応収率が低下することなく，生産量を増やせることを実証できている[15〜18]。

　上記に述べた「液相反応プロセス」用の外部ナンバリングアップの中量産プラント以外にも，図6に示す「混合・乳化プロセス」用の外部ナンバリングアップの中量産プラント（㈱日立プラントテクノロジー製）がある。本プラントは，表2に示す性能を有しており，最近非常にニーズの多い乳化プロセス用に開発されたものである。

6.5　内部ナンバリングアップの中量産プラント

　内部ナンバリングアップしたマイクロリアクター中量産プラント（㈱日立プラントテクノロジー）の概観を図7に，その構成図を図8に示す。本プラントは濃縮プロセス用に開発されたもので，複数のマイクロリアクターを円周状にかつ並列に配置した1個の濃縮用マイクロリアクターモジュール（内径209 mm）を搭載したプラント（幅1390 mm×高さ1943 mm×奥行き861 mm）である。表1に示したように，マイクロリアクターは「精密温度制御が可能」，「プロセス時間制御が容易」，「比表面積が増大」という特徴があるため，濃縮プロセスにマイクロリアクターを適用すると，従来のエバポレータに代表される濃縮装置と比較して，以下のような特徴を有している。

① マイクロ流路により原料の極薄膜化を図り，薄板状の蒸発部を裏面から温水で加熱する方式であるため，従来装置に比べて液膜厚さ制御や温度の均一化が図れ，濃縮効率の大幅向上と品質の安定化を実現できる。

② 低温の温水により原料の加熱を行っているため，運転時はもちろん，非常停止時においても温水温度以上に原料を加熱することがないことから，熱にデリケートな成分がダメージを受けるといったトラブルが発生することなく，原料の高効率連続濃縮処理が可能である。

③ 維持管理を軽減濃縮器部分には回転機構を有してないため，分解・洗浄が容易なうえ，原

第1章 生産用マイクロリアクター利用の基本概念とデバイス開発

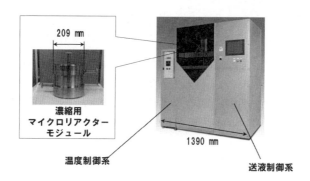

図7 内部ナンバリングアップしたマイクロリアクターの中量産プラントの概観

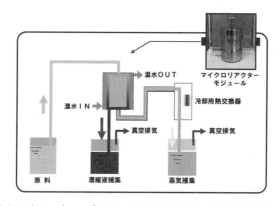

図8 内部ナンバリングアップしたマイクロリアクターの中量産プラントの構成図

料の焦げ付きなどによる回転体の不具合といったトラブルが発生することがなく，維持管理を軽減できる。

本プラントは玄米黒酢から有効成分のアミノ酸を抽出して濃縮するプロセスに適用されており，玄米黒酢を1工程で20倍にまで濃縮でき，最大で10.3L／hrの処理が可能なことを実証済である[19]。

以上をまとめると，従来のスケールアップしたプラントと比較して，マイクロリアクターをナンバリングアップしたプラントでは，熱にデリケートな成分がダメージを受ける，あるいは回転機構の不具合といったトラブルが発生しないことが大きな特徴である。

マイクロリアクター技術の最前線

文　献

1) 富樫盛典，浅野由花子，日本機械学会流体工学部門講演会，312（2005）
2) 富樫盛典，鈴木美緒，佐野理志，日本化学会第87春季年会，1G8-48（2007）
3) 富樫盛典，鈴木美緒，浅野由花子，化学工学会40回秋季大会，L305（2008）
4) S. Togashi, M. Suzuki, T. Sano, The Fifth International Workshop On Micro Chemical Plants, p.9（2007）
5) 浅野由花子，富樫盛典，ファインケミカル，**37**(6), 46-52（2008）
6) Y. Asano, S. Togashi, International Symposium on Micro Chemical Process and Synthesis, OP-16-b（2008）
7) 富樫盛典，宮本哲郎，佐野理志，鈴木美緒，化学工学会71年会，G122（2006）
8) 富樫盛典，OHM, **93**(9), 12-13（2006）
9) 浅野由花子，富樫盛典，日本分析化学会年会（2005）
10) 鈴木美緒，佐野理志，富樫盛典，末松孝章，化学工学会71年会，G107（2006）
11) M. Suzuki, T. Sano, S. Togashi, T. Suematsu, The Tenth International Kyoto Conference on New Aspects of Organic Chemistry, PA-096（2006）
12) 鈴木美緒，佐野理志，富樫盛典，日本化学会第87春季年会，4C6-16（2007）
13) 鈴木美緒，佐野理志，富樫盛典，化学工学会40回秋季大会，L201（2008）
14) M. Suzuki, T. Sano, S. Togashi, International Symposium on Micro Chemical Process and Synthesis, p.13（2008）
15) 佐野理志，鈴木美緒，富樫盛典，日本プロセス化学会2006サマーシンポジウム，2P-20（2006）
16) S. Togashi, T. Miyamoto, T. Sano, M. Suzuki, 9th International Conference on Microreaction Technology, P-26（2006）
17) S. Togashi, T. Miyamoto, T. Sano, M. Suzuki, The Fifth International Conference on Fluid Mechanics, F-83（2007）
18) S. Togashi, T. Miyamoto, Y. Asano, Y. Endo, 12 th Asia Pacific Confederation of Chemical Engineers, V-P-184（2008）
19) 濃縮用マイクロプロセスサーバー，日刊工業新聞，2007年6月1日版

7 バルク生産用マイクロリアクター開発

野一色公二[*]

7.1 はじめに

 従来の反応場に比べ流路径を小さくすることで，高い伝熱性能，物質移動速度が得られることが多数報告され，本機器はマイクロリアクター，マイクロチャネルリアクター（MCR：Microchannel Reactor）やフローリアクターなどと総称されている[1,2]。

 この"マイクロリアクター"は，名称が示すように流路のサイズが微細（マイクロ空間）であるのみならず，装置・機器サイズが小型とのイメージが定着し，例えば医薬品のような高付加価値小ロット製品製造への適用がほとんどであった。

 この理由としては，生産量に対して，流路加工などの装置製作費用が高いことや，ナンバリングアップ（単一機器での多流路化）方法が難しく大容量用途には適さないことが考えられる。

 しかし，大容量用途である化学プラントなどでのバルク生産に，このマイクロ空間を利用した新しい単位操作を適用できれば，高い伝熱性能による原単位削減，高い物質移動速度による大きな省エネルギー効果や，さらなる生産性向上が期待される。

 そこで本節では，バルク生産用マイクロリアクターの基本概念とバルク生産を可能とする積層型多流路反応器（SMCR™：Stacked Multi-Channel Reactor）の開発について紹介を行う。

7.2 バルク生産用マイクロリアクターの基本概念

 これまで，マイクロリアクターは，優れた伝熱および物質移動性能を最大限利用することや，経済性が成り立つ可能性が高い医薬品製造などの高付加価値用途への検討が優先されてきた。しかし，バルク生産用マイクロリアクターを実現するには，マイクロリアクターからの発想ではなく，これまで長年使用されてきたバルク生産用の熱交換器や反応器と同様の発想が必要とされる。言い換えると，バルク生産用マイクロリアクターの基本概念としては，特殊な機器としてではなく，これまでバルク生産用として実績のある熱交換器や反応器の設計技術，製造技術を参考に，マイクロ空間の効果を利用できる機器としての開発が必要となる。

 また，バルク生産に適用した場合は，省エネルギーの効果や，生産性の向上により，運転費の削減につながることも予想され，マイクロリアクターを採用しても経済性が成り立つ適用範囲が増えることも期待される。

7.3 バルク生産用熱交換器から大容量MCRへ

 これまでマイクロリアクターで課題となっていたナンバリングアップを解決できる機器として，バルク生産用熱交換器の中で，伝熱性能に優れるアルミ合金を用いた高性能な熱交換器であるア

 ＊ Koji Noishiki ㈱神戸製鋼所　機械事業部門　機器本部　技術室　開発グループ　担当課長

ルミ製ろう付プレートフィン熱交換器（BAHX：Brazed Aluminum Plate Fin Heat Exchanger）に着目した[3]。

BAHXは，空気を深冷分離し酸素，窒素を生産する設備用の熱交換器として開発され，多流体を一度に熱交換できるため，近年，天然ガスの分離や液化用熱交換器としても広く使用されてきた。

BAHXの構造は，図1に示すように熱交換を行うコア本体および流体をコア内に導くためのヘッダ・ノズルからなる。コア本体は，図2に示すように仕切り板，フィンおよびサイドバーで構成された層を多数積層し，真空炉でろう付することによって形成される。コア本体に用いられるフィンは，伝熱性能および流路に許される圧力損失に基づき選定される最適なフィンタイプを採用している。BAHXはこの積層構造の特徴を活かし，層内のフィンの置き方や組み合わせを工夫することで，気体，液体のみならず2相流（気液混相）を均一分配できるとともに，複数の流体を同時に熱交換することができる。また，フィンの1ピッチを1流路と考えるとBAHX1コア当り10万流路（1000本／段×100段）を超える流路を有することも特徴である。

用途にもよるが，単位体積当りの伝熱面積が$1000\,m^2/m^3$以上と大きいため，機器のコンパクト化が可能である。また，複数のコア本体を溶接で接合しヘッダとノズルを共通化することで一つの熱交換器とするか，または，各コア本体のヘッダ部に溶接したノズルを配管で相互に結合することにより，任意の流量を処理できる。

BAHXは多流路のバルク生産用熱交換器として40年以上の使用実績があり，基盤技術として以下の技術がある。これらの技術は，大容量MCRにも必須な技術であり，図3に示すようにBAHXのフィンは，MCRの流路に読み替え可能であり，これまでBAHXで得られた性能計算，強度評価などの設計技術やノウハウが活用できる。

① 製造技術（接合，流路加工など）
② 伝熱設計，圧力損失計算技術（性能計算）
③ 気液分配構造（均一分配，混合技術）
④ 流体をコアごとに均等に分配する技術（コア間の偏流対策）

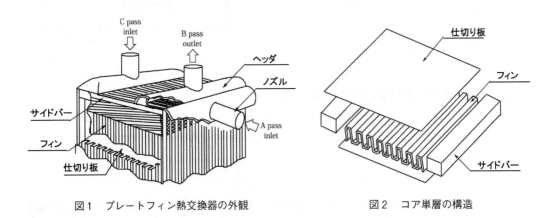

図1　プレートフィン熱交換器の外観　　図2　コア単層の構造

第1章　生産用マイクロリアクター利用の基本概念とデバイス開発

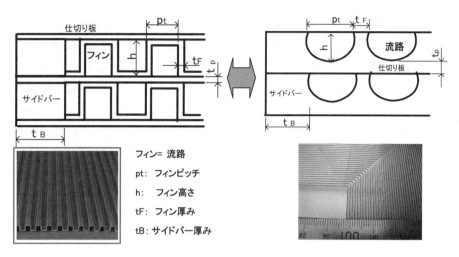

図3　フィンと流路の読み替え方法

⑤　流体を各層に均等に分配する技術（積層間の偏流対策）

7.4　大容量MCR　積層型多流路反応器（SMCR™）について

MCRの流路の基本構造としては，一般的に図4に示すようにチューブを組み合わせたY字およびT字形状が多用されている。しかし，この構造のままでは大容量化のためのナンバリングアップの際，流体の供給方法などから流路の配置に制限がある。積層方向のナンバリングアップは容易であるが，幅方向に複数の流体を効率良く配置するのは難しく，大容量MCRには適さない。そこで，既存のBAHXの構造を参考に，図4に示すようにプレートの両面に流路を加工し3次元的

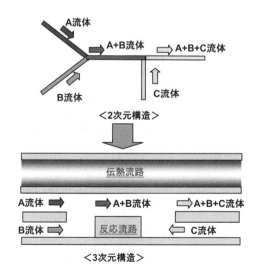

図4　2次元および3次元のマイクロチャネルリアクターの基本構造

マイクロリアクター技術の最前線

に流体供給流路を配置した構造を採用した。

この構造でプレート内に流路を密に配置することで単位体積当り複数の流路が配置でき，大容量の処理が可能となる。また，処理量が増えればプレートを複数積層することで流路数を増すことができる。すなわち，1機当りの流路本数は，流路本数／プレート×積層枚数で計算可能となる。また，本操作時に温度調節が必要であれば，温調流路を重ねることで精密な温度調節も可能となる。各流路への流体供給は，図1のBAHXに示したようなヘッダ，ノズル構造を利用することで各基本プレートに流体を均一に分配することが可能となる。また，図5に示すように各流路長さを均一にすることで圧力損失が同じとなり，基本プレート内においても偏流を防ぐことが可能となる。よって，この構造を採用することで，容易にMCRのナンバリングアップが可能となる。本構造を採用した大容量MCRを積層型多流路反応器（SMCR™）と呼んでいる。

SMCR™の製作の手順としては，ステンレス鋼などの金属プレートに化学エッチングなどにより図5のような流路パターンを形成する。そのあと，目的の流路本数となるように温調プレートと組み合わせ必要枚数を積層し，真空加熱炉にて加熱，加圧することにより，拡散接合にて各プレートが接合され，流路ごとに仕切られる。図6はステンレス鋼の拡散接合の例であるが，接合後，流路の閉塞は認められず，また接合界面を越えて結晶粒の成長も行われており，母材と同等以上の接合強度が得られる。よって，耐圧性能は，流路サイズに基いた強度計算で推算可能であ

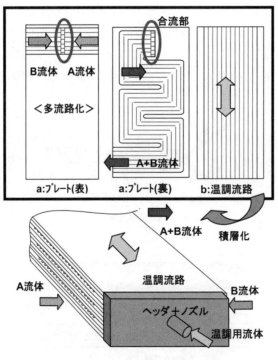

図5　SMCR™スケールアップのコンセプト
（上：流路配置イメージ，下：積層イメージ）

第1章　生産用マイクロリアクター利用の基本概念とデバイス開発

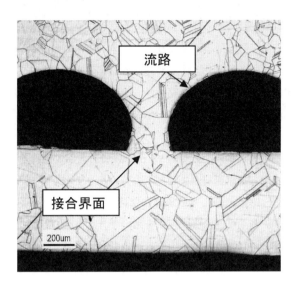

図6　流路および拡散接合の一例
（材質：ステンレス鋼 type 304 L）

るとともに，その強度は，実際に耐圧試験や破壊試験を実施し検証を行っている。また，耐腐食性，耐熱性などの要求仕様により，様々な材質を採用でき，自由度のある設計・製造が可能である。

7.5　SMCR™の適用事例

バルク生産用マイクロリアクターとしてSMCR™は，BAHXの設計技術，製造技術を参考に開発されているが，マイクロリアクターとしてマイクロ空間の効果が得られているか，抽出用途への適用検討を通して確認を行った。

7.5.1　抽出用途への適用検討

各種化学製品の製造工程には，原料中の目的物質または目的外物質を抽剤を用い除去する抽出工程がある。例えば，抽剤をリサイクルする場合，攪拌槽において，原料を抽剤で抽出後，製品と抽剤に比重差で分離するセトラーと，抽剤を蒸留操作などで回収する抽剤回収塔を含めたユニットとなる。

この場合，抽出を行う攪拌槽の処理能力に合わせて抽剤回収塔の処理能力が決定される。このようなユニットにおいて，SMCR™を適用すると以下のような効果が期待される。

① 抽出時間の低減
② 抽出工程機器サイズの低減
③ 抽剤の使用量削減による原単位改善

そこで，SMCR™を用いた抽出試験を実施し，SMCR™の抽出用途への適用の可能性を確認した。

7.5.2　実験内容および結果[4]

SMCR™の試験体は，半円形の微小流路を有するステンレス製のプレートを別のプレートで両側から挟んで製作した。また多流路化，すなわち大容量化による各流体の偏流の影響による性能の低下の有無を確認するため，試験体の流路数は，1本×1段の1本流路，5本×1段の5本流路，5本×5段の25本流路の3種類の試験体を準備し，図7に示すベンチ試験装置を用い抽出実験を行った。

実験は，抽出原料としてドデカンにフェノール0.1wt％を含んだ溶液を，抽剤として水を用い，フェノールの抽出を行った。抽出原料および抽剤の体積比を1として，各液をポンプを用い所定の流量（流路当り合計1〜10 ml/min）で試験体に供給し，回収液を有機相と水相に分離した。分離した有機相中のフェノール濃度を吸光光度法を用いて分析し，フェノールの抽出率を求めた。

攪拌抽出試験では，200 mlビーカーに抽出原料および抽剤を各100 ml入れ，抽剤相をマグネチックスターラーを用いて所定の回転数で攪拌した。所定時間間隔で抽料中のフェノール濃度を分析し抽出率を求めた。

実験結果を図8に示す。縦軸に平衡抽出率比（＝抽出率（％）／平衡抽出率（％））を，横軸に滞留時間を示す。

攪拌抽出試験では，攪拌子の回転数が速くなるにつれて抽出に要する時間が短くなるが，回転数が400 rpmより速い場合，抽出原料が抽剤中に分散した状態になり分離が困難であった。また，平衡抽出に達するまでの時間は約100分程度必要であった。一方，SMCR™では，0.1〜1分程度と平衡抽出に達するまでの時間は約1/100程度に短縮された。また，試験体から流出した液は直ちに抽剤と抽出原料と抽剤の2相に分離した。これは，混合部では積極的な混合を行わず，有機層と水相でスラグ流や2層流を形成させ分離性を保っているためである。

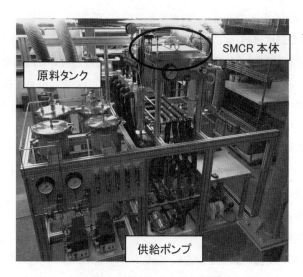

図7　抽出用ベンチ試験装置

第1章　生産用マイクロリアクター利用の基本概念とデバイス開発

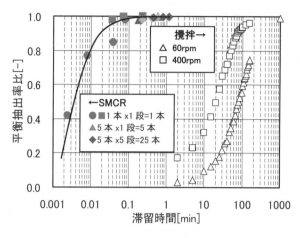

図8　抽出試験結果
（SMCR™ vs. 撹拌）

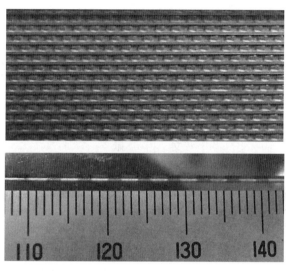

図9　気液流（空気―水）の可視化　観察事例
（上：15本流路，下：1本流路）

　また，別の半円形の微小流路を有するステンレス製のプレートの上面にガラスプレートを貼り付け，原料と抽剤のかわりに空気と着色した水を流動させ可視化試験も実施した（図9）。1本流路および多流路（15本）においても均一な気液スラグ流が形成されており，図5に示したSMCR™の構造において均一な流体の分配が達成できることが確認できた。

　以上の結果からSMCR™を抽出に用いる場合，以下の利点があることが確認された。
　①　撹拌抽出に比べ滞留時間が1/100程度に短縮できる
　②　抽出後の分液性に優れる

③ 流路本数および段数の影響は認められず溶液の分配性に優れる

この結果から，SMCR™を用いることでナンバリングアップを達成しつつ，マイクロ空間の効果も得られることが確認でき，SMCR™がバルク生産用マイクロリアクターとして使用可能であると言える。

7.6 おわりに

MCRは，高い伝熱性能および高い物質移動速度などから工業化への検討が実施されているが，一般的に装置が小型で高価であるため，医薬品のような高付加価値用途であるか，または迅速な反応でほとんど滞留時間を必要とせず，小型機器で良いといった用途に限られてきた。

しかし，本節で紹介した既存の機器構造を参考に開発したバルク生産用マイクロリアクターであるSMCR™においては，マイクロ空間の利点である伝熱促進，物質移動促進の機能を維持しつつ大容量化が可能であり，これまでの高付加価値用途のみならず滞留時間を必要とする抽出，反応などのプロセスへの適用も可能となる。

また，MCRにおいて達成される高い伝熱性能，高収率などを，機器のコンパクト化だけに適用するのではなく，プロセス条件（運転圧力，温度など）の緩和に適用することで，省エネルギー効果や抽剤，溶剤などの低減を実現できるため，さらなる用途展開が期待できる。

文　献

1) 吉田潤一，マイクロリアクターの開発と応用，p4，シーエムシー出版（2008）
2) Gray S. Calabrese, *AIChE J.*, **57**（4）828（2011）
3) 野一色公二ほか，神戸製鋼所技報，**53**（2），p28（2003）
4) 化学工学会第43回秋季大会要旨集，X216積層型多流路反応器（SMCR）による抽出性能，化学工学会（2011）

8 モジュラー型マイクロリアクター開発

御手洗 篤*

8.1 はじめに

　1990年代なかば，マイクロ空間を反応場として利用することによる化学合成および物質生産の有効性が提唱されて以来，先端技術に携わる世界中の公的研究機関や企業がマイクロ反応テクノロジーの開発競争を繰り広げてきた。その状況下，ドイツEhrfeld Mikrotechnik AG（以下エアルフェルドAG社）は，マイクロリアクターの完成系とも言うべき画期的な製品Modular Micro Reaction System（モジュラーマイクロ反応システム，以下MMRS）をドイツ国際見本市ACHEMA 2003にて発表した。MMRSのコンセプトは，マイクロリアクターの構成要素（ミキサー，リアクター，熱交換器，センサーなど）を各々モジュールという形で単体化し，それらが容易に組み替えできるように設計することにより，様々な化学反応種や反応スケールへの応用を可能にすることである。これにより一般に，汎用性やフレキシビリティーが低くなってしまう傾向にあるマイクロリアクターの特性を克服し，単なるマイクロリアクターではなく，システムとしての機能を持つ製品となっている。このようなコンセプトが多くのユーザに認められ，MMRSは先進的かつ実用的なマイクロ反応テクノロジーとして，高効率化学プラントの開発や新規有用化学物質の創成のためのツール，あるいは小スケールの生産設備として欧州の化学・製薬企業を中心に全世界で約100台の納入実績を誇る。

　エアルフェルドAG社は，元々ドイツInstitut für Mikrotechnik Mainz GmbH（以下IMM）において，マイクロ反応テクノロジー開発の陣頭指揮を執っていたWolfgang Ehrfeld博士らによって2000年に設立された。1990年代当時のマイクロ反応テクノロジーの応用先の多くは，数十cm^2のガラス基板上にマイクロ流路や分離・分析機能を集積化した，いわゆるマイクロ化学チップ，μ-TAS, Lab-on-a-Chipなどと呼ばれる高効率，精密分析を目的としたミニチュアスケールの反応であった。博士らは，自ら開発したLIGA法（X線を用いた高縦横比の金属微細加工技術）を用いることで，高縦横比精密加工された金属性マイクロリアクター開発に成功した。そして，ガラス製のリアクターでは困難であったマイクロ反応テクノロジーの化学品生産への応用を提唱したのである。その後，Ehrfeld博士を中心にIMM時代に培った技術をさらに発展させたエアルフェルドAG社の驚異的な技術力をもって，デバイス開発だけにとどまらずユーザビリティーを最大限重視したMMRSというコンセプトを生み出したのである。さらに，2004年にエアルフェルドAG社は，医薬・化学品大手ドイツBayerグループのエンジニアリング部門であるBayer Technology Services GmbHの100％子会社として設立されたEhrfeld Mikrotechnik BTS GmbH（以下エアルフェルドBTS社）にその事業を引き継ぐことになる。これによりMMRSを提供するだけではなく，プロセスエンジニアリング面でもユーザをサポートすることが可能となり，欧州でのマイクロリアクターのトップサプライヤーとしての地位を不動のものとしたのである。

　　＊　Atsushi Mitarai　DKSHジャパン㈱　テクノロジー事業部門　科学機器部　主任

表1 MMRS用の主要モジュール一覧

カテゴリー	モジュール	特徴
ミキサー	コーム型	標準ミキサーは温度センサー内蔵型も可
	スリットプレート型	混合プレートおよびアパチャープレートの交換によりスループットおよび混合比混合効率の変更が可能。温度センサー内蔵型も可（低スループットタイプ LH2，高スループットタイプ LH25）
	カスケード型	高粘性溶液およびスラリー系対応
	バルブアシスト型	マイクロあるいはナノ粒子形成反応用
	マイクロジェット型	
リアクター	キャピラリー型	滞留時間制御用（内容積：4 ml），温度センサー内蔵，電熱ヒーター式温調
	メアンダ型	滞留時間制御用（内容積：11 ml），熱媒式温調
	サンドイッチ型	滞留時間制御用（内容積：30 ml），熱媒式温調，複数連結縦置きタイプ
	リアクター450, 1000	滞留時間制御用（内容積：100〜1000 ml），熱媒式温調，内容積可変
	カートリッジ型	固体触媒を用いた不均一反応用，温度センサー内蔵，ヒーター式温調
	クライオ型	極低温・高温用（−80〜100℃）温度センサー内蔵，ヒーター式温調
	光反応用	光誘導反応対応，励起波長：365，385，395，405，420，470，505，525，630，660 nm
熱交換器	クロスフロー型，カウンターフロー型	プレート積層タイプ，熱媒式温調，温度センサー内蔵型も可
	コアキシャル型	二重円筒タイプ，熱媒式温調，高粘度液や不均一系に対応
	ヒーター式	余熱用，電熱ヒーター式温調
センサー／アクチュエータ	温度計測用	Pt100センサー
	圧力計測用／計測制御用	ピエゾ型センサー，電磁バルブ制御
	流量計測用／計測制御用	サーマル式センサー，電磁バルブ制御
	粘度（密度）計測用	粘度：0.3〜200 cp，密度：0〜2000 kg/m^3
	pH計測用	長期安定性試験クリア，ほかのガラス電極センサー適合
	電気伝導度計測用	〜200.0 μS/cm，〜2000 μS/cm，〜20.00 mS/cm，〜200.0 mS/cm
	光学フローセル	UV/VIS/NIRの波長帯における分光測定用（吸光度，蛍光光度，光散乱，濁度など）
	オーバーフロー安全バルブ	作動圧力範囲：3.5〜25 bar，25〜50 bar，50〜100 bar
	2方／3方バルブ	手動切替式，切替時のバックプレッシャーなし
その他	インレット，アウトレット	プロセス／熱媒体の出入口用，サイズ：1/4″，1/8″，1/16″，インプット用はフィルター付きタイプ有
	接続用	配列の都合上，隣接不可なモジュール同士の中継用，左90度／右90度／ストレート（180度）
	断熱用	モジュール間における熱損失熱変換の軽減用

　MMRSのモジュール群はマイクロ化学プラントに必須と思われるほとんどすべての基本デバイスをすでにラインナップしている（表1）。さらに，同社ではユーザの要望を受け新たなモジュールの開発も継続的に行い，随時ラインナップの拡充が進められている。さらにMingatec GmbHの高機能リアクターMiprowa®シリーズやLonza Group LtdのGMP対応プレート型マイクロリアクターシリーズなどMMRSの処理量を超える，実生産スケールの大型リアクターの全世界における製造・販売権を包括的業務提携により取得し，MMRSとの連携を構築するなど（詳細は後述），製品の拡張性の向上を進めている。（写真1 Miprowa®シリーズ，写真2 Miprowa® Lab（MMRS対応），写真3 ©Lonza FlowPlate™ MicroReactorシリーズ，写真4 ©Lonza FlowPlate™ Lab MicroReactor（MMRS対応））

第1章 生産用マイクロリアクター利用の基本概念とデバイス開発

写真1 Miprowa®シリーズ

写真2 Miprowa® Lab（MMRS対応）

写真3 ©Lonza FlowPlate™ MicroReactorシリーズ

写真4 ©Lonza FlowPlate™ Lab MicroReactor（MMRS対応）

8.2 モジュラーマイクロ反応システムMMRS
8.2.1 概要

　MMRSは化学品や医薬品の新規合成ルートの探索および既存化学プロセスの最適化，高効率化におけるプラットフォームとしての機能を持つことはもとより，従来の化学プロセスの在り方を根底から変革し得るマイクロ化学プラントの開発やマイクロ空間反応場を利用した新規反応の発見も期待できる。さらに少量多品種生産といったニーズであれば生産設備としての利用も可能である。

　A5～A3サイズのベースプレート（台座）上に並べられた一辺数～数十cmの小型直方形モジュール（デバイス）群の内部において，実際の化学プラントさながら，混合，乳化，分離，反応，熱交換といったマイクロ化学プロセスの基本単位操作およびその制御が行える。また，各種マイクロセンサー（温度，圧力，流量，pH，電導度，粘度）やコントローラー（圧力，流量）もラインナップされており，必要に応じてマイクロリアクター内部の状態をセンシングすることが可能である。写真5にMMRSのセットアップ例を示した。

写真5　MMRSセットアップ例

MMRSの基本仕様を以下に示す。

　温度：-20～200℃

　圧力：～100 bar

　流速：0.05～25 L/h

　金属部材質：ステンレススチールA4-316 Tiおよびハステロイ C-276

　シーリング材質：FFPMおよびPTFE

　上記基本仕様よりも制限された仕様のモジュールも多く存在するが，特殊なモジュールとして-80℃という超低温領域で使用可能なタイプや500℃という超高温領域での使用に耐えるタイプもラインナップされており，反応条件の選択幅は非常に広いと言える。また，金属部についてはタンタルやチタンなどへの変更も特注品として対応しており，金属への腐食性が非常に高い特殊な物質などを利用する反応への応用も可能である。

　MMRSを構成する各モジュール間の接続にはスウェージロックなどの配管接続は必要とせず，モジュール同士を専用クランプで密着させる独自のモジュラー方式（詳細は後述）を採用しているため，モジュールの追加や交換，反応流路の変更といった作業を六角レンチ一本で，わずかな労力かつ極めて単純，迅速に行える（あとの図4参照）。例えば一段階反応から多段階反応へ移行する場合であっても，その所要時間はわずか10分程度ですむ。

8.2.2　豊富なモジュール

　表1に現在提供可能な主要モジュールの名前と特徴をまとめた。これらのモジュールを適切に選択することで，水—水のような均一系のみならず，水—油といった不均一系への応用も可能である。気液反応や固液反応（固体触媒反応）用に設計されたタイプや粒子形成反応に対応したミキサーなど，通常のマイクロリアクターでは対応が困難とされている反応への応用も可能である。また，一部のミキサーは内部の微細加工部品（アパチャープレート，ミキシングプレートなど）を変更することにより，その混合性能を変更できるように設計されており，一つのミキサーモジュールで様々な混合特性を得ることが可能である。一例として図1にスリットプレート型ミキサ

第1章　生産用マイクロリアクター利用の基本概念とデバイス開発

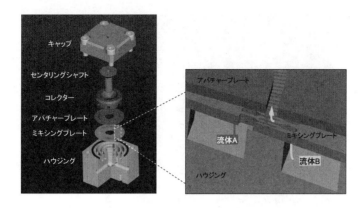

ミキシングプレート

スリット幅	スリット数
25 μm / 25 μm	508
50 μm / 50 μm	304
85 μm / 25 μm	312
150 μm / 25 μm	236

アパチャープレート

スリット幅	スリット角（α）
300 μm	164°
300 μm	33°
100 μm	164°
100 μm	33°
50 μm	164°
50 μm	33°

図1　スリットプレート型ミキサーLH25の構造

ー（櫛歯方式）LH25の分解図および交換可能な微細加工部品を示す。

8.2.3　ベースプレート

モジュールを配列するためのA5～A3サイズのベースプレート（台座）を図2下部に，並びにA5サイズのプレート上にモジュールを配列した例を図2上部に示した。ベースプレートは25 mm間隔のグリッドパターンで区切られている（右側の目盛りを参照）。最小モジュールの底辺一辺の長さはモジュール間に挿入するシールプレート一枚の厚み1 mmも含めて25 mmとなり，基本的にグリッドセル（grid cell）一つに対してモジュール一個が対応することになる（リアクターなど大型モジュール類には複数のグリッドセルを使用）。モジュールの高さはその機能（種類）によって異なる。

8.2.4　モジュールセットアップ例

図3にモジュールのセットアップ例をモジュール名称とともに示した（便宜上，シールプレートは省略）。

8.2.5　モジュールの固定

モジュールをベースプレート上へ固定する手順を以下並びに図4に示した（便宜上，ベースプレートは省略）。

① まずはじめに，必要なモジュールをベースプレート上に並べる（図4(a)参照）。各モジュールがグリッドセルにスムースにフィットするように，モジュールの底にはPEEK製底部プレ

マイクロリアクター技術の最前線

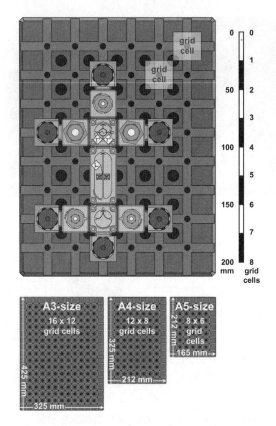

図2　ベースプレート（イメージ）

ートがピンで固定されている。

底部プレートはベースプレートとモジュール間の断熱の役割も兼ねる。一方でベースプレートと加熱（最高200℃）することでシステム全体の温度を高温に保つことも可能であり，その場合には底部プレートはアルミニウム製となる。

② 一列に並んだモジュールの両端にクランプを一つずつ置く（図4(a)参照）。
③ モジュール間にシールプレートを挿入する（図4(a)参照）。
④ クランプ上部のホイールを左右交互に六角レンチで時計回りに少しずつ回すと，クランプからプランジャが押し出されてくる（図4(b), (c)参照）。一列に並んだモジュール群は二個のプランジャで強く挟みこまれ，結果的にベースプレート上にタイトに固定される（図4(c)）。この操作を最も長いモジュール列から最も短い列へと繰り返す。これによりモジュール間の耐圧100 barを実現する。
⑤ 薬液のインプットモジュールと送液ポンプを適切な方法で配管する。送液ポンプの選択はモジュールタイプ，薬液の腐食性，圧力，流速，薬液粘度などに依存するが，低脈流であることが必須条件である。

第1章　生産用マイクロリアクター利用の基本概念とデバイス開発

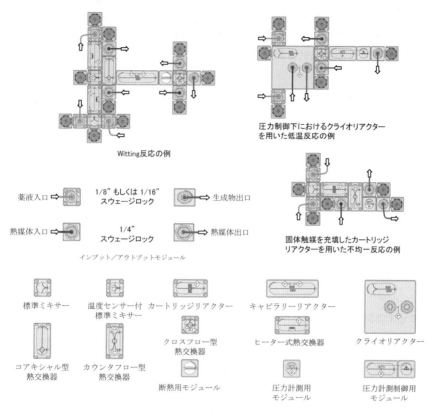

図3　モジュールのセットアップ例
（各モジュール絵は平面イメージであり実際の外観とは異なる）

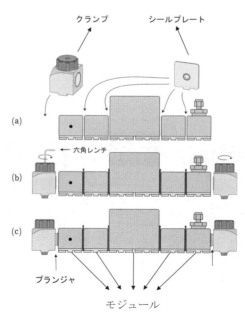

図4　モジュールの固定

⑥ 生成物出口のアウトプットモジュールと受器を適切な方法で配管する。

⑦ 熱媒体を必要とする熱交換器を使う場合，サーキュレーター（オイルもしくは水）と熱交換器を適切な方法で配管する。

⑧ 温度センサーや圧力センサーなどを有するモジュールについては，モジュール上の信号コネクターと信号受信器を専用ケーブルで接続する。

8.2.6 メンテナンス

MMRSのモジュールの利点の一つとして，メンテナンスの容易さが挙げられる。メンテナンスを行うモジュール以外には触れることなく，目的のモジュール内部のパーツ（微細加工部品など）を取り出して超音波洗浄器などで容易に洗浄が行える。マイクロリアクターの抱える難題の一つとして，目詰まりが発生した際に，デバイス自体が再生不能になり得る点が挙げられるが，MMRSのモジュールは基本的に完全分解が可能なように設計されており，万が一，目詰まりなどが発生した際にも比較的容易に復旧可能である。

8.3 プロセスコントロール

エアルフェルドBTS社ではMMRSを制御するためのユニットとして，ドイツHiTec Zang GmbH（以下ハイテクザン社）のソフトウェア並びにハードウェア（通信用インターフェイス）を提案している（写真6参照）。ハイテクザン社は一般にLabViewと呼ばれるグラフィカルプログラミング環境を提供しており，このユニットを用いることでMMRSの各種ヒーター類および周辺機器（ポンプ，オートサンプラー，サーキュレーターなど）をパソコン上で一元的に制御するとともに，各種センシング値などの記録並びに各種センサー類，ヒーター類への電源供給が可能となる。これは単に反応条件の制御および記録という目的だけではなく，ある種の危険を伴う反応（爆発性の反応，高温反応など）をより安全に行うことにもつながる。また，ハイテクザン社はMMRS用にソフトウェアをアレンジしており，図5に示すように直感的に操作しやすい仕様となっている。

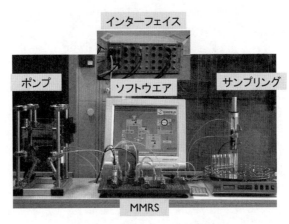

写真6　MMRSシステム制御系

第1章　生産用マイクロリアクター利用の基本概念とデバイス開発

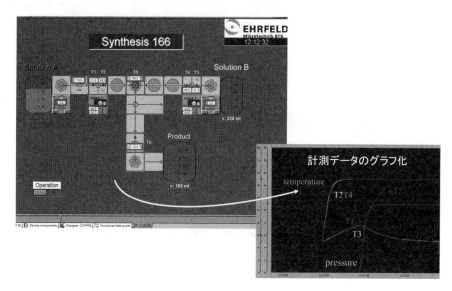

図5　MMRS制御用ソフトウェア操作画面

8.4　スタンドアローン・モジュール

前述の通りMMRSはモジュール間の接続に配管が不要なため,デッドボリュームが最小限であることやモジュールの組み合わせにおける高いフレキシビリティーといった利点がある。しかしながら,これらのモジュールをほかの実験装置や設備(他社製のマイクロリアクター)と組み合わせて使用することは容易でない,もしくは不可能である。したがってこのようなケースに対応するために,エアルフェルドBTS社はほとんどすべてのMMRSのモジュールについてスウェージロック配管付きのスタンドアローン・モジュールの提供も行っている(図6)。スウェージロック配管の径は1/16〜1/4インチまで,ユーザが指定することが可能である。

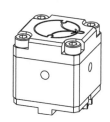　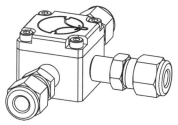

チューブレス・モジュール(MMRS用)　　スタンドアローン・モジュール

図6　チューブレスとスタンドアローン

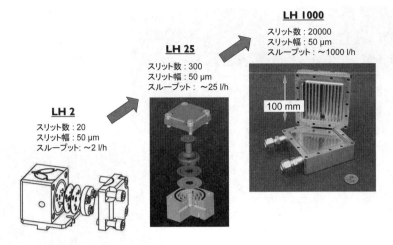

図7　スリットプレート型ミキサーのスケールアップ

8.5　スケールアップ戦略

　MMRSは生産スケールへのスケールアップを前提として設計されている。例えば滞留時間制御用リアクターの場合，構造は異なるものの最小で内容積4 mlのタイプから最大で内容積1000 mlのタイプまでがMMRS用のモジュールとしてラインナップされている（図7）。これらはベースプレートの面積が許す範囲で複数連結させることも可能であり，流速調整と合わせれば，相当な範囲でシームレスな反応時間制御（数分～数時間）あるいは処理量制御を可能としている。1000 ml以上の内容積（処理量あるいは反応時間）が必要な場合には，Miprowa®シリーズ（処理量：～10000 L/h，写真1参照），あるいは©Lonza FlowPlate™ MicroReactorシリーズ（処理量：～36 L/h，写真3参照）の利用を検討することになるが，その際に威力を発揮するのが冒頭で紹介したMiprowa® Lab（写真2参照）および©Lonza FlowPlate™ Lab MicroReactor（写真4参照）である。これらは実生産用に開発された大型リアクターを，MMRSのベースプレート上に乗るようにラボスケール化させたモジュールという位置付けである。ラボスケール化に際して，大型リアクターの基本構造は維持されている。このため，MMRS上で実生産スケールの大型リアクターの運転条件の検討を行うことが可能になるのである。エアルフェルドBTS社は，このような手法を用いることで，MMRSの応用範囲の拡大を実現しているのである。

　さらに，MMRSのモジュールの一部は，その基本構造を維持する形でハイスループットスタンド・アローンモジュールへとスケールアップされ，大型リアクターなどとの併用が可能となっている。ここではMMRSモジュールのスケールアップ事例として，スリットプレート型ミキサーについて紹介する。スリットプレート型ミキサーは，前述したように内部の微細加工部品の変更により，混合特性が可変（スリット幅の変更）であるが，同時に処理量も可変（アパチャープレートのスリット長（LH25の場合スリット角α）の変更による有効スリット数の変更）である。最大有効スリット数がLH2→LH25→LH1000の順に増加しており，これにより最大処理量のスケール

第1章 生産用マイクロリアクター利用の基本概念とデバイス開発

アップさせているのである（図7参照）。さらに，アパチャープレートのスリット幅を広くすることで，一つのスリット当りの処理量のスケールアップも同時に行われている（スリット長の増加）。基本的に櫛歯方式のマイクロミキサーにおいては，櫛幅（スリット幅）により，混合特性は決定されるため，LH2で条件検討した結果はLH1000にスケールアップした際にも実現可能であると言いえる。これは流路当りの処理量増と流路数増を高次元に組み合わせ，スケールアップを実現する手法，いわゆるイクォーリイグアップや内部ナンバリングアップと呼ばれる手法を，実用レベルで実現した稀有な事例と言えよう。この手法を用いることで，マイクロリアクターのスケールアップを実用化する上で，しばしば問題となるセンサー数やポンプ数の増大（付帯設備の大型化，複雑化，高コスト化）を回避することが可能となる。LH1000を10台，外部ナンバリングアップによりMiprowa®シリーズの大型リアクターに接続すれば，計算上10000 L/hの処理が可能となるのである。

8.6 おわりに

　新規高効率化学プロセス開発やファインケミカル，スペシャリティーの製造などへの応用が期待できるマイクロ反応テクノロジーの研究開発は，かなりの進歩を遂げてはいるが，その実用化については，さらなるブレイクスルーが必要である。また，省エネルギー，省廃棄物など，環境負荷低減に向けた取り組みや化学プラントの安全性向上，災害時の早期復旧といった危機管理においてもマイクロ反応テクノロジーには多くの期待が寄せられている。この技術は欧州が発祥であるが，日本の技術者の絶え間ない努力により，近年，技術的には肩を並べるレベルまで迫ったと筆者は感じている。一方で実用化という面では，未だ欧州勢の後塵を拝しているのではないかと思う。先駆者に学ぶべき点は積極的に取り入れるという視点から，今回ご紹介したエアルフェルドBTS社の製品は日本のマイクロ反応テクノロジーの発展に貢献できるものであると期待している。

　マイクロ反応テクノロジーの普及は材料化学，材料加工技術，コンピュータシミュレーション，エレクトロニクスなど，あらゆる分野の技術が一歩も二歩も前進して初めて成し得るものである。この分野のリーディングカンパニーであるエアルフェルドBTS社の今後の活躍に期待したい。

関連文献

- Roberge D. M., Ducry L., Bieler N., Cretton P., Zimmermann B., Microreactor Technology: A Revolution for the Fine Chemical and Pharmaceutical Industries?, *Chem. Eng. Technol.*, **28**(3), 318-323 (2005)
- Ducry L., Roberge D. M., Dibal-H Reduction of Methyl Butyrate into Butyraldehyde using

Microreactors, *Organic Process Research & Development*, 12, 163-167 (2008)
- Geyer K., Codée D. C., Seeberger P. H., Microreactors as Tools for Synthetic Chemists-The Chemists' Round-Bottomed Flask of the 21st Century?, *Chem. Eur. J.*, 12, 8434-8442 (2006)
- Rosenfeld C., Serra C., Brochon C., Hadziioannou G., Microfluidic-Assisted Nitroxide-Mediated Copolymeriszations: Influence of the micromixer geometry, AIChE Spring Meeting (2007)
- Stange O., Kleine kommen ganz groß raus, CHEManager, 6/2008, 49
- Geyer K., Wippo H., Seeberger P. H., *Chemistry Today*, **26**(1), 23-25 (2008)
- Van der Linden, J. J. M., Hilberink P. W., Kronenburg C. M. P., Kemperman G. J., Investigations of the Mofatt-Swern Oxidation in a Continuous Flow Microreactor System, *Org. Process Res. Dev.*, **12**(5), 911-920 (2008)
- Wengeler R., Ruslim F., Nirschl H., Merkel T., Dispergierung feindisperser Agglomerate mit Mikro-Dispergierelementen, *Chem. Ing. Techn.*, **76**(5), 1-8 (2004)
- Snyder D. A., Noti C., Seeberger P. H., Schael F., Bieber T., Rimmel G., Ehrfeld W., Modular Microreaction Systems for Homogeneously and Heterogeneously Catalyzed and Chemical Synthesis, *Helvetica Chimica Acta*, 88, 1-9 (2005)
- Borovinskaya E. S., Mammitzsch L., Uvarov V. M., Schael F., Reschetilowski W., Experimental Investigation and ModelingApproach of the Phenylacetonitrile Alkylation Process in a Microreactor, *Chem. Eng. Technol.*, **32**(6), 919-925 (2009)
- Wehle D., Verfahrenstechnik im Miniformat, Process (2006)
- Jähn P., Effizienz groß geschrieben, *Chemie Technik*, 9, 58-59 (2006)
- Stange O., Schneller Scale-up, *Verfahrenstechnik*, 12, 40-41 (2008)
- Rodermund K. D., Grünewald M., Peng S., Schael F., Mikrovermischung in Mikrostrukturen,
- ProcessNet Jahrestagung, Postersession (2009)
- Bortolotto L., Jusek M., Dittmeyer R., Preparation of N-doped TiO_2 by mechanochemical activation in a planetary ball mill and proof of its photocatalytic activity in a microstructured photoreactor, Achema, Postersession (2009)
- Schael F., Photoinduced Reactions in Microreactor Technology, *mstnews*, 6, 15 (2008)
- Azzawi, A., Mikro-Reaktionstechnik, *MikroSystemTechnik*, 1, 24-25 (2006)
- Ehrfeld W., Mikro-Reaktionstechnik als Schlüsseltechnologie in der modernen Chemie, *GIT*, 10, 932-935 (2004)
- Ehrfeld W., Microreaction technology: A new era of chemistry, *Specialty Chemicals Magazine*, 5, 54-56 (2003)
- Ehrfeld W., Ehrfeld U., Bieber T., Herbstritt F., Koch O., Kroschel M., Merkel T., Raffa C., Salmon A., Schael F., Schwank T., Better Processes for Bigger Profits, 5th International Conference on Process Intensification fort he Chemical Industry, 125-136 (2003)
- Ehrfeld W., Promising Prospects for Micro Reaction Technology, IMRET 7 (2003)
- Bieber T., Ehrfeld W., Salmon A., Modular Microreaction System for Organic Synthesis, IMRET 7 (2003)

第1章　生産用マイクロリアクター利用の基本概念とデバイス開発

- Ehrfeld W., Design Guidelines and Manufacturing Methods for Microreaction Devices, *CHIMIA*, **56**(11), 598-604 (2002)
- Ehrfeld W., Process Intensification Through Microreaction Technology, Marcel Dekker, Inc., 167-190 (2003)
- Ehrfeld W., Begemann M., Berg U., Lohf A., Michel F., Nienhaus M., High parallel mass fabrication and assembly of microdevices, *Microsystem Technologies*, 7, 145-150 (2001)
- P. Fröhlich und M. Bertau, Reaktionstechnische Aspekte der biokatalytischen Herstellung funktionalisierter Organosiloxane, *Chemie Ingenieur Technik*, **82**(1-2), 51-63 (2010)

第2章　マイクロリアクターを用いた各種物質製造技術

1　マイクロリアクターを使った環境調和型有機合成，高分子合成技術

吉田潤一[*1]，永木愛一郎[*2]

1.1　はじめに

　人間が手でフラスコの中に溶媒と基質や反応剤・触媒などを入れて行う実験室での合成スタイルが，マイクロリアクターの出現によって大きく変わろうとしている。また，ファインケミカルズや医薬・農薬などの製造においても，従来のバッチ型の反応器だけでなくフローマイクロ型の反応器の検討が始まっている。また，マイクロリアクターは，実験室での合成から工業的な生産（マイクロ化学プラント）への移行が格段に高速・効率的に行えると期待されている。本節では，環境調和型合成技術という観点から，マイクロリアクターがどのような特長をもっていて，どのような有機合成反応や高分子合成反応に有効に用いることができるかについて，実例をあげながら紹介する。

1.2　フローマイクロリアクターの特長[1)]

　マイクロリアクターの特長について，合成化学の立場から以下簡単にまとめる。

　① 高速混合

　溶液が不均一な状態では，反応速度論は成立せず，速度論に基づく反応制御もできない。通常の攪拌では混合時間が数秒程度であるので，それよりも速い反応の制御は難しい。マイクロ混合器を用いて，拡散距離を短くして短時間で均一溶液を得ることにより，速い反応でも速度論に基づく制御が可能になる。

　② 精密温度制御

　マイクロリアクターはマイクロ流路の単位容積あたりの表面積が大きいために熱交換の効率が極めて高く，温度制御が精密に行える。この特長は精密な温度制御を必要とする反応や，急激な加熱または冷却を必要とする反応を，マイクロリアクターを用いることにより比較的容易に行えることを示唆している。例えば，通常のフラスコ中では部分的な発熱により暴走しやすい反応でもマイクロリアクターを用いると制御して行える。

　③ 大きな界面積

　単位体積あたりの表面積が格段に大きいというマイクロリアクターの特長は，気—液，液—液，

---

*1　Jun-ichi Yoshida　京都大学　大学院工学研究科　合成・生物化学専攻　教授
*2　Aiichiro Nagaki　京都大学　大学院工学研究科　合成・生物化学専攻　助教

第2章 マイクロリアクターを用いた各種物質製造技術

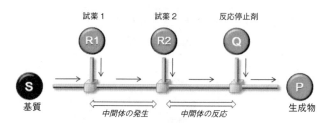

図1 フローマイクロリアクターの滞留時間制御の特長を利用した不安定中間体の発生ならびに反応

固―液反応のような界面での効率的な反応や，相を利用した反応後の生成物の分離・精製にも有効である。

④ 精密滞留時間制御

マイクロリアクターではマイクロ流路の長さや流速を調節することにより滞留時間を極めて短くすることができる（図1）。この特長は不安定中間体の利用に極めて有効である。マイクロリアクターを用いることにより，中間体が失活・分解する前に別の場所に移動させ次の反応に利用することができるので，フラスコなどのバッチ型反応器では困難あるいは事実上不可能な化学変換を行うことができる。

1.3 マイクロリアクターの特長を活かした有機合成
1.3.1 選択性よくほしい生成物を得る

化学反応を制御して選択的にほしい化合物だけを合成するのが環境調和型合成化学の大きな目標の一つである。一般に，化学反応の選択性は望む反応とそれ以外の反応（副反応）の反応速度，およびその反応にかかわる物質の濃度によって決定される。例えば，次のような競争的連続反応を仮定すると，1分子のAと1分子のBが反応して望む生成物P1が得られる（図2）。P1はもう1分子のBと反応してP2を生成する。もし最初の反応の速度定数k_1が次の反応の速度定数k_2よりもかなり大きいときには，AとBを1：1のモル比で反応させるとP1が選択的に得られるはずである。しかし，実際の反応ではこのような速度論に基づく予測が当てはまらない場合がある。つまり，混合によってAの溶液塊が瞬時になくなり，完全な均一溶液になってから反応するのであれば，速度と濃度だけで選択性が決まるはずであるが，反応が非常に速く，完全混合が起こる前に反応が進行する場合には，速度論は成立しない。このような場合には，まずAとBの溶液塊の界面にP1が生成すると考えられる。すると，たとえk_1がk_2よりもはるかに大きくても，AとBとが反応するよりもP1とBが反応する確率が高くなり，P2がかなりの量生成することになる。これはRysらによって反応速度による選択性ではなく混合に影響をうける選択性としてdisguised chemical selectivityと定義されている。このような反応の場合には，混合の仕方が反応の選択性に大きな影響を与える。

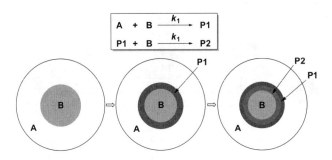

図2　競争的逐次反応とdisguised chemical selectivityの問題点

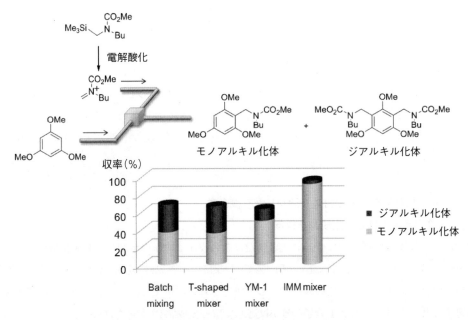

図3　Friedel-Crafts反応における反応選択性への混合の影響

　例えば，バッチ型反応器を用いてN-アシルイミニウムイオンプールと1,3,5-トリメトキシベンゼンとのFriedel-Crafts反応を行うと，モノアルキル化体（37％）のほかにジアルキル化体がかなりの量生成する（32％）（図3）[2]。モノアルキル化生成物がプロトン化されるため原料の1,3,5-トリメトキシベンゼンよりも活性が低いことが分かっているので，この選択性は，先に述べたdisguised chemical selectivityに起因すると考えられる。このような問題の解決にマイクロリアクターによる高速混合が有効であった。実際，マイクロミキサーを用いてN-アシルイミニウムイオンの溶液と1,3,5-トリメトキシベンゼンの溶液とを高速混合すると，モノアルキル化体が選択的に得られた（収率92％）。ジアルキル化体は4％しか生成しない。混合が著しく速くなったために，速度論に基づく本来の選択性が発現したためと推定される。

第2章　マイクロリアクターを用いた各種物質製造技術

このようなマイクロ混合による選択性の向上の効果は，芳香族のヨウ素化反応[3]，芳香族のブロモ化反応[4]，グリニヤール反応剤とフェニルボロン酸トリメチルエステルとの反応[5]，N-アシルイミニウムイオンとスチレン誘導体との[4+2]付加環化反応[6]，ジブロモビアリール類の選択的リチオ化反応[7]，ジアゾカップリング反応[8]などにおいても見出されている。

1.3.2　低温反応のエネルギー消費を抑える

　有機リチウム化合物の多くは非常に不安定であるため，従来のマクロバッチ型反応器を用いる場合，極低温下で反応剤をゆっくりと滴下するなどの操作を行わなければならず，さらに，そのような操作を行っても反応の制御が困難である場合も少なくない。このような問題点は有機リチウム化合物を鍵中間体とする合成を行う上で大きな制限となる。また，こうした制約は実験室レベルにとどまらず，工業レベルにおいても有機リチウム化合物の有用性を大きく低下させる要因となっている。しかし，最近，マイクロリアクターの特長を活かすことにより，上記の問題点を解決することができ，有機リチウム化合物を工業的な観点からも比較的容易に利用できることが明らかとなってきた[9]。例えば，オルトジブロモベンゼンからハロゲン―リチウム交換によって発生するオルトブロモフェニルリチウムは非常に不安定であり，速やかにベンザインへと分解してしまうため，バッチ型反応器を用いて反応を行う場合，-110℃といった極低温条件が必要である。しかし，フロー型反応器を使って，有機リチウム化合物を迅速に発生させ，それが分解する前に短時間で別の場所に移動させ，求電子剤と反応すればこの問題は解決できる[10]。実際，フローマイクロリアクターシステムを用いて-78℃で反応を行い，有機リチウム化合物を発生させ求電子剤と反応させるまでの時間を0.82秒前後に調節することにより，分解前に求電子剤との反応に利用することが可能となった。また，本手法は，オルトジブロモベンゼン以外にメタ，パラジブロモベンゼンからのハロゲン―リチウム交換によるブロモフェニルリチウム種の発生ならびに反応に対しても極めて効果的であり，これらの有機リチウム種は0℃でも分解前に反応に利用することが可能である（バッチ型反応器を用いて反応を行う場合には-48℃以下が必要）。さらに，連続的にジブロモベンゼン類のハロゲン―リチウム交換反応を行うことにより，効率的に二置換

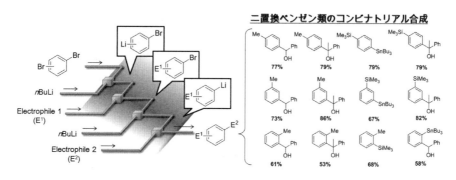

図4　ジブロモベンゼン類の連続的なハロゲン―リチウム交換反応ならびに求電子剤との反応による二置換ベンゼン類のマイクロリアクター合成

マイクロリアクター技術の最前線

ベンゼン類の迅速合成も可能である（図4）。

1.3.3 保護基を用いない合成

医薬品などの複雑な有機化合物を合成する場合，原料や中間体にいくつかの官能基が共存することが多く，特定の官能基のみを選択的に反応させることは一般的には容易ではない。そのため反応させたい官能基以外の官能基を保護したあとに望む分子変換反応を行うことがこれまでの常識であった。分子変換を完了した後保護した官能基を元の官能基に戻して（脱保護），さらに次の分子変換を行う（図5）。しかし，このような保護・脱保護は合成に必要なステップ数を増加させ，合成効率を低下させるだけでなく，廃棄物も生み出す。保護基を必要としない分子変換法が開発できれば，環境負荷の小さい合成が可能となり，その開発は合成化学の最重要課題の一つである[11]。

例えば，アルコキシカルボニル基やシアノ基，ニトロ基のような求電子性官能基を分子内にもつ有機リチウム種を発生させ反応に用いたいと思っても，有機リチウム種がそれらの官能基と速やかに反応するためなかなか使えない[12]。実際，従来のバッチ型反応器でアルコキシカルボニル基を有するブロモベンゼンのハロゲン―リチウム交換反応を行う場合には，立体障害の大きな$tert$-ブトキシカルボニル基やイソプロポキシカルボニル基などの官能基を用い，-100℃のような極低温条件下で反応を行う必要がある。-75℃でさえ速やかに二量化反応が進行してしまうことが知られている。そのため，このような有機リチウム化合物を様々な求電子剤との反応に利用することは困難である。しかし，フローマイクロリアクターを用いると，滞留時間を極めて短くすることにより（0.01秒），アルコキシカルボニル基を有するアリールリチウム中間体を素早く発生させ，素早く求電子剤との反応に利用することができる（図6）。$tert$-ブトキシカルボニル基やイソプロポキシカルボニル基などの立体障害の大きな官能基だけでなく，従来のバッチ型反応器を用いる場合には不可能とされていたエトキシカルボニル基やメトキシカルボニル基を有する基質においても，目的生成物が良好な収率で得られる[13]。また，アルコキシカルボニル基だけでなく，シアノ基やニトロ基を有するアリールリチウム種の発生ならびに反応にも適用可能である[14]。

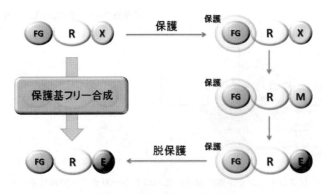

図5　保護基を用いない合成

第2章　マイクロリアクターを用いた各種物質製造技術

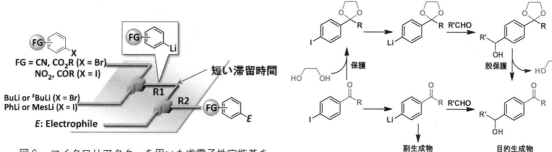

図6　マイクロリアクターを用いた求電子性官能基を有するアリールリチウム種の発生ならびに反応

図7　保護基を必要としないマイクロリアクター合成

さらに，最近では，フローマイクロリアクターを用いて，滞留時間を3〜1.5ミリ秒と極めて短く精密に制御することにより，有機リチウム種を発生させ，それがケトンカルボニル基と反応する前に，あとで加えたアルデヒドと素早く反応させることで，従来の常識を覆す分子変換を実現できる（図7）[15]。

1.3.4　マイクロリアクターの特長を活かした高分子合成

マイクロリアクターの特長は，高分子合成においても活かすことができる。多段階の反応を一度に行う必要がある高分子合成，その中でも付加重合反応を用いる高分子合成では分子量 Mn や分子量分布 Mw/Mn（数平均分子量と重量平均分子量の比で分子量分布の広がりを示す指標）の制御は非常に重要である。第一段階目の重合開始剤のモノマーへの付加反応（開始反応）をばらつきなく一斉に行うことが必要であり，そのための開始反応の効率化が重要である。また，反応熱の除去をいかに効率よく行うかも反応制御の鍵となっている。これらの問題は，産業用の大きなバッチ型リアクターで重合を行う場合には，益々重要になってくる。マイクロリアクターのもつ高速混合および精密温度制御を活かした精密重合反応の開発が求められている。さらに，精密滞留時間制御を利用することにより，キャッピング剤など用いず，反応速度を落とさずにリビング重合が可能になる点についても大きな期待が寄せられている。

(1)　ラジカル重合[16]

ラジカル重合は一般に発熱反応であり，発熱が大きい場合には分子量および分子量分布の制御が困難である。ブチルアクリレートの重合は発熱が大きく，そのために制御が困難であることが知られている。実際，マクロバッチ型リアクターで重合を行うと分子量分布はかなり広くなる。しかし，マイクロリアクターを用いて重合を行うと，分子量分布がより狭いポリマーが得られた。これは，マイクロリアクターのもつ精密温度制御の効果によるものと推定される。

(2)　カチオン重合[17]

従来のリビングカチオン重合では，開始反応によって生成する生長カチオンを配位性添加剤などで安定化することにより連鎖移動反応などの副反応を抑えていた。この方法を用いると，分子量や分子量分布の制御されたポリマーを得ることができるが，その代償として，反応速度の低下

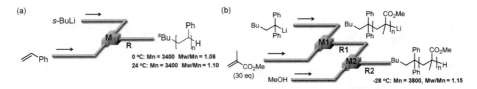

図8 マイクロリアクターを用いたアニオン重合，(a) スチレン，(b) メタクリル酸エステル

を伴う場合が多くみられる。一方，マイクロリアクターの特長を活かすことにより，ブチルビニルエーテル類のカチオン重合において，生長カチオンを安定化させる添加剤を加えることなしに，生成するポリマーの分子量および分子量分布の制御が可能となる。さらに，カチオン生長末端を効率的に次の反応に利用することにより，末端官能基化ポリマーやブロックポリマー合成にも利用できる。

(3) アニオン重合[18]

アニオン重合は，バッチ型反応器を用いて行う場合，極性溶媒中では−78℃のような極低温で反応を行う必要があり，アニオン重合の工業的な利用が困難であった。マイクロリアクターは，このような問題点を解決する上で非常に効果的である。例えば，マイクロリアクターを用いると0℃または室温でスチレン類のアニオン重合ができる。また，メタクリル酸エステルでは，$LiClO_4$やTMEDAなどの添加剤を加えなくても，−28〜20℃で重合ができる（図8）。さらに，アニオン生長末端を効率的に次の反応に用いることにより，スチレン類—スチレン類やメタクリル酸エステル—メタクリル酸エステルやスチレン類—メタクリル酸エステルやスチレン類—メタクリル酸エステル—メタクリル酸エステルのブロック重合にも利用可能となる。

1.4 まとめ

有機反応や高分子合成反応において，ほしい生成物を選択的に得るためには，反応速度論や熱力学だけでなく，混合・温度・反応時間が重要であり，それらを制御するためにマイクロリアクターが極めて有効である。マイクロリアクターが様々な既知の反応に適用されるだけでなく，フラスコやバッチ型反応器では実現不可能な反応も開発されるようになってきた。また，インラインでの分析などと組み合わせることにより，詳細な反応機構の解明も可能になり，それに基づいた反応開発・プロセス開発も行われるようになると期待される。マイクロリアクターは今後の合成化学の研究・開発において強力な道具となるに違いない。

第2章 マイクロリアクターを用いた各種物質製造技術

文　献

1) 化学フロンティア　ロボット・マイクロ合成最前線　有機合成の新戦略, 化学同人 (2004);
吉田潤一, 菅誠治, 永木愛一郎, 有機合成化学協会誌, **63**, 511 (2005)
2) A. Nagaki, M. Togai, S. Suga, N. Aoki, K. Mae, J. Yoshida, *J. Am. Chem. Soc.*, **127**, 11666 (2005)
3) K. Midorikawa, S. Suga, J. Yoshida, *Chem. Commun.*, 3794 (2006)
4) K. J. Hecht, A. Kolbl, M. Kraut, K. Schubet, *Chem. Eng. Technol.*, **31**, 1176 (2008)
5) V. Hessel, C. Hofmann, H. Lçwe, A. Meudt, S. Scherer, F. Schçnfeld, B. Werner, *Org. Process Res. Dev.*, **8**, 511 (2004)
6) S. Suga, A. Nagaki, Y. Tsutsui, J. Yoshida, *Org. Lett.*, **5**, 945 (2003)
7) A. Nagaki, N. Takabayashi, Y. Tomida, J. Yoshida, *Org. Lett.*, **10**, 3937 (2008)
8) K. K. Coti, Y. Wang, W. Y. Lin, C. -C. Chen, Z. T. F. Yu, K. Liu, C. K.-F. Shen, M. Selke, A. Yeh, W. Lu, H. -R. Tseng, *Chem. Commun.*, 3426 (2008)
9) 永木愛一郎, 富田裕, 吉田潤一, ケミカルエンジニアリング, **56**, 54 (2011)
10) A. Nagaki, Y. Tomida, H. Usutani, H. Kim, N. Takabayashi, T. Nokami, H. Okamoto, J. Yoshida, *Chem. Asian J.*, **2**, 1513 (2007); H. Usutani, Y. Tomida, A. Nagaki, H. Okamoto, T. Nokami, J. Yoshida, *J. Am. Chem. Soc.*, **129**, 3046 (2007)
11) P. G. M. Wuts, T. W. Greene, Greene's Protective Groups in Organic Synthesis, 4th ed., Wiley, New York (2007); G. Sartori, R. Ballini, F. Bigi, G. Bosica, R. Maggi, P. Righi, *Chem. Rev.*, **104**, 199 (2004)
12) W. E. Parham, C. K. Bradsher, *Acc. Chem. Res.*, **15**, 300 (1982)
13) A. Nagaki, H. Kim, J. Yoshida, *Angew. Chem. Int. Ed.*, **47**, 7833 (2008); A. Nagaki, H. Kim, Y. Moriwaki, C. Matsuo, J. Yoshida, *Chem. Eur. J.*, **16**, 11167 (2010)
14) A. Nagaki, H. Kim, J. Yoshida, *Angew. Chem. Int. Ed.*, **48**, 8063 (2009); A. Nagaki, H. Kim, H. Usutani, C. Matsuo, J. Yoshida, *Org. Biomol. Chem.*, **8**, 1212 (2010)
15) H. Kim, A. Nagaki, J. Yoshida, *Nature Commun.*, **2**, 264 (2011)
16) T. Iwasaki, J. Yoshida, *Macromolecules*, **38**, 1159 (2005); T. Iwasaki, N. Kawano, J. Yoshida, *Org. Process Res. Dev.*, **10**, 1126 (2006)
17) A. Nagaki, K. Kawamura, S. Suga, T. Ando, M. Sawamoto, J. Yoshida, *J. Am. Chem. Soc.*, **126**, 14702 (2005); T. Iwasaki, A. Nagaki, J. Yoshida, *Chem. Commun.*, 1263 (2007), A. Nagaki, T. Iwasaki, K. Kawamura, D. Yamada, S. Suga, T. Ando, M. Sawamoto, J. Yoshida, *Chem. Asian J.*, **3**, 1558 (2008)
18) A. Nagaki, Y. Tomida, J. Yoshida, *Macromolecules*, **41**, 6322 (2008); F. Wurm, D. Wilms, J. Klos, H. Lçwe, H. Frey, *Macromol. Chem. Phys.*, **209**, 1106 (2008); A. Nagaki, Y. Tomida, A. Miyazaki, J. Yoshida, *Macromolecules*, **42**, 4384 (2009); A. Nagaki, A. Miyazaki. J. Yoshida, *Macromolecules*, **43**, 8424 (2010), A. Nagaki, A. Miyazaki, Y. Tomida, J. Yoshida, *Chem. Eng. J.*, **167**, 548 (2011)

2　高温高圧マイクロリアクターを用いた化学物質の高効率製造法

川波　肇*

2.1　はじめに

　1828年にWöhlerがシアン酸アンモニウムから尿素合成に成功して以来[1]、今でも多くの有機合成がガラスのフラスコの中で行われており、操作自体は大きく変わっていない。例えば、フラスコに溶媒を入れ、錯体触媒などを加え、加熱しながらスターラーで撹拌し、所定時間が来たら反応を止めて、溶媒除去やろ過などで精製して目的物を得る。この一連の操作は、反応種と原料、触媒などを選択し、反応装置を選び、状態（溶液反応など）を見ながら加えるエネルギー（加熱・冷却など）を調節して合成していることになる。これをプロセスとして考えた場合、①反応種（原料、触媒、酸・塩基、重合など）、②反応装置（バッチ、フロー、セミバッチ、マイクロフローなど）、③反応状態（気体、液体、固体、超臨界流体、溶液状態、気液状態など）、④反応エネルギー（熱、電気、光、赤外線、超音波、マイクロ波など）、⑤反応操作（混合、撹拌、分離、分散、晶析、乳化など）の各要素に分解できる。

　近年、地球環境問題から環境にやさしいものづくりの技術開発が盛んに進められているが、有機反応プロセスを鑑みるに、上記の①～⑤の要素技術をそれぞれ改善することで、新しい技術が生み出されるのではないかと考えている。例えば、マイクロ波照射やイオン液体を用いる手法などがあるが、これらをプロセスに組み合わせることで、新しい技術が生み出され、有機化学自体も変わろうとしている[2,3]。その中で、本節では、高温高圧水とマイクロリアクター技術を組み合わせた有機反応について紹介する。

2.2　高温高圧水

　水は、常温常圧では100℃で沸騰し、1 mLの重さは約1 g、そして中性である。しかし、臨界点（374℃、22 MPa）以上になると、水は超臨界流体として諸物性が大きく変化する。例えば、臨界点以上では、密度は大きく減少し、各物質の溶解度も大きく変化する。同時に、水の極性も有機溶媒と同様の極性に変化する。そのため、塩類は析出し始め、逆に有機化合物は溶解し始める。また、水の溶媒構造も高温高圧状態では変化し、水素結合の少ない水として、また同時に酸・塩基としての働きを持つようになる。この性質を用いて、バイオマス、ポリマー、汚泥などの熱分解処理などに使われてきており、新技術として注目されてきた。これは、上記の各要素において、③の反応状態が変化することを利用した技術である。なお、超臨界流体に関する総説は、多くの報告があるので、そちらを参照して頂きたい[4]。

---

*　Hajime Kawanami　㈱産業技術総合研究所　コンパクト化学システム研究センター
　　主任研究員

第2章 マイクロリアクターを用いた各種物質製造技術

2.3 高温高圧水―マイクロリアクター

　超臨界流体を含む高温高圧の水は,臨界点を中心に物理状態が大きく変化する。しかし,超臨界水を含む高温高圧水を媒体として各種反応に用いるためには,温度・圧力を精密に制御することが必要である。従来は,高温高圧水中での有機反応は,バッチ式が主流であったため,昇温に時間を要し,多くは副反応を起こしてしまう。従って,理論上は高温高圧水を使った有機反応は可能であるものの,現実には困難で,ツールとして成功した例は少なかった。

　そこで,高温高圧水の精密な温度制御を行うために,マイクロリアクターを導入した。通常,マイクロリアクターは,一般に数μm～1mm程度の流路幅を持つリアクターを指し,スケール効果により単位体積当たりの表面積や,熱伝導度などの各種係数などが大きくなる。その結果,迅速な加熱・冷却の精密温度制御ができ,さらに迅速混合もできることから,反応の精密な時空間制御が可能となる（図1）。以下に,我々がこれまで行ってきた高温高圧水―マイクロリアクターシステムによる反応事例を少ないながらも幾つか挙げ,その汎用性について解説する。なお,マイクロリアクターの詳細も,ほかの章あるいは総説などを参照願いたい[5]。

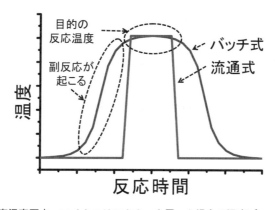

図1　高温高圧水―マイクロリアクターを用いた場合の温度プロファイル

2.3.1 高温高圧―マイクロリアクター

　まず,高温高圧マイクロリアクターの例として,最もシンプルなT字型ミキサーを示した（図2,左:内径2.3mm,右:内径0.3mm）。まず,温度制御性について検討するため,左から465℃の高温高圧水を,上から15℃の水を30MPaの条件で混合し,400℃の流体にした際のCFDシミュレーションを行った。結果,内径2.3mmのT字ミキサーの場合は,混合点から9.2mmの点でも温度が均一になっていないが,内径0.3mmのT字ミキサーの場合は,1.3mmの点で既に均一になっていることが分かった。昇温速度を見積ったところ,内径2.3mmのミキサーでは,31000℃／秒に対して,内径0.3mmのミキサーでは270000℃／秒で,400℃までの昇温時間は,それぞれ13ミリ秒と1.5ミリ秒となった。このように,シミュレーションではあるが,高温高圧マイクロミキサーにより,迅速な温度上昇,降下により目的の反応条件を瞬時に作り出すことができ,こ

マイクロリアクター技術の最前線

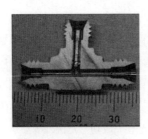

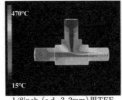

1/8inch（o.d. 3.2mm）用TEE　　1/16inch（o.d. 1.6mm）用TEE
L-Conv.(i.d. 2.3mm)　　　　　　Micro(i.d. 0.3mm)

図2　T字型マイクロリアクター（左：内径2.3mm, 右：内径0.3mm）とCFDシミュレーション結果

れにより，反応時間もミリ秒単位で制御できることが分かった[6]。なお，現在は，ミキサー自体の改良でさらなる精密な制御が可能となっている。

2.3.2 高温高圧水―マイクロリアクターを用いた反応例

次に，上記高温高圧マイクロリアクターを組み込み，水を用いる反応装置（高温高圧水―マイクロリアクター反応システム）の概略図を図3に示した。この装置を用いた各種反応の検討した結果の例を以下に紹介させて頂きたい。

(1) アシル化

まず，高温高圧水―マイクロリアクターシステムを適応した例として，アシル化を紹介する（式

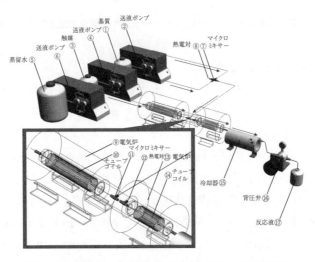

図3　高温高圧水―マイクロリアクターシステムの概略図

第2章 マイクロリアクターを用いた各種物質製造技術

式1 高温高圧水—マイクロリアクターを用いたアシル化

表1 高温高圧水—マイクロリアクターを用いたアルコールのエステル化

原料	反応時間／秒	反応圧力／MPa	反応温度／℃	転化率／%	選択率／%	収率／%
（1級アルコール）	9.9	5	200	99	100	99
（3級アルコール）	9.9	5	200	89	87	77
（2級アルコール）	9.9	5	200	96	100	96
（1級アルコール，多価アルコール）	9.9	5	200	93	91	84
（1,2級アルコール，多価アルコール）	9.9	5	225	99	100	99
（アリルアルコール）	9.9	5	250	97	100	97

1）。アシル化は各有機合成で欠かせない反応のひとつであり，アスピリンの合成にも使われている。反応方法は，無水酢酸とアルコールを高温高圧水とマイクロミキサーで急速混合・急速昇温させる方法で行い，その結果を表1に示す。まず，1級アルコールにベンジルアルコールを用いた場合，温度200℃，圧力5MPa，反応時間10秒程度で99.9%の収率を得た。次に，2級アルコールを用いた場合，225℃で，99.8%，3級アルコールを用いた場合は，200℃で，99.8%の収率を得るに至った。また，アリルアルコールとしてフェノールを用いた場合は，250℃で収率は97%であった。これから，アルコールの種類によって最適な反応温度があることが分かった。そこで，多価アルコールを用いたアシル化を行ったところ，200℃で1級水酸基が91%の選択率でアシル化され，さらに225℃にしたところ，ほぼ100%の選択率で2級水酸基もアシル化された。なお，200℃，5MPaの水の比誘電率は35であり，アシル化の媒体に良く用いられるアセトニトリルの37と同程度である。すなわち，水の状態を制御すれば，有機溶媒中と同様に反応ができることが示唆された。なお，アミンを用いたN-アシル化も選択的に反応を行うことができる[7,8]。

(2) クライゼン転位

次に，クライゼン転位を検討した結果を挙げる（式2）。クライゼン転位は，ビタミンD合成などに用いられる反応で，シグマトロピー転位に分類される転位反応である。主に熱的に反応が進むが，高温が必要なため，各種触媒を用いられることが多い。まず，1段階で256℃へ急速昇温させ反応を行った。その結果，目的物の収率は，60％程度に留まった。これは，クライゼン転位が，中間体を経る2段階の反応で，1段目が律速段階であることが原因と考えられた。そこで，圧力条件を5 MPaの下，1段目で原料を200℃に昇温させ，その温度で滞留（反応）させたあと，2段目で256℃へと昇温させた。1段目の滞在時間を2分15秒，2段目の滞在時間を13.4秒，トータル2分29秒の反応時間に調整した結果，98％の収率で目的物を得ることに成功した（図4）。しかも，媒体が水のみであるため，クライゼン転位で得られた生成物は，自然に分離することが分かった。そのため，分離は簡便である。また，Johnson-Claisen転位やEshenmoser-Claisen転位も同様の手法で目的物を高収率で得ることができ，その多彩な制御性により汎用的な応用展開が可能であることが分かった[9, 10]。

(3) ニトロ化

次に硝酸を直接ニトロ化する検討を行った。芳香族化合物へのニトロ化は，硝酸と硫酸の混酸を用いた混酸法が工業的にも実験室的にも汎用的に用いられている。しかし，混酸法は，発熱の制御が難しく，暴走反応を起こしやすいので注意を必要とする。さらに反応後は，残った硫酸を中和する必要があり，大量合成にはコストもかかる。この問題に対して，硝酸のみを用いる硫酸

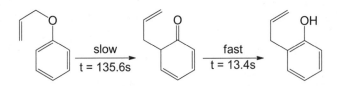

式2　高温高圧水を用いるクライゼン転位

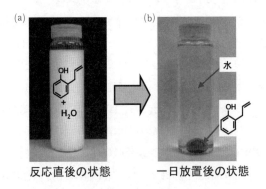

図4　クライゼン転位時に得られたサンプルの様子

第2章　マイクロリアクターを用いた各種物質製造技術

フリーの安全な合成システムの構築を試みた。まず，高温高圧水条件下では，マイクロリアクターが耐酸性でなければならないが，ステンレスやニッケル系合金（ハステロイ，インコネル）では腐食を抑えられない。そこで，耐酸性を有するチタンを用いたマイクロリアクターを製作した。ただし，チタンは高温（200℃以上）での耐圧性が著しく低下するため，ニッケル合金との二重構造にして，耐腐食性と耐熱・耐圧性の両方を兼ね備えたマイクロリアクターを開発した（図5）。

　これにより，初めて硝酸のみによるニトロ化が可能となった。結果，ナフタレンのニトロ化では，反応時間は約1.3秒でありながら，ニトロナフタレン（α-ニトロナフタレン：β-ニトロナフ

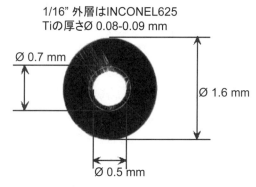

図5　チタン内貼りニッケル系マイクロチューブリアクター

表2　高温高圧水—マイクロリアクターを用いた硝酸アセチルを用いたニトロ化例

原料	反応時間／秒	反応温度／℃	転化率／%	収率 オルト：メタ：パラ／%
◯OMe	41.8	42	99.1	NO₂/OMe 67：0：32
◯OH	1.8	42	96	NO₂/OH 58：0：38
◯Me	306	42	100	NO₂/Me 59：3.3：37

タレン＝94：6）を収率91％で得ることができ，そのほかピリジンやビフェニルなどの芳香族化合物のニトロ化も混酸を用いず，容易に安全で連続で合成することが可能となった。

一方，ニトロ化法として，混酸に代わって硝酸アセチルをニトロ化剤に用いたニトロ化法も同時に取り組んだ。高活性な硝酸アセチルは，爆発性があり危険なため，現在では反応に用いられていないが，マイクロリアクター中で迅速に発生させ，ただちに反応・消費させれば，安全で効率の良いニトロ化システムを構築可能となる。そこで，硝酸と無水酢酸により硝酸アセチルを発生させ，ただちに芳香族化合物と反応させニトロ化する逐次的なニトロ化システムを構築した。その結果，典型的な芳香族原料からは95％以上の転化率でモノニトロ体が得られ，高収率・高選択率を達成しながらも安全で迅速に合成することができた（表2）。

2.3.3 炭素—炭素カップリング反応

次に，炭素—炭素カップリングの反応例として園頭反応を示す（式3）。園頭反応は，アセチレンの末端にプロトンを持つ化合物と，ハロゲン化アリールとが，パラジウムと銅により触媒され，炭素—炭素結合を作る。有機溶媒中で行われ，反応の選択性も高いことから，多くの医農薬品などの中間体合成に用いられる。しかし，特異な配位子を持つ高価な触媒を用いる必要があった。一方，高温高圧水を媒体に用いる場合は，塩化パラジウムなどの安価な無機塩を用いることができる。そこで，配位子フリーな無機塩を用いた検討を行った。

まず，フェニルアセチレンとヨードベンゼンを触媒として塩化パラジウムを用いて水中反応を行うと，バッチ式の場合，反応温度250℃，反応圧力16 MPa，反応時間2分で，収率は36％，選択率は63％で，多くの不純物を生成した。しかし，高温高圧水—マイクロリアクターを用いると，同じ基質と触媒を用いても，反応時間0.035秒で収率96％，さらに0.1秒では収率99％となった。特に，パラジウムの触媒回転速度（TOF値）は，$1.6\times10^6 h^{-1}$であり，有機溶媒の場合と比較しても，10万倍以上であった。図6に50℃と250℃の高温高圧水中でのフェニルアセチレンとヨードベンゼンのIRスペクトルを示した。この驚異的な反応速度は，アセチレン末端のCH伸縮振動がレッドシフトしており，芳香環の面外変角振動はブルーシフトしていることから，高温高圧水によるアセチレン末端およびヨードベンゼンの活性化によるものと思われる。また，反応後，得られた生成物は，水に不溶であり，常温常圧に戻せば，自然と分離された。また，塩化パラジウムは，パラジウム金属として簡単に回収される。その際に水中に残存するパラジウムは，ICP分析により，測定限界値以下の濃度であることが確認されており，排水からパラジウムを回収する必要はほとんどない。さらに，パラジウムを用いるそのほかの炭素—炭素カップリングにも適応で

式3　園頭カップリング

第2章 マイクロリアクターを用いた各種物質製造技術

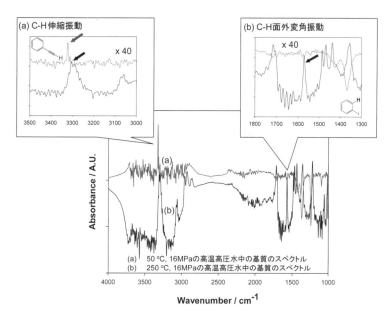

図6 フェニルアセチレンとヨードベンゼンの高温高圧水中でのIRスペクトル

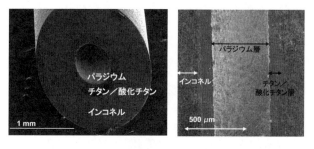

図7 パラジウム担持マイクロチューブリアクター

き，鈴木カップリング，ヘックカップリングでは，0.1〜0.5秒の反応時間で，80〜99％の収率を得ることができることも分かり，汎用的に使えることが示唆された[11]。

一方，さらにシンプルなカップリングのシステム構築に向け，反応後に回収される金属パラジウムをマイクロリアクターに担持させることも行った。これは，先のチタンを内貼りニッケル系マイクロチューブの内側（チタンの面）に，パラジウムと銅の合金を無電解メッキ法により固定化した（図7）。この固定化した触媒は，酸を用いると容易に溶出してしまうが，中性から塩基性条件では，たとえ高温高圧水の条件下でも金属の流出がないことが確認された。そこで，この高温高圧水—マイクロリアクターを用いて，先のフェニルアセチレンとヨウ化ベンゼンを原料にした園頭反応を行った結果，1.6秒の反応時間で83.5％の収率であった。なお，このリアクターの現在の問題点は，連続運転時における触媒の失活がある点である。ただし，触媒の再生は可能で，

繰り返し用いることが可能である。以上より，金属触媒を固定化することで，触媒を多量に用いる必要もなく，さらに触媒の分離も必要なくカップリング反応を行うことが可能となっている[12]。

2.4 おわりに

　これまでの水とは大きく異なる高温高圧水の特徴が知られていながら，その機能を生かす手段がなく，有機反応と展開することが難しかった。そのため，分解などの利用に限られてきた高温高圧水であるが，今回紹介したように，高温高圧マイクロリアクターを導入することにより，各種有機反応に使える技術として，新たな境地が開けた。すなわち，本システムは，プロセスにおける装置技術の革新により，汎用的に適応が可能で，しかも多くの反応で短時間・高収率・高選択率が達成できる，連続的な合成手法として，学術的にも工業的にも大きな可能性を秘めている。

　今後，高温高圧水—マイクロリアクターを用いた技術を日々改善しながら，従来行えなかった反応も含めて，有機反応の適応事例を増やしている。特に本システムは，合成可能な量に対して，リアクターの大きさが小さく，装置の小型化が可能であるため，大規模事業所でなくとも，少量多品種合成に向けた物質製造ができる点で，メリットが大きい。そして，この技術が新たな有機合成プロセスとして，特に高効率・省エネルギーで，革新をもたらすと同時に，幅広く用いられることを期待して，さらなる研究を進めている。

文　献

1) Organic Chemistry, S. H. Pine, McGraw-Hill Book Company (1987) など
2) C. Oliver Kappe et al., *Chem. Soc. Rev.*, **39**, 1280 (2010); C. Oliver Kappe et al., *Mol. Divers*, **13**, 71 (2009); V. Polshettiwar et al., *Chem. Soc. Rev.*, **37**, 1546 (2008)
3) イオン液体の開発と展望，シーエムシー出版 (2008);イオン液体II—驚異的な進歩と多彩な近未来—，シーエムシー出版 (2006);イオン液体III—ナノ・バイオサイエンスへの挑戦—，シーエムシー出版 (2010) など
4) 超臨界流体技術の開発と応用，シーエムシー出版 (2008);超臨界流体入門，丸善出版 (2008)
5) マイクロリアクターの開発と応用，シーエムシー出版 (2008),マイクロリアクター—新時代の合成技術—，シーエムシー出版 (2003) など
6) 鈴木明，川波肇，川﨑慎一朗，畑田清隆，*Synthesiology*, **3**, 137-146 (2010)
7) H. Kawanami et al., *Angew. Chem. Int. Ed.*, **46**, 6284 (2007)
8) H. Kawanami et al., *Lab Chip*, **9**, 2877 (2009)
9) H. Kawanami et al., *Green Chem.*, **11**, 763 (2009)
10) H. Kawanami et al., *Chem. Eng. J.*, **167**, 572 (2011)
11) H. Kawanami et al., *Angew. Chem. Int. Ed.*, **46**, 5192 (2007)
12) H. Kawanami et al., *Chem. Eng. J.*, **167**, 431 (2011)

3 フロー系マイクロリアクターを用いる高効率・高選択的光化学反応

水野一彦*

3.1 はじめに

　微細加工技術で製作された幅，深さ，内径などが数～数百μmサイズの反応装置，いわゆるマイクロリアクターを用いる化学反応が注目され，近年加速度的に研究成果が出されてきている[1,2]。当初は高温・加圧が可能なステンレス製のマイクロリアクターが中心であったが，最近では，反応系の色変化など流路の観察が容易なガラス製（場合によっては樹脂製）の透明マイクロリアクターに注目が集まっている。その透明反応容器の特性をもっとも有効に活用したのが光化学反応で，2000年以降急速に利用され始めた。次項でその特長について述べる[3,4]。

3.2 フロー系マイクロリアクターを用いる光化学反応の特長

　Lambert-Beer則（$I/I_0 = \varepsilon \cdot c \cdot l$）によれば，溶液中の光化学反応では，入射光$I_0$と透過光$I$に対し，反応物質のモル吸光係数（$\varepsilon$）とモル濃度（$c$）に依存して光が透過する距離（$l$）は制限される（図1）。すなわち，通常の光化学反応条件（バッチ系）では一般にモル濃度が高いため，外部から照射された光は表面付近のみ光を吸収し，奥まで十分に透過しない（図1のl'）。したがって，十分に拡散して反応が完結するのに時間がかかる。また，副反応や二次反応を併発することが少なくない。一方，フロー系マイクロリアクターを用いる光化学反応（マイクロフロー系）では，十分に光が透過し，流速を調整することによって副反応や二次反応が起こる前に目的物を系外に除くことが可能となる（図2）。

　さらに，マイクロリアクターでは温度制御も比較的容易である。層流の特長を活かした二層系の光化学反応や反応容器の表面を触媒で修飾した光化学反応も行なわれている（後述）。

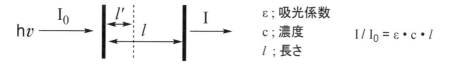

図1　Lambert-Beer則

3.3 光化学反応装置

　光化学反応は通常の光源を用い，ガラスまたは樹脂などのフロー系マイクロリアクターを用いて行なう。主に254 nm光を照射する場合には，石英ガラス製反応容器を用いて低圧水銀ランプが使われる。313 nmおよび365 nm光などを照射したいときには，パイレックスガラス製反応容器などを用いて高圧および超高圧水銀ランプによって光照射する。キセノンランプを用いると，幅広

＊　Kazuhiko Mizuno　大阪府立大学　名誉教授；奈良先端科学技術大学院大学
物質創成科学研究科　客員教授

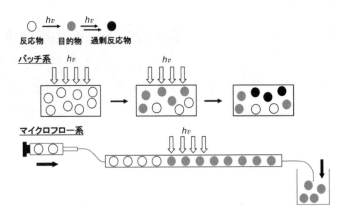

図2 バッチ系とマイクロフロー系の概念図

い領域（185～2000 nm）で光照射が可能となり，多様なガラス製および樹脂製反応容器が用いられる。400 nm以上の光（可視光）を照射する場合には，ハロゲンランプや太陽光が用いられる。可視光をカットしたブラックライト（350～370 nmの光）もしばしば用いられる。ブラックライトは水銀ランプ，キセノンランプやハロゲンランプに比べて発熱量がそれほど大きくない利点をもっている。

最近では，発光ダイオード（LED：Light-Emitting Diode）も用いられている。LEDは光源による発熱量が小さく，電源装置もコンパクトなので持ち運びが便利であり，光源の寿命も十分長い特長をもっている。ただし，350 nm以下の波長光源を安価に入手するのが困難である。

3.4 均一系光化学反応―その1

Jensenらは，一世紀前に発見された2-プロパノール中ベンゾフェノンからベンズピナコールが生成する光化学反応にマイクロリアクターを用いた[5]。また，α-テルピネンに，ローズベンガルを一重項酸素発生の光増感剤として用い光照射すると，アスカリドールが生成した[6]。いずれの反応も既知であるが，マイクロリアクターを用いた光化学反応のテストケースとして興味深い。そのあと，光化学反応以外では合成が困難なシクロブタン環生成反応がいくつか見出されている。柳と垣内らは，2-シクロヘキセノン類とアルケンとの[$2\pi+2\pi$]光環化付加反応がフロー系マイクロリアクターを用いることによって効率よく進行し，シクロブタン化合物を与えることを報告した（スキーム1）[7,8]。また，伊東らは2-キノロンとアクリル酸メチルとの[$2\pi+2\pi$]光環化付加反応やde Mayo反応も速やかに進行することを見出した[9]。

無水マレイン酸の[$2\pi+2\pi$]光環化付加反応によるシクロブタン化合物は古くから知られ，今ではポリイミドの原料として，工業的に極めて重要な反応である。この反応の収率向上には反応溶媒の選択，反応中での結晶化など多くの制御すべき因子がある。堀江らは，フッ素化されたエチレン・プロピレンチューブを用い，超音波によって結晶の目詰まりを防ぐとともに，濾過システムを工夫することによって実用化に近づけることに成功した（スキーム2，図3）[10]。すなわ

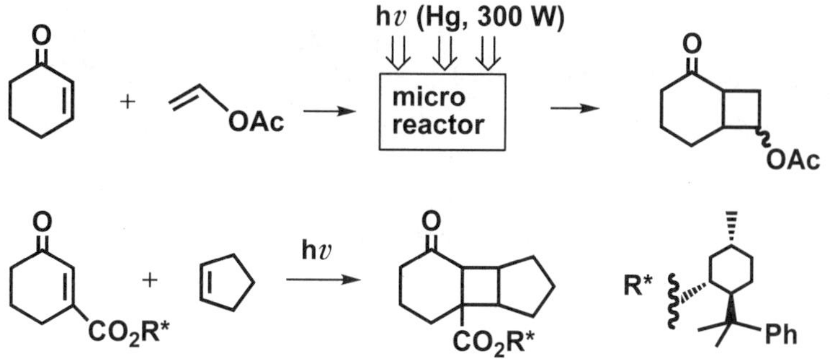

第2章　マイクロリアクターを用いた各種物質製造技術

スキーム1

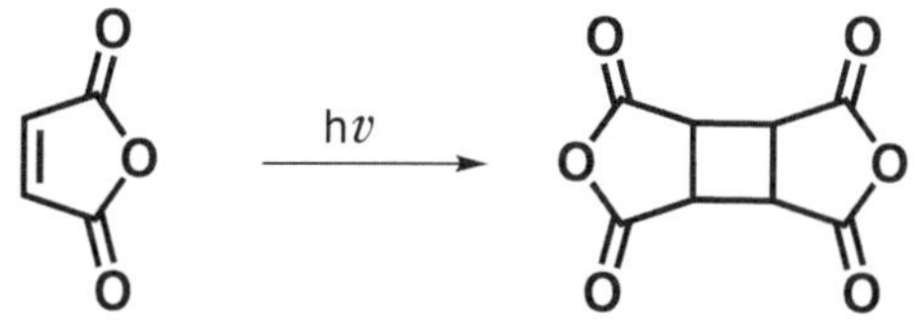

スキーム2

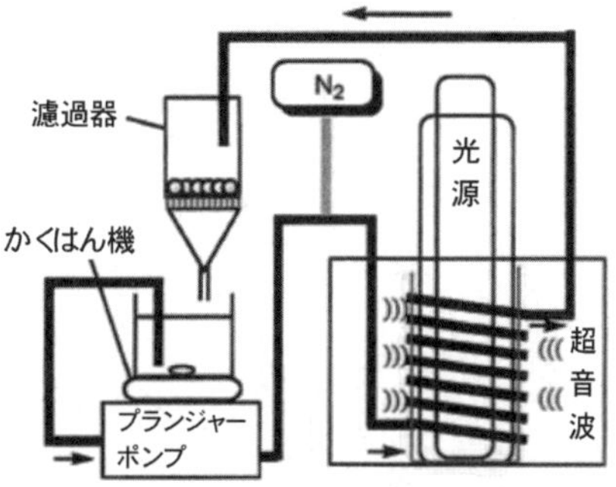

図3　無水マレイン酸光二量化の反応装置

ち，フロー系光化学反応で生成した無水マレイン酸の結晶性シクロブタン化合物を超音波で砕きながら濾過器へ送り，濾過する．未反応の無水マレイン酸を含む濾液をプランジャーポンプで送って再び光照射を行なう．これを繰り返すことによって，シクロブタン化合物を収率よく得ることができる．

　筆者らは，二次反応が問題となっていた分子内光化学反応にフロー系マイクロリアクターを適用し，二次反応の抑制に成功した[11,12]．すなわち，これを順に説明していこう．まず，バッチ系で反応を行なった場合，反応初期には効率よく［$2\pi+2\pi$］分子内光環化付加体が生成するが，この付加体は可逆過程で出発物質に同じ波長の光（～280 nm光）で容易に戻ってしまう．長時間光照射しても，その間に二次反応生成物が徐々に蓄積し，最終的に二次反応生成物が主生成物になってしまう（スキーム3）．一方，マイクロフロー系で反応を行なうと，速やかに生成した［$2\pi+2\pi$］光環化付加体が系外に除かれるため，二次反応生成物はほとんど生成せず，［$2\pi+2\pi$］光環化付加体のみを短時間で選択的に得ることができる．

　マイクロフロー系は光転位反応にも適用できる．バッチ系で光照射すると光Claisen転位生成物以外に，副生するフェノールによる二次転位反応などが起こるが，フローマイクロ系をこの反応に適用すると，反応時間は大幅に短縮され，二次反応が抑制される（スキーム4）[13]．

　BerryおよびBooker-Milburnらは，図3に類似した螺旋状キャピラリーガラス管をフロー系反

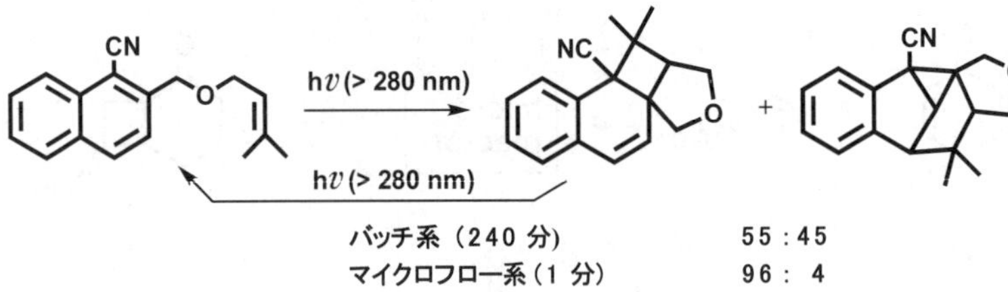

スキーム 3

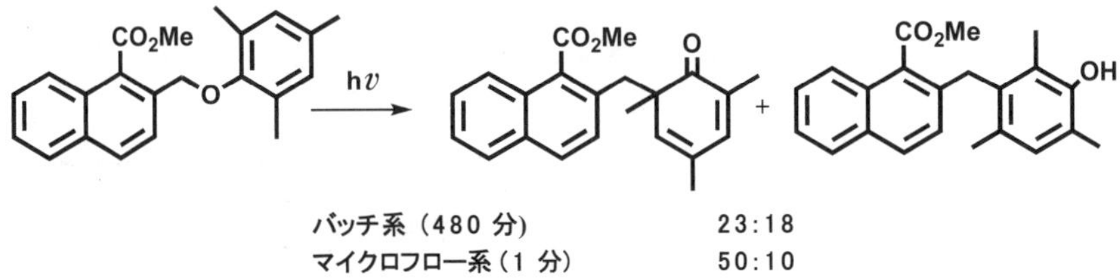

バッチ系（240 分）　　55：45
マイクロフロー系（1 分）　96： 4

スキーム 4

バッチ系（480 分）　　23：18
マイクロフロー系（1 分）　50：10

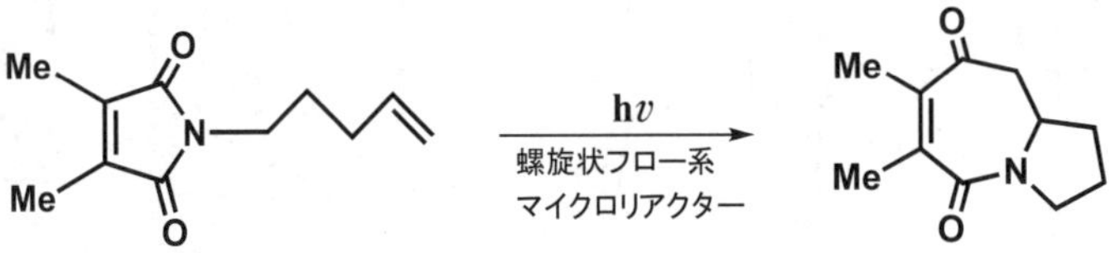

スキーム 5

応管として用い，マレイミドと1-ヘキシンとの［2π+2π］光環化付加体やN-（4-ペンテニル）-1,2-ジメチルマレイミドの分子内光環化による二環性アゼピンを収率よく，かつ大量合成することに成功した（スキーム 5）[14]。

3.5　均一系光化学反応―その2

　光化学反応によるステロイド化合物の部分骨格の変換を，フロー系マイクロリアクターを用いて行なう試みがなされている。柳らは位置選択的な光ニトロソ化反応，すなわち光Barton反応に展開した[15]。フロー系マイクロリアクターを用いてニトロソ化合物にブラックライトまたはLED（365 nm光）で光照射すると，オキシムが短時間で高効率に，かつ高位置選択的に生成した（スキーム 6）。

　ビタミンD_3はヒトにとって骨粗鬆症の原因となるなど不可欠な物質である。生体では，皮膚の表面でビタミンD_3が生合成されているが，骨粗鬆症などの病気治療には，工業的に十分な量を生産する必要がある。ビタミンD_3はプロビタミンD_3（7-デヒドロコレステロール）を光照射することによって，合成できることが古くから知られていたが，その収率は20％以下と低いものであった[16]。高橋らは，フロー系マイクロリアクターを用い，プロビタミンD_3に2種類の紫外光を照射するとともに，後者の光反応を熱反応と同時に行なうことによってビタミンD_3を効率よくワンポ

第2章　マイクロリアクターを用いた各種物質製造技術

スキーム6

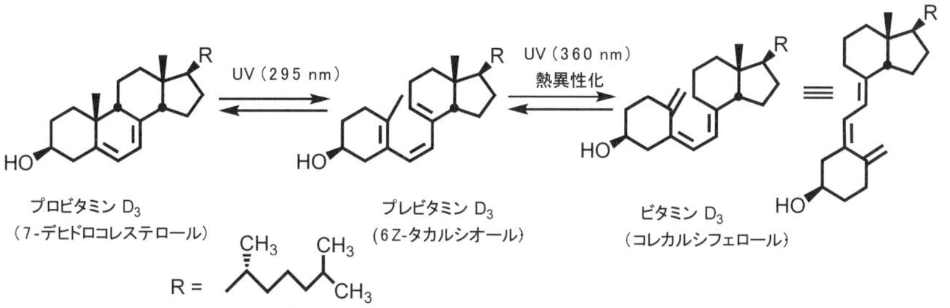

スキーム7

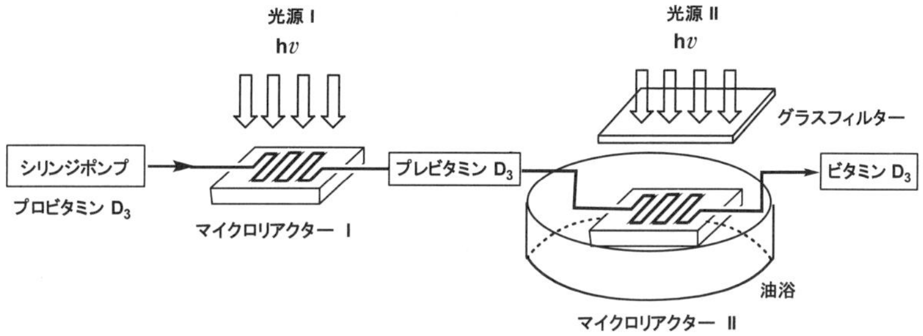

図4　二段階の光反応と熱反応を組み合わせたフロー系マイクロリアクター

ット合成することに成功した（スキーム7）[17]。第一段の光反応では，Woodward-Hoffmann則にしたがって逆旋的に環開裂が起こり，プレビタミンD_3が生成する。生成したプレビタミンD_3をそのままフロー系で第二段のマイクロリアクターに送り込み，100℃に加熱しながら360 nm光を照射すると，異性化（転位）が起こってビタミンD_3が生成する（図4）。

3.6　不均一系および界面を用いる光化学反応

均一系ばかりでなく不均一系あるいは界面を巧みに用いる光化学反応が報告されている。松下らは透明なTiO_2薄膜でコーティングしたフロー系マイクロリアクターを用いてベンズアルデヒドおよびp-ニトロトルエンの光還元を見出した[18,19]。幅500 μm，深さ100 μm，長さ40 mmのガラス製マイクロリアクターの壁面をTiO_2薄膜でコーティングし，窒素気流下エタノールに溶解した基質をフローで流しながら365 nmのLEDを照射すると，ベンジルアルコールならびにp-ニトロアニリンが効率よく生成した。さらに松下らは，TiO_2薄膜に白金を担持することなく，エタノール

中ベンジルアミンに光照射することによって効率よくN-エチルベンジルアミンを得た[20]。

筆者らは照射面積を稼ぐために，幅15 mm，深さ300 μm，長さ50 mmに同じく壁面をTiO_2薄膜でコーティングしたフロー系マイクロリアクターを用い，アセトニトリル中，過塩素酸マグネシウムの存在下1,2-ビス(4-メトキシフェニル)シクロプロパンに光照射した[21]。その結果，空気下では，シス－トランス異性化が速やかに進行し，シス：トランス＝5：95の光定常状態を与えた[22]。また，酸素雰囲気下では，酸素酸化が起こって3,5-ビス(4-メトキシフェニル)-1,2-ジオキシランが効率よく生成した（スキーム8）。

喜多村らは図に示した水－プロピレンカーボナートの二層系マイクロリアクターを用い，ピレンの光シアノ化に成功した（図5）[23]。反応は図5に示した光誘起電子移動を経由して生成したピレンラジカルカチオンへのシアン化物イオン（CN^-）の求核攻撃によって進行する。

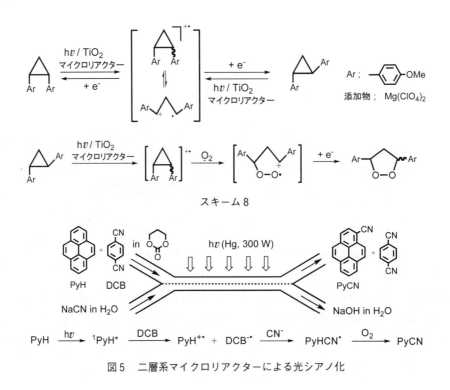

スキーム8

図5　二層系マイクロリアクターによる光シアノ化

3.7　おわりに

フロー系マイクロリアクターを用いる光化学反応は，まだ始まったばかりである。本節でも述べた通り，効率よく光を吸収した物質が反応して，二次反応や副反応を起こすことなく，系外に移動した目的物を取り出すことができる。また，反応温度，照射波長，流速などによって容易に反応を制御できるばかりでなく，分離方法を工夫すれば，未反応物質のリサイクルも可能である。さらに，光照射面積を確保することができれば，大量合成も決して難しくない。今後，付加価値の高い化合物の光による合成がフロー系マイクロリアクターによって達成されることが期待される。

第2章　マイクロリアクターを用いた各種物質製造技術

文　　献

1) マイクロリアクター―新時代の合成技術―，シーエムシー出版（2003）；マイクロリアクターの開発と応用，シーエムシー出版（2008）
2) マイクロ化学チップの技術と応用，丸善（2004）
3) Oelgemöller, M., Shvydkiv, O., *Molecules*, **16**, 7522-7550（2011）
4) Ichimura, T., Matsushita, Y., Sakeda, K., Suzuki, T., "Photoreactions" in Microchemical Engineering in Practice, T. R. Blackwell Publishing（2006）; Matsushita, Y., Ohba, N., Suzuki, T., Ichimura, T., Tanibata, H., Murata, T., *Pure Appl. Chem.*, **79**, 1959-1968（2007）
5) Lu, H., Schmidt, M. A., Jensen, K. F., *Lab Chip*, **1**, 22-28（2001）
6) Wootton, R. C. R., Fortt, R., de Mello, A. J., *Org. Process Res. Dev.*, **6**, 187-189（2002）
7) Fukuyama, T., Hino, Y., Kamata, N., Ryu, I., *Chem. Lett.*, **33**, 1430-1431（2004）
8) Tsutsumi, K., Kakiuchi, K., Fukuyama, T., Ryu, I., *Chem. Lett.*, **39**, 828-829（2010）
9) 伊東洋一，上野博志，島田勝広，内藤幹浩，特許2005-78679
10) Horie, T., Sumino, M., Tanaka, T., Matsushita, Y., Ichimura, T., Yoshida, J., *Org. Process Res. Dev.*, **14**, 405-410（2010）
11) Maeda, H., Mukae, H., Mizuno, K., *Chem. Lett.*, **34**, 66-67（2005）
12) Mukae, H., Maeda, H., Nashihara, S., Mizuno, K., *Bull. Chem. Soc. Jpn.*, **80**, 1157-1161（2007）; Mukae, H., Maeda, H., Mizuno, K., *Angew. Chem. Int. Ed.*, **45**, 6558-6560（2006）
13) Maeda, H., Nashihara, S., Mukae, H., Yoshimi, Y., Mizuno, K., *Res. Chem. Intermed.*, in press
14) Hook, B. D. A. H., Dohle, W., Hirst, P. R., Pickworth, M., Berry, M. B., Booker-Milburn, K. I., *J. Org. Chem.*, **70**, 7558-7564（2005）
15) Sugimoto, A., Sumino, Y., Takagi, M., Fukuyama, T., Ryu, I., *Tetrahedron Lett.*, **47**, 6197-6200（2006）; Sugimoto, A., Fukuyama, T., Sumino, Y., Takagi, M., Ryu, I., *Tetrahedron*, **65**, 1953-1958（2009）
16) Havinga, E., De Kock, R. J., Rappoldt, M. P., *Tetrahedron*, **11**, 276-284（1960）
17) Fuse, S., Tanabe, N., Yoshida, M., Yoshida, H., Doi, T., Takahashi, T., *Chem. Commun.*, **46**, 8722-8724（2010）
18) Matsushita, Y., Kumada, S., Wakabayashi, K., Sakeda, K., Ichimura, T., *Chem. Lett.*, **35**, 410-411（2006）
19) Matsushita, Y., Ohba, N., Kumada, S., Suzuki, T., Ichimura, T., *Catal. Commun.*, **8**, 2194-2197（2007）
20) Matsushita, Y., Ohba, N., Suzuki, T., Ichimura, T., *Catal. Today*, **132**, 153-158（2008）
21) Mukae, H., Maeda, H., Mizuno, K., unpublished results
22) Maeda, H., Nakagawa, H., Mizuno, K., *Photochem. Photobiol. Sci.*, **2**, 1056-1058（2003）; Mizuno, K., Kamiyama, N., Ichinose, N., Otsuji, Y., *Tetrahedron*, **41**, 2207-2214（1985）; Mizuno, K., Ichinose, N., Otsuji, Y., *Chem. Lett.*, **14**, 455-458（1985）
23) Ueno, K., Kitagawa, F., Kitamura, N., *Lab Chip*, **2**, 231-234（2002）; Mizuno, K., Pac, C., Sakurai, H., *J. Chem. Soc., Chem. Commun.*, 553（1975）

4 マイクロリアクターを用いたフッ素系ファインケミカル製品の合成

中谷英樹[*1]，平賀義之[*2]

4.1 はじめに

ダイキン工業㈱，㈱ダイキンファインケミカル研究所は，2009年4月，年間1トン程度のマルチ生産対応量産製造プロセスとして，マイクロリアクタープロセスを導入したことを発表した[1]。本節では，フッ素化学製品の紹介，マイクロリアクター技術とフッ素化学との関連性，技術動向をまとめ，本技術の発展を期待し，今後の展望を述べたいと思う。

4.2 フッ素化合物とフッ素ファインケミカル製品

現在，先端科学技術の分野においてフッ素化合物は重要な役割を担っており，我々の日常生活にもフッ素を含む医薬品，衣料，精密機械が数多く存在している[2~8]。フッ素原子はその大きさが水素原子よりも少し大きく，酸素原子と同程度であるため，有機化合物の水素を順次フッ素で置き換えることが可能であり，これがフッ素原子のほかのハロゲン原子と決定的に異なる特徴と考えることができる。一般的に低フッ素化合物は生理活性面で著しい特性を示し，この特徴が農医薬中間体への用途をもたらしている。一方，高フッ素化合物は熱的，化学的安定性，絶縁性，界面活性を示すことが知られ，その用途としては，界面活性剤，撥水撥油剤，離型剤，フッ素オイル，洗浄剤，塗料，フッ素樹脂，フッ素ゴムなど，多岐に渡っており，これらはいわゆるバルク製品として世に出ている。

近年，フッ素系ファインケミカル製品の重要性はさらに高まり，例えば，市販医薬品の世界売上げの上位20医薬品（2001年度）のうち，7つの医薬品が含フッ素化合物であることや[6]，1991年以降の合成化学的に興味深く，売上げも比較的高いと思われる医薬100選に多くのフッ素化合物が含まれることからもその重要性は理解できる[7]。ここでのフッ素の役割とは薬物が生体内で生体膜と相互作用して生体内に入る際の透過力などに重要な役割を果たしている。すなわち，有機分子へのフッ素あるいはCF_3基の導入は分子の疎水性の変化に大きな影響をもたらし，生理活性物質におけるフッ素導入効果を考える上で重要な因子の一つである。

さらに，フッ素が導入されることでもたらされる特性として，液晶性の向上，耐候性，色の鮮やかさの向上，イオン伝導性の向上などがあり，そのため液晶材料，染料，電池材料などの用途への展開が盛んに行われ，ファインケミカル製品としての利用も大きく広がりを見せている状況である。

---

*1　Hideki Nakaya　ダイキン工業㈱　化学事業部　プロセス技術部
*2　Yoshiyuki Hiraga　大金フッ素化学中国有限公司　董事副総経理，ダイキン工業㈱
　　　　　　　化学事業部　中国技術革新プロジェクトリーダー

第2章 マイクロリアクターを用いた各種物質製造技術

4.3 フッ素化合物の合成方法

ダイキン工業㈱では1933年に日本で初めてフッ素化学に取り組んで以来,独自の技術で含フッ素ガス,フッ素樹脂,ゴム,撥剤など様々な素材や製品を開発している。図1にフッ素試薬中間体フロー図を示す。このようにホタル石と濃硫酸で得られるフッ化水素酸(HF)を起点に様々なファインケミカル製品を提供している。これについての詳細はダイキングループのカタログ[9〜11]を参照頂きたい。

有機フッ素化合物の合成法については,高フッ素化合物,低フッ素化合物ともに出発原料は,ホタル石と濃硫酸で得られるフッ化水素酸を基本としており,それを起点に様々な化合物が合成される(図1)。ここで気づく点は,プロセス,原料,中間化合物の特徴として,発熱,不安定,腐食性,爆発性というキーワードのものが多く,最終生成物の安定性と対照的に原料,中間化合物の取扱いの難しさ,過酷な反応条件の取扱いなど,フッ素化合物の取扱いの難しさも同時に表している。

フッ素化合物の合成法には,フッ素原子を導入するフッ素化法と有機フッ素化合物をビルディングブロックとして利用する方法の2つがある。ビルディングブロック法とは比較的取扱いやすい低分子量の含フッ素有機化合物を出発原料として用い,種々の合成反応を経て,目的とするフッ素化合物を合成する方法であり,フッ素化法はフッ素ガス,フッ化水素,これから誘導したフッ素化剤を用い,有機化合物中へフッ素置換基を導入する方法である。現在,マイクロリアクターの展開は,フッ素ガスを用いた直接フッ素化反応,ビルディングブロック法それぞれの成果が報告されている。

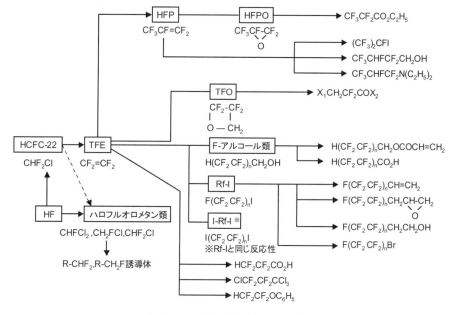

図1 フッ素試薬中間体フロー図

4.4 フッ素系ケミカル製品のマイクロリアクターを用いた事例

ここではフッ素系ケミカル製品のマイクロリアクターを用いた事例について，フッ素化反応，ビルディングブロック法について事例を紹介し，フッ素ファインケミカル製品のマイクロリアクターへの適用事例の概要を説明する。ここで示す事例については掲載論文，公開特許，著書，新聞発表，講演会，学会発表などを通し，集めたものであるが，実際にはマイクロリアクターを用いた実用化例の公開情報は限られているように思われる。それは装置そのものの特許と異なり，製法特許についてはノウハウとして考えることも多く，特にマイクロリアクターを用いた製法特許については特許侵害を発見することが困難ということからも，特許として公開するか否かはメーカーとしての考え方によると思われる。

4.4.1 マイクロリアクターを用いた直接フッ素化反応[12～19]

有機分子を安全に選択的かつ効率的に水素原子を直接フッ素で置換（直接フッ素化）する選択的フッ素化法は有機フッ素化学の根幹をなすものであり，今日でも最重要課題の一つである。しかしながら，フッ素ガスは毒性が強く，反応性が高すぎて反応の制御が一般に困難なため，フッ素化剤としての利用は制限される。そこで直接フッ素化反応においてマイクロリアクターを用いることは，従来の大きさのリアクターに比べて効率的な熱の散逸の制御プロセスを向上させる点で有利である。

マイクロリアクターを用いた直接フッ素化反応については，これまで，検討されてきたフッ素化マイクロリアクターは，大きく分けて，流下薄膜型マイクロリアクター（Falling Film Micro Reactor：FFMR，IMM製），マイクロバブルカラム（Micro Bubble Column：MBC，IMM製），単流路マイクロリアクター（Single Channel Micro Reactor）を用いた結果が報告されている。直接フッ素化反応では，気体であるF_2と，多くの液体である有機物層との気液接触反応を制御することが重要である。FFMR，MBCはともに，体積あたりの表面積は20000 m^2/m^3という大きさを有している。Jähnischら[14]はFFMR，MBC，通常のバブルカラムを用い，トルエンの直接フッ素化反応を行うことによりこれらの反応器の評価を行っている。FFMR，MBCはともに通常の装置と比べ，物質移動，熱移動が効率的に行われるため，反応効率が向上したと考えられる。

Chambersら[13]はマイクロリアクターを用いて有機化合物の効率的な直接フッ素化を行った。その反応例を図2に示す。マイクロリアクター中でエチルアセトアセテートを窒素中の10％フッ素ガスと反応させると，β-ジカルボニル化合物のα位の水素原子がフッ素原子で置換されたエチル2-フルオロアセトアセテートが生成する（式1）。一方，式2は全フッ素化反応の例であり，2,5-ビス（2H-ヘキサフルオロプロピル）テトラヒドロフランと50％フッ素ガスをマイクロリアクター中180℃で反応させることで，パーフルオロ-2,5-ジプロピルテトラヒドロフランが生成する。これらの直接フッ素化反応はマイクロリアクターを用いると安全に，かつ収率よく行える。ニッケルまたは銅の基板上の幅および深さ約500 μmの溝の一方から基質となる有機化合物の溶液をシリンジポンプで流し，溝の途中から窒素ガスで希釈したフッ素ガスをマスフローコントローラで投入して反応させる。溝の中では円筒流（液が溝壁に沿って流れ，中央部を気体が流れる）がで

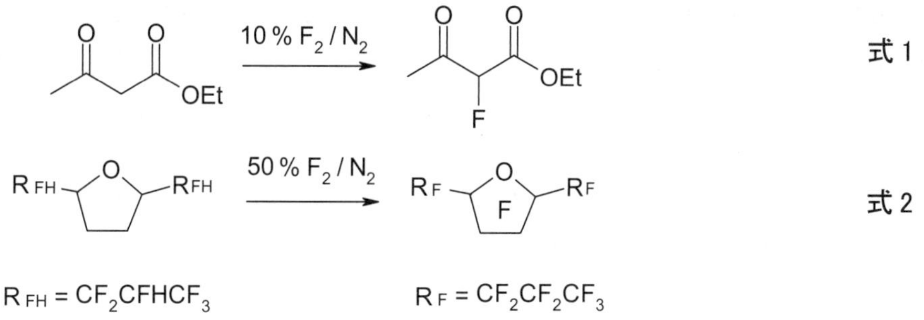

第2章　マイクロリアクターを用いた各種物質製造技術

図2　直接フッ素化反応例

き，反応が効率よく起こるものと考えられる。また，有機化合物のフッ素化の際に多量の熱が発生するが，基板の中に冷却用の流路を作り冷媒を流すことにより効率的に熱交換を行っている。

現在，直接フッ素化マイクロ反応器が工業化されたという報告例はないものと思われる。Jensenらのグループ[17]はマイクロフッ素化反応のナンバリングアップの検討を前述のトルエンのフッ素化反応をモデルに行っている。1チャネルがW＝484 μm，d_H＝250 μm，L＝20 mmのマイクロリアクターを用いた結果，20チャネルで1日14 gのモノフルオロトルエンが生成できることを示している。この結果からも，今後，工業プロセスを確立するためには反応開発と平行して装置開発，プロセス開発が重要となってくるであろう。さらに，現在の報告例ではF_2ガスは窒素で10～50％に希釈して用いているのが現状であり，理想的には100％F_2ガスを用い，反応を制御するのが究極の目標といえる。

4.4.2　マイクロリアクターを用いたビルディングブロック法

次にマイクロリアクターの事例を記す。図1で記した反応フローの全てがマイクロリアクターの適用に適しているわけでなく，これは個々の反応がマイクロリアクターの特徴に合うかどうかがポイントとなる。

北爪らのグループ[20～22]は，含フッ素化合物の合成方法として，特に，F_2を直接使わない反応に焦点を当て，ホーナー・ワズワース・エモンス（Horner-Wadsworth-Emmons（HWE））反応，トリフルオロメチル化反応，ジフルオロメチル化反応，マイケル付加反応などによる含フッ素化合物の合成反応について報告している。深さ40 μm，幅100 μmの単流路マイクロリアクターを用いて行っている。例えば，DMF溶媒でTBAFを用いたジフルオロメチル化アルケンを立体選択的に合成することを本反応器で試み，フラスコスケールと比べ収率，立体選択性の大幅な向上を報告している。

4.4.3　マイクロリアクターを用いたエポキシ化反応[23,24]

我々の取り組んだマイクロリアクターを用いたエポキシ化反応について記す。含フッ素エポキシ化合物は，光学材料や電子材料などの中間体となるもので，重要な含フッ素中間体の一つである。今回扱う合成法は図3に示す通り，含フッ素ヨウ化アルキル(1)と不飽和アルコールとをラジ

カル触媒の存在下で反応させて，ヨードアルコール(2)を得る第一反応を経て，このヨードアルコールを塩基性化合物と反応させて目的物質である含フッ素エポキシ化合物(3)を得る第二反応からなる。第一反応はラジカル触媒であるAIBNの分解による急激な発熱を伴うため，槽型撹拌反応器を用いた従来の反応形式では，温度制御が困難なためラジカル触媒を分割で仕込む必要があり，反応を完結させるのに長時間かけざるを得なかった。一方，第二反応はヨードアルコールを含む有機化合物相と塩基性水溶液相との2相反応であるため，槽型撹拌反応器では均一に混合することは難しかった。

これに対してマイクロフロー系では，反応混合物単位体積あたりの伝熱面積がより大きいために，より厳密な温度制御を実現できるので，ラジカル触媒を分割で仕込む必要がなく，ごく短時間で反応を終了させることが可能である。また物質の拡散長が短く混合性がよく，2相反応においては反応時間の短縮化や反応収率の向上が期待される。

このエポキシ化反応を図3に示すマイクロフローで実施した結果，表1に示すように通常8時間かけて行う第一反応を20分で行うことができた。一方，2相反応である第二反応においても，従来は2時間かかるところを17分で行うことができ，かつ槽型撹拌反応器では到達できない収率で含フッ素エポキシ化合物(3)を得ることができることが分かった。

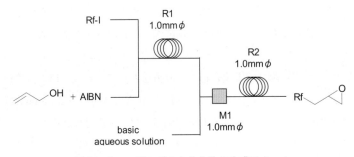

図3 含フッ素エポキシ化合物の合成スキーム

表1 エポキシ化反応の実験結果

反応方法	第一反応			第二反応		
	反応時間	(1)転化率	(2)選択率	反応時間	(2)転化率	(3)選択率
1.0mmφのチューブリアクター	20 min	99%	97%	17 min	100%	97%
槽型撹拌反応器	8 h	99%	91%	2 h	99%	84%

第2章 マイクロリアクターを用いた各種物質製造技術

4.4.4 マイクロリアクターを用いたハロゲン―リチウム交換反応

不安定活性種を含む反応は，従来の槽型撹拌反応器では活性種の分解を抑えるために低温で行われることが多く，冷凍設備を必要とするためエネルギー負荷が大きく，工業的利用にとっては障害となることが多々あった。そこで，マイクロリアクターを用いて，これらの課題を解決するために，この反応についてはフッ素化合物に関わらず多くの事例が報告されている[25]。

ここではフッ素化合物を含む反応について取り上げる。図4にハロゲン―リチウム交換反応を経由する含フッ素ホウ酸エステル(6)の合成スキームを示す。この反応は不安定活性種であるリチオ体(5)を経由するため，このリチオ体形成の1段目反応が鍵となる。

ここで，マイクロフロー系の特徴を活かして，高活性反応中間体が分解，副反応を起こさないような条件を検討した結果，表2に示すように，通常，槽型撹拌反応器において−60℃前後（ブライン冷却の温度）で行う第一反応を，20℃で行うことができた。この成績の差は，除熱能力の差による精密温度制御と滞留時間の精密制御によるものと考えられる。

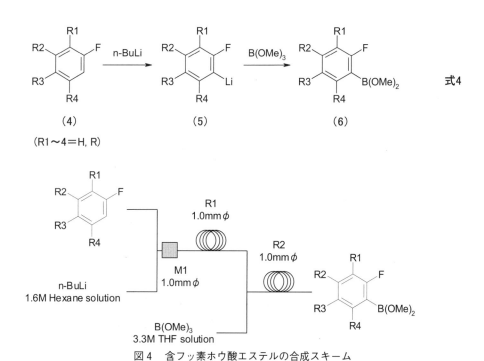

図4 含フッ素ホウ酸エステルの合成スキーム

表2 ハロゲン―リチウム交換反応の実験結果

反応方法	第一反応			第二反応		
	反応温度	反応時間	(5)収率	反応温度	反応時間	(6)収率
1.0mmφのチューブリアクター	20℃	1.5s	93%	20℃	31.6s	99%
槽型撹拌反応器	−60℃	2h	94%	−60〜20℃	1h	99%

4.4.5 マイクロリアクターの生産設備としての利用可能性

　これまで，我々は個々の反応の最適化するための一つの手段としてマイクロリアクターに着目してきた。ラボ実験ではマイクロ反応を試みながらも，工業化する際には，いかに流路を大きくしてもマイクロの効果が得られるかに着目することが設備費を考える意味で重要であった。さらに，着目する製品の反応収率の向上による製造原価の削減が既存設備との置き換えを行う場合には重要であるが，削減できる費用は生産量と比例しているため，生産量が少ない場合は高価なファインケミカル製品が対象となり，生産量が大きい場合はより安価な汎用製品でも対象となり得る。例えば，含フッ素化合物の多くの反応でも，このような観点でマイクロ反応プロセスの対象となるか否かは絞られるであろう。

4.5　おわりに

　今後のプロセス開発としてはサステイナブル技術の確立が必要不可欠であり，そのプロセスとして，固定化触媒，イオン液体，超臨界流体（特に二酸化炭素，水），バイオ反応，膜分離技術，などの技術とともにマイクロリアクター技術も重要な位置づけを担っている。特に，含フッ素化合物の合成については，これまで検討されてきたマイクロリアクターの数多くの合成例の中でも特徴のある反応であり，注目されるものである。今後も，ビルディングブロック法，直接フッ素化反応へのマイクロリアクターの研究が益々進み，製薬をはじめとするライフサイエンス用途への展開が進むものと期待している。

文　　献

1) 日経産業新聞 14面，2009/04/19，化学日報新聞 11面，2009/04/18
2) 石川延男ほか，フッ素の化合物―その化学と応用，講談社（1979）
3) 北爪智哉ほか，フッ素の化学，講談社（1993）
4) 有機フッ素系中間体＆誘導品市場の徹底分析Ⅰ・Ⅱ，シーエムアイ（1986）
5) 松尾仁，21世紀のフッ素系新素材・新技術，シーエムシー出版（2002）
6) 長野哲雄ほか，創薬化学，東京化学同人（2004）
7) 北泰行ほか，創薬化学，東京化学同人（2004）
8) 森澤義富，化学工学，**74**，490（2010）
9) http://www.daikin-dcs.co.jp/finechemical/index.html
10) Specialty Fluorine Compounds, Daikin Kaseihin Hanbai Co. Ltd.（2006）
11) Fluoro-organic Reagents, Fluorinated Agents, Daikin Kaseihin Hanbai Co. Ltd.（2006）
12) 特表2001-521816号公報
13) R. D. Chambers *et al.*, *Chem. Commun.*, 883（1999）

14) K. Jähnich *et al.*, *J. Fluorine Chem.*, **105**, 117 (2000)
15) Löb. P *et al.*, *J. Fluorine Chem.*, **125**, 1677 (2004)
16) 特開2006-1881号公報
17) N. Mas *et al.*, *Ind. Eng. Res.*, **48**, 1428 (2009)
18) 岡本秀穂ほか, 住友化学 (2001)
19) 岡本秀穂, ファルマシア, **41**, 664 (2005)
20) Miyake. N *et al.*, *J. Fluorine Chem.*, **122**, 243 (2003)
21) T. Kitadume *et al.*, *J. Fluorine Chem.*, **126**, 59 (2005)
22) K. Kawai *et al.*, *J. Fluorine Chem.*, **126**, 956 (2005)
23) 特開2009-67687号公報
24) M. Taguchi *et al.*, Proceedings of International Symposium on Micro Chemical Process and Synthesis, 217 (2008)
25) Y. Ushiogi *et al.*, Proceedings of International Symposium on Micro Chemical Process and Synthesis, 86 (2008)

5 マイクロリアクター技術による直接法過酸化水素製造プロセス開発

井上朋也[*]

5.1 はじめに

マイクロリアクター技術を用いる利点として，従来技術では安全にプロセスを運転できない領域をカバーできる（"Expanding process window"）観点から，とくに暴走のリスクのある反応への適用があげられる[1,2]。水素＝酸素反応は暴走リスクのある反応の一つであり，これまでにもマイクロリアクターが反応の制御に有効であることが示されてきた[3,4]。さらに演者らをはじめとしたいくつかの研究グループにより，本反応を過酸化水素製造プロセスに応用する研究が進められている[5〜13]。本節では，過酸化水素製造プロセスの開発について，マイクロリアクター技術の応用の観点から筆者らの取り組みを中心に紹介する。

5.2 過酸化水素について

過酸化水素は，現在約20万トン国内で生産されており，日常生活における殺菌から半導体プロセスにおける洗浄，さらには漂白に至るまでに，幅広い用途を持つ基礎化学品である[14]。需要家が大口からエンドユーザーに至るまでまたがっている点も特徴的と言える。

現在の製法はアントラキノンプロセスによっており，このプロセスはアントラキノンの酸化還元を分離して行うことに特徴がある[14,15]。

$$AQ + H_2 \xrightarrow{\text{Pd-catal.}} HAQ \quad (AQ：アントラキノン，HAQ：ヒドロアントラキノン) \tag{1}$$

$$HAQ + O_2 \rightarrow AQ + H_2O_2 \tag{2}$$

アントラキノンプロセスは，過酸化水素の製造法として50年以上の実績を持つが，過酸化水素の3倍の有機溶媒を用いるうえ，輸送コストを勘案して生産時に安全な範囲で精製・濃縮されることが普通である。精製・濃縮にエネルギーを要することから，本プロセスはコンビナートがあって成り立つ。

過酸化水素の多種多様な用途に鑑み，必要なスペックの過酸化水素をオンサイトで製造するプロセス開発もまた時／所を変え長きにわたって行われてきた。そのなかで，原料である水素および酸素のみを用いて過酸化水素を製造する直接製造法はもっとも検討されてきたプロセスである。

$$H_2 + O_2 \xrightarrow[\text{react. soln.}]{\text{Pd-catal.}} H_2O_2 \tag{3}$$

---

[*] Tomoya Inoue （独）産業技術総合研究所　集積マイクロシステム研究センター　主任研究員

第2章　マイクロリアクターを用いた各種物質製造技術

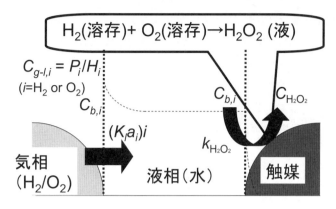

図1　直接法の反応スキーム

$C_{g-l,i}$は気液界面における溶液中の飽和気相成分濃度，$C_{b,i}$は溶存気相成分をそれぞれ示し，iは水素または酸素である。またH_i（i = H_2 or O_2）は，それぞれの気体のヘンリー定数を示す。

　本プロセスは，水素および酸素を触媒（担持Pd触媒がもっぱら用いられる）で接触させ，生成物を流通している反応溶液内に回収する気（水素および酸素）＝液（反応溶液）＝固（触媒）の3相反応である。水素および酸素（あるいは空気）の混合気体が広い爆発範囲を持つこと，かつ気相成分を反応溶液（水）中に溶解したうえで反応させることから，生産性と安全性の両立がプロセス実現の課題となり，未だに研究開発の対象となっている（図1）。

5.3　過酸化水素製造へのマイクロリアクター技術の適用
5.3.1　MEMS技術によるマイクロリアクター製作・評価

　まず筆者らは，MEMS（Micro ElectroMechanical System）技術を用いて，シリコン製のマイクロリアクターを試作した。このマイクロリアクターは，長さ20 mm，幅625 μm，深さ350 μmの10本並列チャンネルからなり，それぞれのチャンネルに触媒を充填する構造とした。

　このSi MEMSによるマイクロリアクターを用いて，筆者らは水素および酸素の爆発性混合気体から，安全裡に過酸化水素を合成できることを示した。反応を安全に遂行できた要因は，触媒を充填したマイクロチャンネルにおいて，気泡の成長を抑制できたため，これが爆発反応の伝播を防いだ点にあると考えている[5,6]。また，反応解析の結果，水素の総括物質移動係数（K_{lai}）$_H$は3.8 s^{-1}と見積もることができた。これは通常の固定床反応器における物質移動係数の10〜100倍に相当している。このような効率的な物質移動は，マイクロリアクター内に充填した触媒粒子径（50 μm前後）が小さいため，触媒充填層に気液混相流が接触した際の気液接触界面が増大した効果と考えられた[6]。

5.3.2　ガラス製マイクロリアクターを用いた過酸化水素製造法へ

　一方，この解析より触媒の活性（$k_{H_2O_2}$）も見積もることができたが，これは逆に，既知の触媒活性より低く，触媒が有効に利用されていない可能性が示唆された。したがってマイクロリアク

マイクロリアクター技術の最前線

ターによる過酸化水素製造プロセス実現のうえで，リアクターデザインの最適化，さらに並列化により（大型化ではなく）生産性を向上させる過酸化水素製造法の検討が必要であると考えた。過酸化水素の生産性については当時，ほかのグループでも 1 wt％を超えた例が散見される程度であった[6,10]。世界的にも"マイクロリアクターを用いて反応ができる"レベルにとどまっていたのである。

このときの反応器を詳細に検討したところ，マイクロリアクター内への気液供給に問題があるように見受けられた。そこで，マイクロリアクター内に正しく気液が供給される構造を微細構造で担保することが課題となった。5.3.1の結果を受けて，サブミリメートル（実際には幅600 μm前後）のチャンネル中に触媒を充填した固定床型反応器がリアクターデザインの出発点となった[1,6]。

図2に，紆余曲折を経て新たにデザインした過酸化水素製造用マイクロリアクターのデザインを示す。新規マイクロリアクターのデザインに際し，反応器としてなじみのある材料であること，および10 μmオーダーの微細加工が可能であることから，反応器材料としてガラスを採用した。本リアクターは，ガラスの表面に化学エッチング法にて幅50 μm，深さ20 μmのチャンネルでリアクターデザイン全体を加工したのち，機械加工にて触媒充填チャンネルを追加加工し，合わせて気液導入口を加工している。水素および酸素はそれぞれ別個の導入口より導入し，触媒を充填したマイクロチャンネル内で混合を行う仕組みとしている。

本リアクターの特徴は，反応溶液を触媒層に導入するチャンネルに対し，水素および酸素の導入チャンネルの断面積を格段に小さくすることでおのおのの圧力損失のバランスを調整したところにある。図2に示したリアクターは，気相導入部，液相導入部における圧力損失を微細加工に

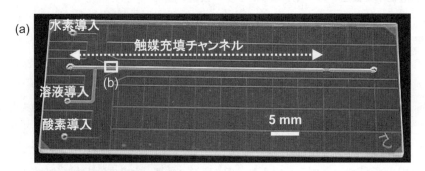

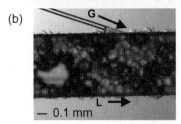

図2 (a) 1 ch-マイクロリアクターの全体像ならびに (b) 気液混相形成部[16,17]
（触媒の代わりにシリカを充填している）

第2章　マイクロリアクターを用いた各種物質製造技術

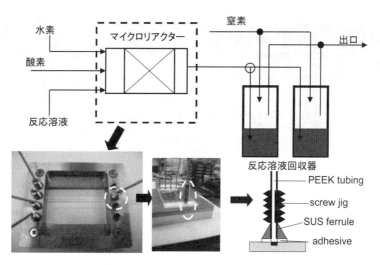

図3　反応システムおよびマイクロリアクター周辺のセットアップ

より規定している。すなわち気相導入配管の圧力損失をΔP_g液相を固定床反応器に流通した際の圧力損失をΔP_lとして，$\Delta P_g \gg \Delta P_l$となるようにリアクター構造をデザインしている。圧力損失を決定する因子は，それぞれの流速（線速度）および粘性である。気相と液相では粘度が1000倍近く異なっており，これをリアクターデザインにより補償する必要があった。

本反応プロセスは，触媒上において反応溶液中に溶存した水素および酸素が反応する。したがって，水素および酸素の気相成分の液相への溶解が必須であり，10～20気圧前後で安全に反応を遂行する必要がある。本研究開発において，反応評価に先立ち図3のような反応システムを構築した。反応システムにおいて，出口に圧力を一定にするよう工夫しており，反応溶液回収部は気液分離器を行いつつ反応溶液を回収している。回収部は，反応を連続して行えるように2系列とした。

リアクターへの配管取り付けは，まず配管末端にフェルールを物理固定したのち（1/16インチのPEEKチューブにスウェジロックのフェルールを固定して用いている），フェルールの平坦な面にシリコーン樹脂を塗布，マイクロリアクターに接着しさらに機械固定している（図3右下）。この方法により，開始／停止のサイクルを含め，1週間の単位で安定に反応を遂行できるようになった。反応器およびシステムの開発により，3wt%超の過酸化水素が容易に，かつ再現性よく得られるようになった[16, 17]。

5.3.3　ナンバリングアップに向けた取り組み

マイクロリアクターを用いた化学プロセスにおける課題の一つに，マイクロリアクターとしての特徴を活かしつつ生産量を増大させること（ナンバリングアップ）がある。とくに直接法への応用において，マイクロ固定床が反応の安全を担保する役割を持つことから，ナンバリングアップは必須である。これまでにもいくつかのナンバリングアップデザインが提案されており，それらをベースにしたナンバリングアップリアクターを試作した[18]。その結果明らかになってきたことが，

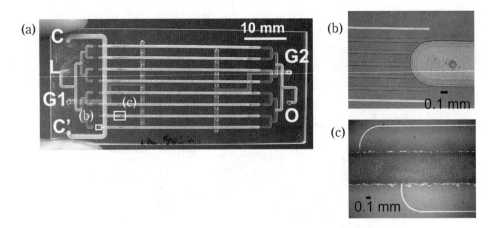

図4　マルチチャンネル（8 ch-）
(a) マイクロリアクター全体像ならびに (b) 液相導入部（液相分散器）と (c) 気相導入部（気相分散器）の構造[19]。

固定床反応器における偏流防止と同じ工夫の必要性であった。一般に固定床反応器には，流体をそれぞれの固定床に均一に分配できるような分散器がセットされており，偏流を防止する一つの仕組みになっている。相応する構造を微細加工で作り込むことができないか？　その結果たどり着いたのが図4に示した構造である[19]。気相供給チャンネルと同様，HFエッチングにより幅50 μmのマイクロチャンネルからなる構造を作り込み，これを分散器として機能させることを意図した。

図4(b)のような構造で各マイクロ固定床への反応溶液供給を一様にすることができ，かつ(c)のような構造により気相の供給も各固定床へ連続的に行うことができる。結果，各マイクロ固定床に対する気液供給条件が均一となり，ナンバリングアップを実現した。すなわち，反応成績を保ったままで合成量を増大させることに成功した。

5.3.4　マイクロリアクターに適した触媒

5.3.1にて紹介したSi MEMSによるマイクロリアクターにせよ，ガラス製マイクロリアクターにせよ，筆者らは反応部分についていずれの場合も触媒を充填した固定床型を採用している。マイクロリアクターで触媒を集積化する方法には，ほかに壁面固定化法があり，反応部分における圧力損失を低減するには有利である[20,21]。しかし，直接法において反応基質（水中に溶存した水素および酸素）がいずれもmmol/Lオーダーと低いため，触媒との接触面積を増大させることがより重要であると考えた。さらに，これまでの直接法触媒開発の知見をより活かしやすいこと，直接法における触媒の寿命が未知数であることも考慮した。壁面固定を行った場合，触媒の再生が困難となることが懸念されたためである。

水素転化率ならびに過酸化水素選択率を正確に把握するため，反応に際しては水素源に重水素を用いた。反応溶液に硫酸0.025 molL^{-1}，リン酸0.005 molL^{-1}，臭化ナトリウム50 ppmを含有させた[22]。なお，これらの成分は生成した過酸化水素を安定化すると考えられている。生成した過酸

第2章 マイクロリアクターを用いた各種物質製造技術

化水素を過マンガン酸カリウム水溶液による酸化還元滴定により，反応した（重）水素量を反応溶液中に取り込まれたHDO量としてFTIR-ATRによりそれぞれ定量した。

直接法の触媒としてよく知られているのはPd/C（活性炭）であり，Si MEMSリアクターにおいてももっぱら利用したため，当初この触媒を用いて検討を開始した。しかし，圧力降下が大きい（10気圧に対して4気圧）こと，かつ10時間程度反応を行っていると触媒自身によって担体が燃焼・焼失し，結果担持金属の流失が起こることが明らかとなった。圧力降下の大きい理由は担体の形状によるところが大きいが，担体の焼失は本質的な問題であると考え，無機担体を中心とした検討を中心に行った。とくに市販触媒として入手しやすいPd/Al_2O_3触媒（Pd 5 wt％，エヌ・イーケムキャット㈱製）と，さらにTiO_2を担体としたPd/TiO_2触媒を中心に検討を行った。Pd/TiO_2触媒は，顆粒状に成型されたルチル型を主成分としたチタニア（コバレントマテリアル㈱製）に塩化パラジウムの塩酸溶液を含浸したのちヒドラジン還元により調製した。この結果，Pd/Al_2O_3触媒では6 wt％以上の過酸化水素を得ることが困難であったのに対し，Pd/TiO_2触媒では10 wt％の過酸化水素を得ることができた。室温，10気圧程度においてこれだけ高濃度な過酸化水素水溶液を直接法によって得た例はこれまでにない。マイクロリアクターの特徴を活かしつつ，そこに触媒開発をおり込むことによってはじめて得られた結果であると考えている。

過酸化水素合成に関連する反応は，下記4式である。

$$H_2 + O_2 \rightarrow H_2O_2 \tag{4}$$

$$H_2 + 1/2\, O_2 \rightarrow H_2O \tag{5}$$

$$H_2 + H_2O_2 \rightarrow 2H_2O \tag{6}$$

$$H_2O_2 \rightarrow H_2O + 0.5 O_2 \tag{7}$$

過酸化水素合成のスキームは，Pd/Al_2O_3触媒とPd/TiO_2触媒いずれについても(4)式に表される直接合成と(6)式に表される逐次還元による水の生成により説明できる。到達過酸化水素濃度の違いは，Pd/Al_2O_3触媒においてより(6)の反応が起きやすいためであると考えている。

5.4 実用化に向けて

マイクロリアクターが技術として認知されほぼ15年たつ。マイクロリアクターには，反応熱／物質移動の制約を受けない"理想的な"反応場を提供できるのではないか，という期待が当初から持たれていたのだが，今回紹介した取り組みはまさにそのことを立証するものである。ただ，そのような特徴を引き出すには，反応の形式（この場合は気液固の多相反応）に見合った反応器の開発が不可欠であったことを，結びにわたって強調したい。

今後，反応器の大型化，（現在B6版程度の反応器を開発中である），さらには3次元の反応器積層により，まずは10 kg／日程度での実証を目指す予定である。

マイクロリアクター技術の最前線

謝辞

　5.3.1にて紹介した技術開発は，マサチューセッツ工科大学 マイクロ化学システム研究センター（当時，センター長は化学工学科のKlavs F. Jensen教授）において，筆者が旭化成㈱から出向し行った成果である．また，5.3.2以降で紹介した技術開発は，筆者が㈱産業技術総合研究所に移ったのちのものであり，現所属のほか，㈶神奈川科学技術アカデミー　マイクロ化学グループ（当時，リーダーは北森武彦 東京大学大学院教授），および㈱産業技術総合研究所 コンパクト化学プロセス研究センター（現 コンパクト化学システム研究センター）にて行われた．5.3.4にて紹介した触媒は，三菱瓦斯化学㈱との共同開発による．このような技術開発の機会を与えていただいた各位，および共同研究者各位に謝意を表する．なお，5.3.2以降で紹介した技術開発について，一部はNEDO産業技術研究助成事業として行われた．

文　　献

1) 井上朋也ほか，*PETROTECH*, **31**, 947（2008）
2) Leclerc, A. *et al.*, *Lab Chip*, **8**, 814（2008）
3) Janicke, M. T. *et al.*, *J. Catal.*, **191**, 282（2000）
4) Veser, G., *Chem. Eng. Sci.*, **56**, 1265（2001）
5) Inoue, T. *et al.*, in 7th International Conference on Microreaction Technology, Dechema e. V., Lausanne, Switzerland, p44-46（2003）
6) Inoue, T. *et al.*, *Ind. Eng. Chem. Res.*, **46**, 1153（2007）
7) UOP LLC, US6713036（2004）
8) UOP LLC, US7115192（2006）
9) Stevens Institute of Technology, FMC Corporation, US 2006/0233695（2006）
10) Voloshin, Y. *et al.*, *Catal. Today*, **125**, 40（2007）
11) Kusakabe, K. *et al.*, *J. Chem. Eng. Jpn.*, **40**, 523（2007）
12) Maehara, S. *et al.*, *Chem. Eng. Res. Design*, **86**, 410（2008）
13) Wang, X. *et al.*, *Appl. Catal. A: Gen.*, **317**, 258（2007）
14) 浜口高嘉，ファインケミカル，**35**(3), 9（2006）
15) Goor, G. *et al.*, in Ullmann's Encyclopedia of Industrial Chemistry, Wiley-VCH Verlag GmbH & Co. KGaA（2000）
16) Inoue, T. *et al.*, *Chem. Lett.*, **38**, 820（2009）
17) Inoue, T. *et al.*, *Chem. Eng. J.*, **160**, 909（2010）
18) Hessel, V. *et al.*, Micro Process Engineering-A Comprehensive Handbook, Wiley-VCH Verlag GmbH & Co. KGaA, Weinheim（2009）
19) Inoue, T. *et al.*, in 14th International Conference on Miniaturized Systems for Chemistry and Life Sciences, Groningen, The Netherlands, p1694-1696（2010）
20) Kobayashi, J. *et al.*, *Science*, **304**, 1305（2004）
21) Tonkovich, A.Y. *et al.*, *Chem. Eng. Sci.*, **59**, 4819（2004）
22) E. I. du Pont de Nemours and Company, EP342047（1989）

6 高選択性を目指したスワン酸化反応の素反応制御

川口達也*

6.1 はじめに

　近年，医薬品，ファインケミカルズ，機能化学品などの分野における高品質化，研究開発期間の短縮，さらにはE-ファクターの低減など環境面への配慮は必須である。特に医薬品分野では，従来型バッチプロセスの限界領域の反応条件制御（温度，滞留時間）で初めて実現される高度な品質制御が求められている。そのため超低温反応や高希釈反応を活用することが考えられるが，高コスト・環境への影響など課題も多い。また医薬品の安全性を確保するためには開発初期から実製造まで首尾一貫した品質制御と管理が求められるが，反応スケールの増加に伴い，「撹拌」，「温度制御」，「操作時間」などのスケールアップファクターの影響が顕著になり，品質の低下が懸念される。例えば，同分野で重要な不安定中間体を経由する反応は，一般的に超低温反応条件で行われるが，スケールアップに伴いその反応制御は困難になり，課題解決の研究開発に時間を要し，結果として高純度化のための過度な精製プロセスの付加による有機溶媒の使用量増加が問題になっている。

　スワン酸化反応は，有害な重金属類を使用することなく，穏和な反応条件で一級，二級アルコールを対応するカルボニル化合物に容易に変換する（スキーム１）[1]。特に1,2-ジオールの酸化反応で懸念される炭素—炭素結合の開裂などの副反応もなく，有機合成上非常に有用な反応として広く用いられている。一方で，不安定な中間体を経由するため$-50℃$以下の超低温反応条件が必要であり，スケールアップ時の品質変動などが大きいなど，工業スケールでの実用化には課題も多い。

　このような，スケールアップが困難で実用化に課題を伴う不安定中間体を経由する反応に対し安定した品質と競争力ある医薬品製造プロセスを構築できれば，従来の物質生産に大きな変革をもたらすと考えられる。マイクロ反応技術は，微小空間内で化学反応を行う技術であり，その利用する空間が微小であることから，高度反応制御（高速混合，精密温度制御，精密滞留時間制御）が可能である。また，流通系反応の特徴を活かすナンバリング—アップ（反応系列複数化）やイコーリング—アップ（デバイスの高処理量化）により工業スケールでの生産も可能であり，バッチプロセスに代わる製造技術として期待されている。本節では，精密な反応条件制御が必要なスワン酸

スキーム１　スワン酸化反応

---

*　Tatsuya Kawaguchi　宇部興産㈱　研究開発本部　有機化学研究所　触媒化学G
　主席研究員

化反応にマイクロ反応技術を適用した場合，従来のバッチ反応プロセスと比較して高収率・高選択的に目的物が得られ，1 t/y以上の生産性が実現可能であることを実証した結果について述べる。

6.2 スワン酸化反応について

スワン酸化の反応機構をスキーム2に示す[2]。ジメチルスルホキシド（DMSO）をトリフルオロ酢酸無水物（TFAA）と反応させ，活性化DMSO中間体1を形成させる。1にアルコールを反応させると，アルコキシスルホニウム塩中間体4が形成され，さらにトリエチルアミン（Et_3N）を加えると4が分解されて対応するカルボニル化合物5とジメチルスルフィドが生成する。中間体である1は熱的に非常に不安定で，-30℃以上でPummerer転位を起こしてエステル2を生成し，塩基存在下で2と3が反応するとトリフルオロ酢酸（TFA）エステル7が生成する。また，4もアルコールの種類により熱的に不安定であるため，Pummerer転位を起こし，メチルチオメチル（MTM）エーテル6が生成する。本反応は発熱反応であるため，反応スケールの増加に伴い除熱が困難となり，中間体のPummerer転位による6や7の副生成物の増加が懸念される。

高度な品質制御が要求される医薬品分野において本反応を実施するためには中間体のPummerer転位を抑制する精密な反応条件制御が必須と考えられる。この制御がマイクロ反応技術の特徴を利用することで実現可能かどうか，詳細に検討を行った。

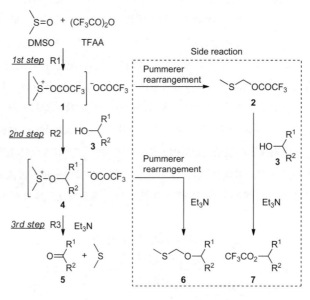

スキーム2　スワン酸化反応機構

6.3 結果

6.3.1 マイクロフロー法とバッチ法の比較

種々の基質を用い，市販マイクロミキサー[3]を組み込んだ装置でのマイクロフロー法およびバ

第2章　マイクロリアクターを用いた各種物質製造技術

表1　バッチとの比較検討結果

Substrate	System	R1 (sec.)	Temp. (℃)	Conv. (%)	Yield (%) Product	Yield (%) MTM ether	Yield (%) TFA ester
C_9H_{19}-OH	Micro flow	2.4	-20	95	71	8	18
	Macro batch	600	-20	73	8	1	66
C_6H_{13}-OH	Micro flow	2.4	-20	92	87	5	2
	Macro batch	600	-20	51	10	1	38
cyclohexanol	Micro flow	2.4	-20	88	77	5	4
	Macro batch	600	-20	86	16	2	60
	Macro batch	600	-70	88	73	9	4
Ph-OH	Micro flow	2.4	-20	97	88	_[*]	8
	Macro batch	600	-20	80	39	_[*]	40

R2 = 1.2 sec., R3 = 1.2 sec.
Yields were determined by GC., [*] Not determined.

ッチ法でスワン酸化反応を行った結果を表1に示す。

シクロヘキサノールを基質として用いたバッチ法の場合，-70℃では収率73%で反応が進行したが，-20℃では，通常（-50℃以下）よりも高い反応温度であるため目的化合物の収率は16%であった。一方，マイクロフロー法では同温度でも77%の高収率で目的化合物が得られた。ほかの基質でも同様に，マイクロフロー法では-20℃でも71〜88%の高収率で反応が進行した。

マイクロ反応技術の①高速混合，②精密温度制御，③精密滞留時間制御の特徴により，熱的に不安定である中間体の失活が抑制されたため，高収率で目的化合物が得られたと考えられる。

6.3.2　反応温度，滞留時間検討

上記結果がマイクロ反応技術のどの特徴による効果であるかを確認するため，反応温度と活性化DMSO中間体1が生成する部分の滞留時間（R1）の関係について詳細に検討を行った。はじめにシクロヘキサノールを基質として検討した結果を図1に示す。

反応温度が-20℃の場合，R1の違いによる収率の差はほとんど認められない。しかし0℃では，R1が2.4sの場合収率が32%であるのに対し，0.01sでは80%の高収率で反応が進行した。このことから，本反応の収率には中間体1の寿命（失活するまでの時間）が大きな影響を与えていると考えられる。各温度における本反応の中間体の寿命は，-20℃ではR1による収率の差がほとんど認められないことから，寿命は2.4s以上，0℃ではR1の増加に伴い収率の低下が顕著であることから（80%→32%），0.01s程度と推測される。20℃，0.01sの場合は，0℃と比較し71%と若干収率が低下しており，同温度での寿命は0.01s以下と考えられる（表2）。

次に，種々のアルコールを基質として検討を行った結果を表3に示す[4]。

いずれのアルコールでも，マイクロフロー法による短滞留時間制御により，室温付近の反応温度においても高収率で目的物が得られた。

このように，マイクロフロー法で反応を行うことにより中間体の寿命を推算し，推算した寿命

マイクロリアクター技術の最前線

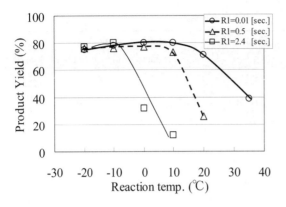

図1 反応温度，滞留時間検討結果

表2 中間体1の推算寿命

反応温度（℃）	推算寿命（sec.）
−20	＞2.4
0	～0.01
20	＜0.01

表3 種々の基質を用いたスワン酸化反応検討

Substrate	R1 (sec.)	Temp. (℃)	Conv. (%)	Yield (%) Product	Yield (%) MTM ether	Yield (%) TFA ester
C_9H_{19}–OH	2.4	−20	95	71	8	18
	0.01	0	94	66	7	20
	0.01	20	96	68	6	21
C_6H_{13}–OH	2.4	−20	92	87	5	2
	0.01	0	91	78	4	3
	0.01	20	88	78	3	2
cyclohexyl–OH	2.4	−20	88	77	5	4
	0.01	0	90	80	6	1
	0.01	20	81	71	4	2
Ph–OH	2.4	−20	97	88	–[*]	8
	0.01	0	100	78	–[*]	14
	0.01	20	100	75	–[*]	16

Microscale flow system, R2 = 1.2 sec., R3 = 1.2 sec.
Yields were determined by GC., [*] Not determined.

以下の滞留時間に制御する反応器を用いることで，反応条件を最適化し，高温域でも高選択的に反応を進行させることが可能と考えられる。マイクロフロー法は，バッチプロセスでは不可能な非常に短い反応時間を実現でき，不安定中間体を経由するスワン酸化反応を常温域で高収率・高選択的に進行させる手法として，そのほかの反応への適用が期待される。

6.3.3 混合方式比較

これまで述べてきた通常混合法に対し，DMSOとアルコールの混合溶液にTFAAを滴下する方法（DMSO・基質事前混合法，図2）で，バッチ法でも高収率で目的化合物を得ることができる報告例がある[5]。すなわち，アルコールが存在する中で中間体1が形成されるため，形成された

第2章 マイクロリアクターを用いた各種物質製造技術

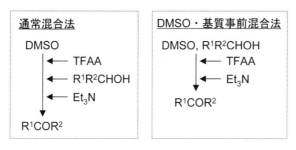

図2 スワン酸化反応の混合方式

表4 バッチ事前混合法とマイクロフロー通常混合法の比較

Substrate	System	Residence time R1 (sec.)	Residence time R2 (sec.)	GC area%			
				Substrate	Product	MTM ether	TFA ester
C₉H₁₉-OH	Micro flow	0.01	1.2	6	64	7	22
	Macro batch	-	600	0.3	48	11	40
Ph-OH	Micro flow	0.01	1.2	0.3	83	4	13
	Macro batch	-	1200	3	16	1	80

1が速やかにアルコールと反応することが可能で, −20℃程度の比較的高い反応温度においても高収率で反応が進行すると考えられる。このように, 基質事前混合法は高温域でのスワン酸化反応に有用であると考えられるが, この手法が適用できない事例も存在する。0℃で一級アルコール, アリルアルコールを基質として用い, バッチ基質事前混合法とマイクロフロー通常混合法の比較を行った結果を表4に示す。

デカノール, 桂皮アルコールの場合, バッチ基質事前混合法では目的物の生成量が低いのに対し, マイクロフロー通常混合法では目的物が高選択的に生成した。これは, アルコキシスルホニウム塩中間体4が熱的に不安定であることが原因と考えられ, アルコールの種類によっては基質事前混合法が使用できないといえる。また, バッチ事前混合法では, スケールアップを行った際の除熱の課題を解決することができない。特に医薬品などの化合物に適用する場合, 反応の長時間化による品質制御が大きな課題となりうる可能性があり, 工業スケールへの適用は困難と考えられる。これに対し, マイクロフロー法では4の失活も抑制可能であるため, スワン酸化反応を工業スケールで用いるにはマイクロフロー法が最適であると考えられる。

6.3.4 スケールアップ検討

ここまで述べてきた汎用型市販マイクロミキサーは圧力損失が高く最大処理量が小さいため, 工業スケール生産で用いるためには数100系列のナンバリングーアップを行う必要がある。しかし, コスト, 制御の点から, 10系列以上のナンバリングーアップには技術的課題も多い。そこで, 1系列で数tの生産性を有する処理能力を有し, 本反応に不可欠な高速混合, 高速熱交換, 精密

マイクロリアクター技術の最前線

超短滞留時間を制御可能なデバイスを開発した。不安定中間体制御マイクロリアクターの外観写真と流路図を図3に示す[6]。

このデバイスには，微小な無数の孔（0.05〜0.2 mm）から2液が混合するサブストリーム型のミキサーと，混合性能向上のための縮流部を設けている。滞留時間は各ミキサー間の距離により調整可能である。幅方向の滞留時間分布を小さくするため，試薬導入微小孔を円弧状に配列し，中央と側方に縮流部を有している。また，高熱交換能を達成するため，反応流路の上下に冷媒流路を配置し熱交換能力を持たせている。

反応流路の縮流幅による混合性能に関して検討したシミュレーションおよび反応結果を表5に示す。一段目縮流幅を2 mmから0.5 mmに狭くすると，幅方向の濃度分布が低減され混合性能が

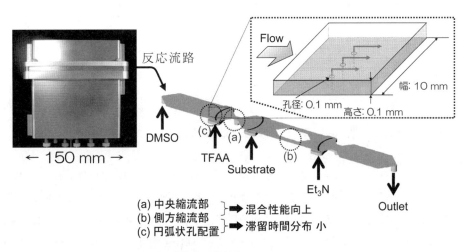

図3　不安定中間体制御マイクロリアクター

表5　混合性能比較

Entry	縮流幅 [mm]	Temp. [℃]	Conv. (%)	Yield (%)		
				Product	MTM ether	TFA ester
1	2	0	90	72	5	10
2	0.5	0	92	76	5	5

Substrate : Cyclohexanol
Flow Rate : DMSO, TFAA : 10 mL/min., Substrate: 20 mL/min., Et$_3$N : 8.1 mL/min.

ソフトウェア: STAR-CD

第2章　マイクロリアクターを用いた各種物質製造技術

向上した計算結果が得られた。これに対応し反応成績も向上している。

　このデバイスで工業スケールでの生産性が達成可能であるか検証するため，上記デバイスを組み込んだパイロットスケールのマイクロ化学プラントを構築し，連続運転を行った。シクロヘキサノールを基質とし，0℃，ラボスケール装置の10倍の送液量で連続運転を行った結果，収率約80％で12h安定して反応を行えることが確認された。流路内の圧力変動もほとんどなく，さらに長時間の連続運転も可能である。これは1系列で約1t/yの生産量に相当し，濃度，送液量を増加させることで，10t/yの生産量を達成することが可能と考えられる。

6.4　おわりに

　有機合成上有用な反応であるが，−50℃以下の低温条件が必要なため工業的に利用例がほとんどなかったスワン酸化反応を，マイクロフロー法を用い，素反応を制御することで工業生産に利用可能であることを示した。従来，不安定中間体は低温にすることでその失活を抑制してきたが，失活する前に目的反応を進行させる精密短滞留時間制御により，不安定中間体を制御できる可能性を示唆する結果が得られた。すなわち，スワン酸化反応のような，中間体の転位・失活を伴う不安定中間体を経由する反応を利用する医薬品など製造プロセスの課題解決手段の一つとして，マイクロ反応技術が十分に活用できる可能性を示すことができたと考えている。従来のマクロバッチ法では実施困難な反応条件をマイクロフロー法では実施可能であり，本結果はマイクロ反応技術でしか実施できない事例と考えられる。このマイクロ反応技術を利用した新規製造プロセスは，現在のマクロバッチ法での製造プロセス開発の多くの課題を解決し，工業生産に変革をもたらすことが期待される。

文　　献

1) T. T. Tidwell, *Org. React.*, **39**, 297 (1990); K. Omura, A. K. Sharma, D. Swern, *J. Org. Chem.*, **41**, 957 (1976); K. Omura, D. Swern, *Tetrahedron*, **34**, 1651 (1978)
2) a) A. K. Sharma, D. Swern, *Tetrahedron Lett.*, **15**, 1503 (1974); A. K. Sharma, T. Ku, A. D. Dawson, D. Swern, *J. Org. Chem.*, **40**, 2758 (1975)
3) W. Ehrfeld, K. Golbig, V. Hessel, H. Loewe, T. Richter, *Ind. Eng. Chem. Res.*, **38**, 1075 (1999)
4) T. Kawaguchi, H. Miyata, K. Ataka, K. Mae, J. Yoshida, *Angew. Chem. Int. Ed.*, **44**, 2413 (2005); 特許第4661597号
5) 特許第3298514号
6) 特許第4298671号

7 マイクロフローリアクターによる数百グラムオーダーの有機合成

時實昌史[*1], 福山高英[*2], 柳 日馨[*3]

7.1 はじめに

マイクロリアクターが有機合成の分野で使用されるようになって十数年が経ち,多数の報告例を通してその有用性が証明されてきた[1~3]。今や様々な技術開発や創意工夫により研究段階を越えて実用レベルにまで発展しつつある。

有用化学物質の製造では大量の製品供給が必須である。マイクロリアクターは小さな空間においてフロー系で反応を行うことを特徴とするが,連続運転により実生産への適応も期待できる。また,研究レベルと同条件で生産過程に適応できるため,バッチ型製造におけるスケールアップの検討時間を短縮できる。ナンバリングアップを行うことでより高い生産性が可能だが,多数のシステムをいかに均一の状態に制御するかは実用化におけるチャレンジでもある。一方,医薬品,農薬,電子材料などのファインケミカル合成では少量多品種サンプルの迅速な合成が必要とされるが,これらの場合は反応条件の確立から迅速な合成への流れが必要となり,マイクロリアクターの活躍の場の一つとして期待される。

著者らはこれまで様々な有機合成反応をマイクロリアクターを用いて行い,効率化の追求と共に,数百グラムのサンプル合成が可能であることを実証してきた[3]。本節では著者らのグループでの研究成果をもとに実生産を指向したマイクロフローリアクター技術について議論する。

7.2 触媒反応によるフロー合成とフローマイクロプラント

マイクロリアクターを用いた触媒反応はこれまで多数報告されているが,特徴としては不均一系触媒反応を中心に研究が展開されてきたといえよう[4]。マイクロリアクター内に触媒を固定化することで反応基質を流す方式で,触媒と生成物とを分離する手間なしに生成物が得られるという利点がある。一方,著者らはイオン液体を用いたセミ均一系ともいうべき触媒反応をマイクロリアクターへ適応した。イオン液体は有機溶媒と混ざりにくい性質を持ち,イオン液体に触媒を固定化することで液・液二相系反応となり,反応終了後に容易に生成物と触媒を分離できる。さらに触媒相を再利用することで連続フロー型システムの構築が可能となった。

モデル反応として行ったパラジウム触媒を用いた溝呂木-Heck反応では[5]初期検討において,低粘性のイオン液体との相性が良く,触媒もイオン液体に溶解しやすいカルベン錯体が適することがわかった(図1)。

図2に構築したフロー型プラントを示す。反応終了後の生成物およびアミン塩の抽出を効率良く行うためにマイクロ抽出ユニットを用いた。さらに得られた有機／水／イオン液体の三相系か

[*1] Masashi Tokizane 大阪府立大学 大学院理学系研究科 分子科学専攻 博士研究員
[*2] Takahide Fukuyama 大阪府立大学 大学院理学系研究科 分子科学専攻 准教授
[*3] Ilhyong Ryu 大阪府立大学 大学院理学系研究科 分子科学専攻 教授

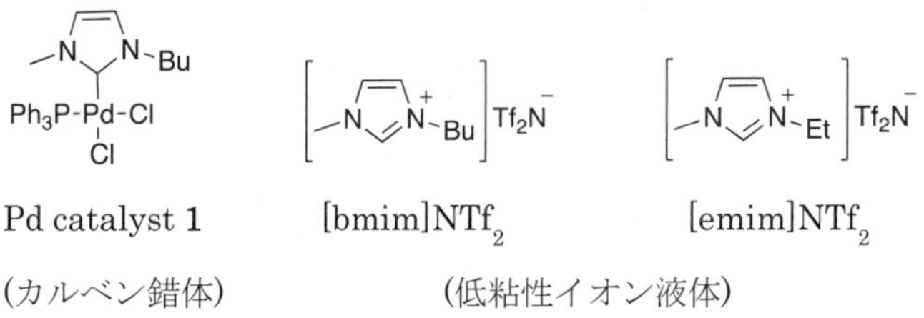

第2章 マイクロリアクターを用いた各種物質製造技術

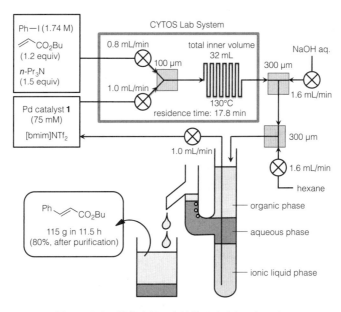

Pd catalyst **1**　　　　　[bmim]NTf$_2$　　　　　[emim]NTf$_2$
（カルベン錯体）　　　　（低粘性イオン液体）

図1　パラジウム触媒とイオン液体

図2　イオン液体を用いた触媒リサイクルシステム

らイオン液体をポンプにより循環させることで、連続フロー型システムを構築した。このシステムを11.5時間連続運転することで桂皮酸ブチルを精製後に115g合成することができた[5]。一週間の連続運転を想定すれば、15kgの生成物が製造できることになる。

さらに、同様の触媒循環型連続フローシステムを図3の薗頭カップリング反応に適用したところ、蛋白質分解酵素阻害剤前駆体が5.5時間の連続運転で103g合成することができた[6]。この場合、本装置の一週間の連続運転を想定するなら、生産量は3.1kgと計算される。

マイクロフロー系での探索実験はバッチ系に比べて時間がかかるのが難点である。そこで、著者らはコンピュータ制御された条件検索型マイクロリアクターを開発することとした。本検討では薗頭カップリング反応による蛋白質分解酵素阻害剤の合成をモデル反応とし、各種条件検討から100グラムスケール合成までを迅速に行えるか検証することとした（図4）。ここで使用した条件検索型マイクロリアクターは二液の流速と反応温度を入力することで最大120条件の反応を自動

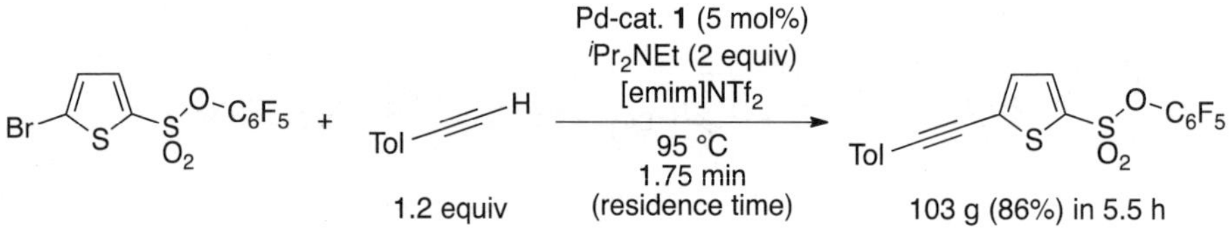

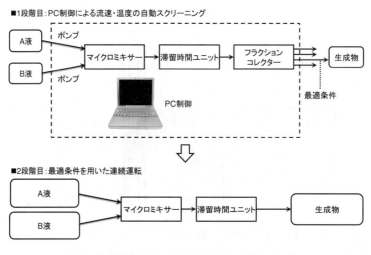

図3 蛋白質分解酵素阻害剤前駆体の100グラムスケール合成

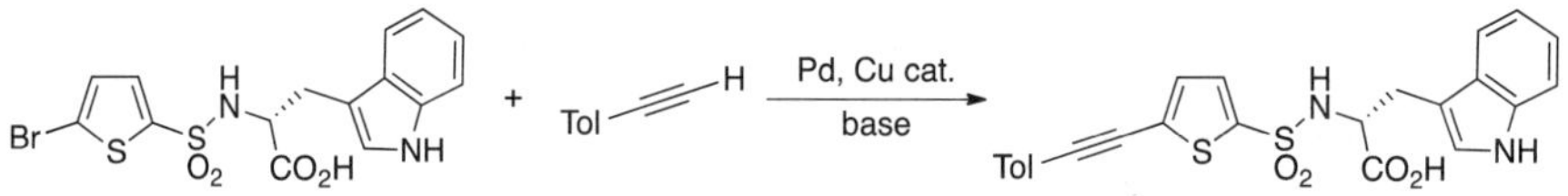

図4 薗頭カップリング反応による蛋白質分解酵素阻害剤の合成

図5 条件検索型マイクロリアクターのコンセプト

運転で行えるものであり，そして得られた最適条件で同一マシンを連続運転することでサンプル合成も可能である（図5）。結果として，本装置の総運転時間24時間で条件最適化からサンプル合成（14 g／8時間）までを行うことができた[7]。改良を重ねた結果，条件検索型反応装置の完成度は大幅に向上しており（図6），近日中の上市が予定されている[8]。

さらに生産量を上げるために得られた最適条件でミリフロー型装置での合成を検討した。内径200 μmのマイクロミキサーと内径2 mm，長さ20 mの滞留時間ユニットを用いてフロー系反応を行った結果，目的物を6時間の連続運転で113 g得ることができ，100グラムスケール合成できることを示した（図7）[7]。一週間の連続運転を想定するなら，3 kgを超える生産量となる。

第2章 マイクロリアクターを用いた各種物質製造技術

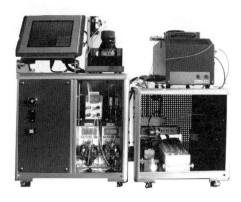

図6 条件検索型マイクロリアクター（MiChS-Nakamura Choko）[8]

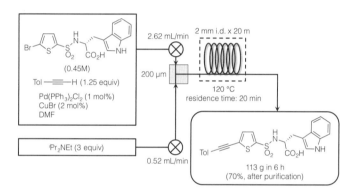

図7 均一系触媒反応フローシステムによる100グラムスケール合成

7.3 ラジカル反応によるフロー合成

著者らは通常数十分から数時間の反応時間を必要とするトリブチルスズヒドリドやトリス（トリメチルシリル）シラン（TTMSS）をラジカルメディエーターとした反応をマイクロリアクターに適応することで滞留時間1分以内で反応が進行することを報告し，マイクロ空間での優れた熱効率を実証した[9]。ここで鍵となるのは用いるラジカル開始剤である（図8）。通常，バッチ系ではAIBNを用いることが多いが，フロー系において1分で反応させようとすると，半減期が比較的長いためにほとんどが分解されずに回収される。そのためより半減期の短いラジカル開始剤を用いることが肝要となる。検討結果より，V-70を用いてラジカル環化反応を検討したところ，滞留時間1分で反応が完結した。本反応は天然物の鍵合成中間体のグラムスケール合成に適応できた（図9，7.6 g/185分）[9]。本結果より，1日の運転では約60 gの収量が得られる試算となる。なお，本検討ではラジカル開始剤やラジカルメディエーターの送液前の分解を防ぐために，二連続のマイクロ混合システムを用いている。

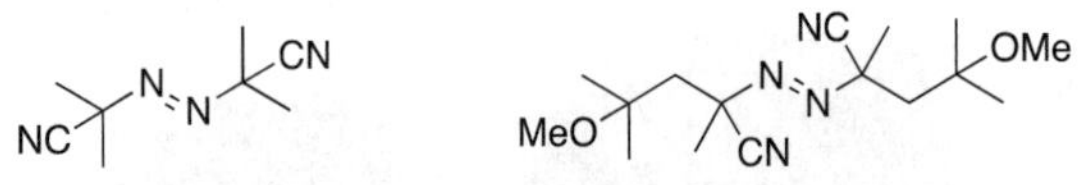

マイクロリアクター技術の最前線

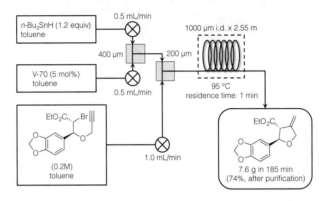

図8　ラジカル開始剤の半減期

図9　ラジカルメディエーターを用いたフローシステム

7.4　光反応による合成

　光反応では効率良く反応基質に光を吸収させることが重要となる。光の吸収はLambert-Beer則に従い透過距離が長くなると指数関数的に減衰していく。すなわち直径数センチメートルのバッチ型フラスコ内で光反応を行うと，フラスコの光源に近い部分は効率的な光照射が達成されるが，遠い部分には光が届きにくい。すなわち照射むらが生じ，スケールアップの際にはこの問題はより顕著となろう。一方，マイクロリアクターを用いた場合，数百ミクロンの流路への照射のため均一で効率的な光照射が可能となり，反応の効率化や高い再現性が期待される。

　著者らは，流路プレート上にガラス板を密着させたマイクロリアクターを用いた光Barton反応を行った[10]。様々な光源やガラス素材を検討した結果，パイレックスガラス板のマイクロリアクターを用い，ブラックライトやUV-LEDなどの低出力光源を組み合わせることで十分に効率良く反

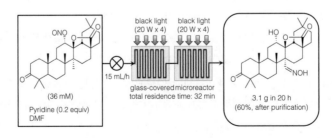

図10　マイクロフロー系での光反応

応が進行した。300Wの高圧水銀灯と1.7WのUV-LEDを用いた反応の収率／消費電力を比較するとUV-LEDが100倍以上の効率性があり，省エネルギー型光反応システムの構築が可能である点にマイクロフロー系の大きな利点がある。さらに図10に示すように，長時間運転によりグラムスケールで脳血管障害改善薬Myriceric Acid Aの鍵合成中間体の合成を達成した（3.1g／20時間）[10]。

7.5　カチオン反応によるフロー合成

Koch-Haaf反応はカルボン酸合成の有用な手法であるが，発熱反応であるため正確な温度コントロールや作業の安全確保に留意しなければならない。著者らはKoch-Haaf反応をマイクロリアクターを用いて実施することで，室温下で効率良く進行することを報告した[11]。本反応は発熱反応であるため，通常氷浴などを用いた冷却下に試薬を注意深く滴下して行われる。一方，マイクロリアクターを用いると冷却することなく，室温で反応を実施することができた。また，濃硫酸の使用をマイクロリアクターに適応するため，ステンレス製ミキサーの使用を避け，耐酸性のハステロイ製ミキサーとPTFEチューブを使用した。さらに反応終了後の濃硫酸の希釈をより安全に行うためにハステロイ製の抽出ユニットを連結させ，反応から後処理までを一貫して行うシステムを構築した（図11）。モデル基質として1-アダマンタノールを用いて検討したところ，滞留時間1.5分で1-アダマンタンカルボン酸を高収率で得ることができ，さらにグラムスケール合成も達成した（7.1g／55分）。本条件の適応により24時間運転で約185g，1週間では約1.3kgの合成が可能となる。

同様にカチオン中間体を用いるフロー合成として，深瀬らはプリスタン合成の鍵過程である酸触媒による脱水反応がマイクロフロー系で効率良く実施できることを報告した[12]。本研究では複数のマイクロリアクター（Comet X-01）を並列化することで，プリスタンのキログラム合成に成功している（図12）。

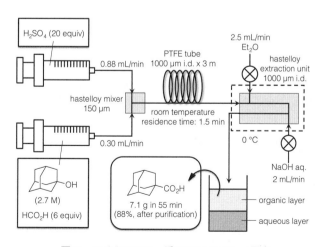

図11　マイクロフロー系でのKoch-Haaf反応

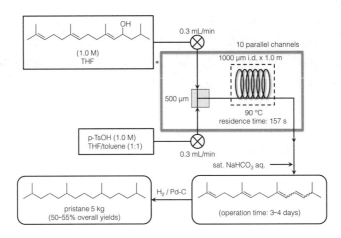

図12 マイクロフロー系でのpristane合成

7.6 アニオン反応によるフロー合成

炭素アニオン等価体である有機金属試薬は有機合成に欠かせない反応剤であるが，それらを用いた反応は一般的に発熱反応であるため低温下で行われる。

吉田らはマイクロリアクターを用いたGrignard交換反応を報告している（図13）[13]。本反応は室温下で実施され，Toray Hi-mixer（チャンネル幅：1500 μm）とチューブ型リアクター（内径：490 μm，長さ：200 mm，55本）を用いることで，ペンタフルオロベンゼンのキログラムスケール合成に成功している（14.7 kg／24時間）。

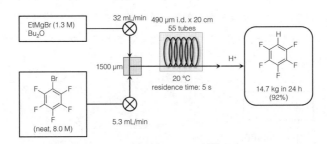

図13 マイクロフロー系でのGrignard交換反応

7.7 フルオラス溶媒を用いた臭素化反応

フルオラス溶媒は先述のイオン液体と同様に，水および多くの有機溶媒と混和せず，再利用可能な環境調和型溶媒として注目されている。著者らはフルオラス溶媒の再利用循環型フローシステムの構築を検討した。

モデル反応としてフルオラス溶媒Galden® HT135（図14）を用いたシクロヘキセンの臭素化反応を検討した[14]。図15に示すようにGalden® HT135に臭素を加え，飽和溶液（約0.1 M）を調製

第2章　マイクロリアクターを用いた各種物質製造技術

CF₃[(OCF(CF₃)CF₂)$_m$(OCF₂)$_n$]OCF₃

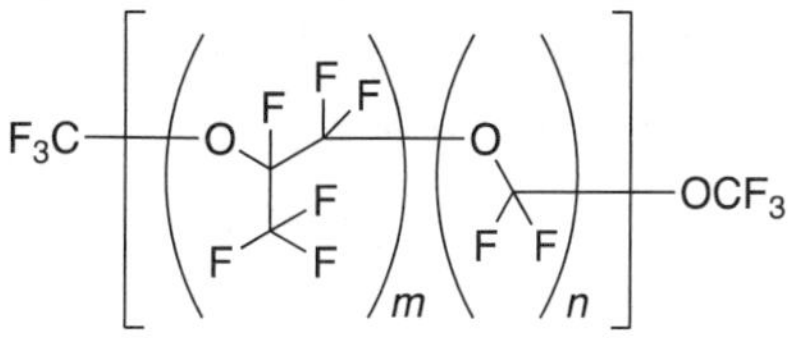

bp (°C)	mp (°C)	Fw	density (g/mL)
135	< −100	610	1.72 (25 °C)

図14　Galden® HT135

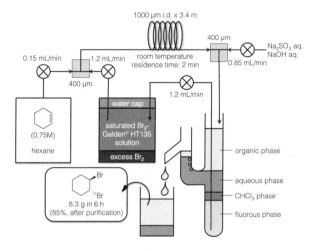

図15　フルオラス溶媒のリサイクルシステム

して送液した。他方で反応基質のヘキサン溶液を送液して室温・滞留時間2分で反応を行い，次いでインラインでクエンチした反応液をY字管に回収し，最下層のフルオラス溶媒を再利用した。なお，フルオラス層と水層の分離を促進するため，Y字管内にクロロホルムを加えた。本リサイクル型マイクロフローシステムにより目的の臭素化体を効率良く合成することができた（8.3 g／6時間）。本検討から，24時間の運転で目的物を約33 g合成できることが試算される。

7.8　おわりに

本節ではマイクロリアクターを用いた100グラムオーダーでのフロー合成を目指した著者らの研究例を主にその有効性を紹介し，活性種の異なるそれぞれの反応でその有用性を示し，マイクロリアクターが化学製造のための手段として十分なポテンシャルを有していることを明らかとした。

バッチ型反応でもマイクロフロー系でも反応条件の決定には化学者が最適な試薬・条件・装置

を選択して，より効率的な反応系を設定する必要性に変わりはない。研究開発のスピードアップには省力化や省エネルギー化が重要であるが，一つのブレークスルーとして条件検索型のマイクロリアクターシステムの有用性についても取り上げた。スケールアップの設備投資に対して，マイクロフロー系のそれは極めて低コストである。今後，マイクロフローリアクターの強みを活かした生産スタイルが世界的規模で発展していくことになろう。

文　　献

1) マイクロリアクターに関する成書, (a) Wirth, T., *Microreactors in Organic Synthesis and Catalysis*, Wiley-VCH (2008), (b) Yoshida, J., Flash Chemistry. Fast Organic Synthesis in Microsystems, Wiley (2008), (c) Hessel, V., Renken, A., Schouten, J. C., Yoshida, J., Micro Process Engineering, Wiley-VCH (2009)
2) マイクロリアクターに関する総説, (a) Mason, B. P., Price, K. E., Steinbacher, J. L., Bogdan, A. R., McQuade, D. T., *Chem. Rev.*, **107**, 2300 (2007), (b) Yoshida, J., Nagaki, A., Yamada, T., *Chem., Eur. J.*, **14**, 7450 (2008), (c) Wiles, C., Watts, P., *Chem. Commun.*, **47**, 6512 (2011)
3) 著者らによる総説, Fukuyama, T., Rahman, M. T., Sato, M., Ryu, I., *Synlett*, 151 (2008)
4) Frost, C. G., Mutton, L., *Green Chem.*, **12**, 1687 (2010)
5) Liu, S., Fukuyama, T., Sato, M., Ryu, I., *Org. Process Res. Dev.*, **8**, 477 (2004)
6) Fukuyama, T., Rahman, M. T., Mashima, H., Ryu, I. 投稿中
7) Sugimoto, A., Fukuyama, T., Rahman, M. T., Ryu, I., *Tetrahedron Lett.*, **50**, 6364 (2009)
8) MiChS社ホームページ　http://www.michs.jp/
9) Fukuyama, T., Kobayashi, M., Rahman, M. T., Kamata, N., Ryu, I., *Org. Lett.*, **10**, 533 (2008)
10) (a) Sugimoto, A., Sumino, Y., Takagi, M., Fukuyama, T., Ryu, I., *Tetrahedron Lett.*, **47**, 6197 (2006), (b) Sugimoto, A., Fukuyama, T., Sumino, Y., Takagi, M., Ryu, I., *Tetrahedron*, **65**, 1593 (2009)
11) Fukuyama, T., Mukai, Y., Ryu, I., *Beilstein J. Org. Chem.*, **7**, 1288 (2011)
12) Tanaka, K., Motomatsu, S., Koyama, K., Tanaka, S., Fukase, K., *Org. Lett.*, **9**, 299 (2007)
13) Wakami, H., Yoshida, J., *Org. Process Res. Dev.*, **9**, 787 (2005)
14) Tokizane, M., Rahman, M. T., Fukuda, Y., Fukuyama, T., Ryu, I. 投稿中

8 マイクロチューブリアクターを用いたバイオディーゼルの合成

草壁克己[*]

8.1 はじめに[1,2]

　油脂に含まれるトリグリセリドとメタノールとのエステル交換反応によって生成する脂肪酸メチルエステル（FAME）は，軽油と同様の燃焼性を持つためバイオディーゼル油（BDF）として利用できる。BDFは再生可能エネルギーの一つであり，生分解性や軽油に比べて燃焼時に排出されるSOx, CO, 粒子状物質の生成量が少ないことから，クリーンな燃料として注目されている。その一方でBDF製造には原料油の問題が残されている。これまでにEUでは菜種油，合衆国では大豆油，東南アジアではパーム油を原料としてBDF製造が行われてきたが，これらの植物油をBDF原料とすることでその価格が高騰することになった。今後はこれらの植物油は食料油としての需要を十分に満たす必要があるため，近年，廃食用油，非食用植物油，そして牛脂などの動物性油脂を原料とすることが望まれている。(1)式で示すトリグリセリドのエステル交換反応は一般にNaOHやKOHなどのアルカリ触媒が用いられているが，廃食用油には多量の遊離脂肪酸が含まれており，この場合には，脂肪酸とアルカリとの間で(2)式に示す石ケン化反応が起こるため，アルカリ触媒の消費が激しく，また，生成した石ケンは生成物の分離に悪影響を及ぼす。そこで，(3)式に示す酸触媒を用いたエステル化反応で脂肪酸をBDFとしたあと，アルカリ触媒を用いたエステル交換反応を行う2段プロセスが考えられる。わが国では小型の撹拌槽型反応器を用いた廃食用油からのBDF製造が各地で行われているが，廃食用油の運搬，集積にコストがかかることや，油脂は酸化安定性に乏しいので貯蔵中に進行する劣化についても問題が残されている。少量の原料をその場でBDFにするための高効率連続反応装置としてマイクロリアクターが注目され，その反応特性に関する研究が進められている。本節ではマイクロリアクターを用いたBDF製造について解説する。

エステル交換反応：

$$\begin{array}{c}
R1COOCH_2 \\
| \\
R2COOCH \\
| \\
R3COOCH_2
\end{array} + 3CH_3OH \rightarrow \begin{array}{c}
R1COOCH_3 \\
\\
R2COOCH_3 \\
\\
R3COOCH_3
\end{array} + \begin{array}{c}
CH_2OH \\
| \\
CHOH \\
| \\
CH_2OH
\end{array} \quad (1)$$

石ケン化反応：

$$RCOOH + NaOH \rightarrow RCOONa + H_2O \quad (2)$$

---

[*] Katsuki Kusakabe　崇城大学　工学部　ナノサイエンス学科　教授

エステル化反応：

RCOOH ＋ CH₃OH → RCOOCH₃ ＋ H₂O (3)

8.2 マイクロチューブリアクターによる反応促進効果[3]

マイクロチューブリアクターを用いた場合のBDF合成の反応速度は図1に示すように回分反応器よりも速い[4]。また，表1に示すようにFAME収率はチューブ径が小さいほど大きくなる傾向がある[5]。トリグリセリドのエステル交換反応は平衡反応であるため，滞留時間252秒ではほぼ同じFAME収率となった。エステル交換反応は油相とメタノール相との界面で起こることから，反応速度に及ぼす界面積の影響は大きい。反応の初期には図2に示すように油相とメタノール相のセグメントからなるスラグ流が形成され，フッ素樹脂製のマイクロチューブリアクターを用いた場合には，チューブの内壁面が親油性となり，壁面とメタノール滴の間に油の薄膜が形成される。一方，Sunら[6]によると石英キャピラリーを用いた場合には，逆に，チューブの内壁面が親水性となり，壁面と油滴の間にメタノールの薄膜が形成すると報告している。したがって，この場合，界面の比表面積（S/V）は(4)式で表される。

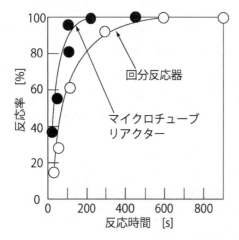

図1　マイクロチューブリアクターによるBDF合成

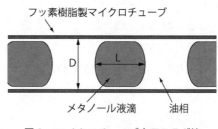

図2　マイクロチューブ内のスラグ流

表1　FAME収率に及ぼすマイクロチューブ径の影響

チューブ径D [mm]	FAME収率 [%]			$\Delta P(D)/\Delta P(0.46)$
	$t=63$ s	$t=126$ s	$t=252$ s	
0.46	39.1	80.2	91.0	1
0.68	38.5	76.7	92.8	0.46
0.86	33.6	70.6	91.4	0.29
0.96	20.3	43.6	89.2	0.23

ここにtは滞留時間，$\Delta P(D)$はチューブ径Dの圧損失

$$S/V = 2/L + 4/D \tag{4}$$

マイクロチューブの直径Dと分散液滴の長さLを共に10^{-3}mとすると，比表面積（S/V）は6000 m^2/m^3に達する。この値は従来のマクロな撹拌槽型反応器における液滴の比表面積の値100〜1000 m^2/m^3と比べてはるかに大きな値である。したがって，マイクロチューブの径が小さいほど比表面積は大きくなる。

チューブ内壁とメタノール滴との間に形成される油の薄膜の厚さ（h_{film}）はBrethertonの法則により式(5)から決定される[7]。

$$h_{film} = 0.67D(\mu_{OIL} U_{OIL}/\gamma_{OIL})^{2/3} \tag{5}$$

ここで直径Dを10^{-3} m，本研究で使用したヒマワリ油の室温における粘度μ_{OIL}は60 mPa·s，表面張力γ_{OIL}は3 mNm^{-1}であり，油滴の速度U_{OIL}を4 mms^{-1}としてh_{film}を計算すると，薄膜の厚さは23 μmと非常に薄いことから液滴側面における物質移動速度は大きいと考えられる。

液液2相反応を撹拌槽型反応器で行うと，槽内にできる微小液滴内の液体は静止した状態になり，剛体球のように挙動する。そのため物質移動速度は小さい。一方，マイクロチューブ内の液滴は壁からの応力が作用するために内部循環流が起こることはよく知られており，物質移動を促進する。マイクロチューブ内のスラグ流におけるYoung-Laplace式によると，液滴の圧力損失は(6)式で表される[7,8]。

$$\Delta P = 16 \mu UL/D^2 \tag{6}$$

表1に示すように液滴とチューブ間に働く応力はチューブ径が小さいほど大きくなり，その結果，液滴が小さいほど強い内部循環流が形成し，物質移動速度の増大につながる。このようにマイクロチューブリアクターで液液2相反応を行う場合には，チューブ径が小さいほど界面積と物質移動速度が増大するが，マイクロチューブにかかる全圧が急激に増大することに注意しなければならない。

8.3 BDF合成条件の最適化

マイクロリアクターを用いたBDF合成において最適な操作条件を決定するために反応率に及ぼすメタノール／油モル比および滞留時間の影響を明らかにした。図3に示すようにメタノール／油モル比が高いほど反応率が高くなった[4]。エステル交換反応は平衡反応なので，生成物側に反応をシフトするために，一般には反応物であるメタノール量を過剰にして合成が行われている。一般的な撹拌槽型反応器ではこの比率を6程度にすることで十分な反応率が得られている。マイクロリアクターの場合にメタノール量が多い場合には，(4)式で示すように，メタノール液滴の長さLが長いほど比表面積が増加することで反応速度が増大したものと考えられる。また，油とメタノールの相溶性が温度の増加と共に増大することが反応率に影響する。

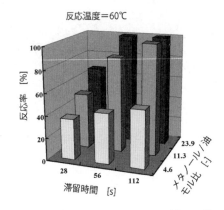

図3 反応率に及ぼすメタノール／油モル比および滞留時間の影響

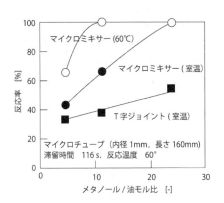

図4 混合促進による反応率増大効果

マイクロ化学デバイスの中で不均相反応に有効なデバイスとしてマイクロミキサーがある。これまではT字型ミキサーで2液を接触させたが，ここではマイクロミキサーとマイクロリアクターを組み合わせてBDF合成を行った[4]。図4に示すように常温で混合したあと，マイクロチューブを加熱してBDF合成をした場合には，メタノール／油モル比が小さいときには混合の影響が小さいが，等量混合した場合には，マイクロミキサーによる混合を行うと，液滴がさらに微細化するために反応率が増大した。マイクロミキサー部を60℃に加熱すると，油とメタノールを等流量で流した条件（メタノール／油モル比＝23.9）では，滞留時間56sで反応率が100％に達した。

Wenら[9]はジグザグの流路を持つマイクロチャネル型反応器でBDF合成を行うと直線状チャネルに比べて反応が促進することを報告している。Yamaguchiら[10]によれば，マイクロチャネル内の屈曲部では遠心力が働き，半径方向に2次流れが起こり，それによって物質移動速度が増大したものと考えられる。Jachuckら[11]は内径1.5mmのPTFE製マイクロチューブを用い，チューブ出口に圧力レギュレータを用いてチューブ内を加圧して反応温度97℃でBDF合成を行っている。マイクロチューブリアクターでは反応が完全に進むと，出口では生成物であるFAME相と副生成物のグリセロールと未反応のメタノールの混合相となるが，この研究で用いたチューブの内径が比較的大きいために重力が影響して，チューブ内で安定な並行2相流ができ分離が容易であると報告している。BDF製造のための工業用撹拌槽型反応器ではこの重力分離に数時間必要であるが，マイクロリアクターでは数分のオーダーで分離が可能である。

8.4 マイクロチューブリアクター内の流動状態と反応特性[5,12,13]

図5に示すマイクロリアクターを用い，KOH触媒によるヒマワリ油および廃食用油のエステル交換反応を行った。同時にチューブ内の流動状態を実体顕微鏡とデジタルカメラを用いて観察した。内径0.4～1.0mmの透明PTFEおよびFEPチューブを用い，メタノールは水溶性の赤色色素

第2章 マイクロリアクターを用いた各種物質製造技術

で着色した。図6はPTFE製マイクロチューブ（長さ100 cm）で観察したヒマワリ油のエステル交換反応時の流動状態を示す。チューブの入口領域では安定なメタノールセグメントと油セグメントからなるスラグ流がみられた。そのあと，油セグメント内に赤色の微細な液滴が生成し，これらの液滴がセグメント内の流れにより循環している状態が観察され，反応が進むにつれてその割合が増加することがわかった。この微細液滴の成分はメタノールと副生成物のグリセロールであった。チューブ中央部では微細液滴が凝集し，チューブ出口では凝集液滴とメタノールセグメントが合一した。流動状態はマイクロチューブの材質に大きく影響を受け，FEP製マイクロチューブを使用したときには，スラグ流が出口付近では均相流に近い状態となった。図7は廃食用油のエステル交換時の流動状態を示す。入り口付近ではヒマワリ油と同様にスラグ流がみられるが，中央部までセグメント同士の凝集が進み，大きなセグメントの変形が起こり並行流となった。しかしながら，ヒマワリ油でみられたグリセロールからなる微細液滴は観察されなかった。

　油相にグリセロールとメタノールからなる微細液滴が生成するのは，メタノールと油の界面で生成したグリセロールは油相には不溶であるが，高い粘性のグリセロールが内部循環流の作用により油相に取り込まれたものと考えられる。界面で起こる現象を明らかにするために懸垂液滴法

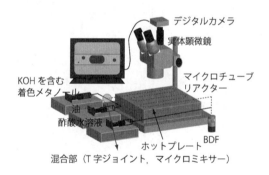

図5　BDF合成用マイクロチューブリアクター

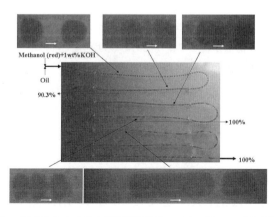

図6　ヒマワリ油のエステル交換反応時のマイクロチューブ内の流動状態

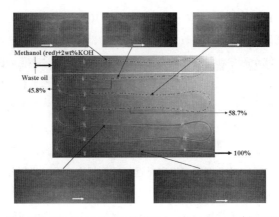

図7　廃食用油のエステル交換反応時のマイクロチューブ内の流動状態

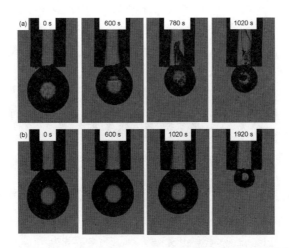

図8　4.5 wt％KOHを含むメタノール中の単一油滴の形状変化
(a)ヒマワリ油，(b)廃食用油

を利用し，エステル交換反応中の反応率とみかけの界面張力を測定した．図8に示すように4.5 wt％のKOHを含むメタノール溶液中にヒマワリ油あるいは廃食用油の単一液滴を形成させて，体積変化と形状から反応率とみかけの界面張力をそれぞれ決定した．エステル交換反応で生成するFAMEとグリセロールはメタノール相に溶解するので，反応と共に油滴の体積が収縮する．図9に示すようにヒマワリ油の液滴体積は反応開始直後から減少するのに対して，廃食用油ではほとんど体積の変化がない．廃食用油では遊離脂肪酸のエステル化反応によって，トリグリセリドのエステル交換反応を阻害していると考えられる．ヒマワリ油に6.6 wt％のオレイン酸を加えた場合の流動状態は廃食用油を用いた場合と同様の流動状態を示した．ヒマワリ油とKOHを含むメタノール間の界面張力は反応の進行と共に減少した．エステル交換反応では中間生成物であるジグリセリドやモノグリセリドの界面活性による影響が考えられるが，油―メタノール系ではこれら

第2章　マイクロリアクターを用いた各種物質製造技術

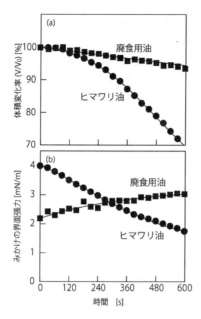

図9　単一油滴の体積変化とメタノール—油間のみかけの界面張力

の化合物の界面活性は低いことから，界面張力が減少したのは生成物のFAMEが影響しているものと考えられる。一方，廃食用油の場合には界面張力は反応時間の経過と共にわずかに増加している。反応時間600秒以内ではトリグリセリドのエステル交換反応より，むしろ遊離脂肪酸の石ケン化反応が主反応であり，界面で生成した石ケンは容易にメタノール相に移動し，結果として界面張力の増加を引き起こしている。反応時間600秒では廃食用油の界面張力はヒマワリ油の界面張力より高くなり，このことが廃食用油ではグリセロールの微細液滴が生成しない原因であると考えられる。マイクロチャネル内の反応あるいは流動状態は界面の影響を強く受けるので，界面特性に関する基礎研究が重要である。

　ジメチルエーテル，ジエチルエーテル，t-ブチルエーテルおよびテトラヒドロフランなどの溶媒は，油とメタノールに可溶であり，これらの共溶媒を加えると均相でBDF合成が可能である。トリグリセリドのエステル交換反応を均相かつ常温で行うと，密閉した反応器を数秒間激しく撹拌するだけで反応が終了した。そこで，マイクロリアクターを用いてジエチルエーテルを共溶媒として常温で均相BDF合成を行ったところ，チューブ入り口では均相であるが，次第にグリセロールの微細液滴が生成し，反応がほぼ終了する領域では凝集してセグメントを形成するようになることがわかった[13]。これらの現象は撹拌槽型反応器では容易に観察することはできない。

8.5　マイクロチューブリアクターを用いた新規BDF合成

　廃食用油には，エステル交換反応を阻害する遊離脂肪酸と水分が含まれている。アルカリ触媒では遊離脂肪酸の石ケン化が進むので，硫酸やp-トルエンスルホン酸などの酸触媒によるBDF合

成が試みられているが，撹拌槽型反応器でFAME収率を上げるためにはメタノール／油モル比を20以上とし，20時間程度の反応時間が必要とされている。Sunら[14]は内径0.6 mmのマイクロチューブとマイクロミキサーを用いて，高脂肪酸油（酸価160 mgKOH/g）からBDFを製造する2段プロセスを開発した。第一段目は3 wt％硫酸触媒を用いて100℃で脂肪酸のエステル交換反応を行い，第二段目はメタノール／油モル比を20として，120℃でトリグリセリドのエステル交換反応を行った。その結果，滞留時間12分でFAME収率が99.5％に達したと報告している。

アルカリあるいは酸の均相触媒を用いた場合には，反応生成物から触媒に由来する無機物を除去するために多量の水を用いた洗浄が必要である。固体触媒を用いることができれば分離精製過程を簡略化できる。Kaluら[15]は，将来的にチャネル壁面に固体触媒を担持するための予備検討として，スリット状マイクロチャネル反応器を用いてBDF合成を行っている。今後は活性が高く，再生の容易な固体触媒の開発を行うと共に，マイクロリアクターへの適用を考えると固体触媒の担持法が重要である。

無触媒でトリグリセリドのエステル交換反応を行うために超臨界状態を利用する方法がある。Trentinら[16~17]は超臨界エタノールとなる反応温度250～325℃，圧力20 MPaの条件で，二酸化炭素を共溶媒として大豆油のエステル交換により脂肪酸エチルエステル（FAEE）を合成した。325℃でエタノール／油モル比を20とした場合，FAEE収率は約80％であった。超臨界法を含めた高温高圧法では触媒および分離精製にかかるコストが削減できる一方で，超臨界状態を維持するために必要なエネルギーの評価が必要である。

8.6 おわりに

マイクロリアクターを用いたBDF合成は高速でエステル交換反応が進み，生成した未反応メタノール相とBDF相との分離が容易であり，わが国で行われている廃食用油による小規模BDF生産に適した方法である。今後は廃食用油などの高酸価油に対応するため，固体酸触媒をマイクロチャネル壁に担持したリアクターの開発が期待される。また，透明なマイクロチャネルを用いればチューブ内の流動状態の観察が可能であり，撹拌槽型反応器内で起こっている現象を調査するツールとしてマイクロチューブリアクターを利用することができる。

文　　献

1) 官国清，草壁克己，化学装置，**50**, 29（2008）
2) 官国清，孫誠模，草壁克己，環境浄化技術，**8**, 29（2009）
3) 草壁克己，外輪健一郎，マイクロリアクタ入門，米田出版（2006）
4) G. Guan *et al., Chem. Eng. Trans.*, **14**, 237（2008）

5) G. Guan *et al.*, *AIChE J.*, **56**, 1383 (2010)
6) J. Sun *et al.*, *Ind. Eng. Chem. Res.*, **47**, 1398 (2008)
7) M. N. Kashid *et al.*, *Chem. Eng. J.*, **131**, 1 (2007)
8) Z. Horvolgyi *et al.*, *Colloids Surf.*, **55**, 257 (1991)
9) Z. Wen *et al.*, *Bioresource Technol.*, **100**, 3054 (2009)
10) Y. Yamaguchi *et al.*, *AIChE J.*, **50**, 1530 (2004)
11) R. Jachuck, *J. Envuron. Monit.*, **11**, 642 (2009)
12) G. Guan *et al.*, *Ind. Eng. Chem. Res.*, **48**, 1357 (2009)
13) G. Guan *et al.*, *Chem. Eng. J.*, **146**, 302 (2009)
14) P. Sun *et al.*, *Chem. Eng. J.*, **162**, 364 (2010)
15) E. E. Kalu *et al.*, *Bioresource Technol.*, **102**, 4456 (2011)
16) C. M. Trentin *et al.*, *Fuel Process. Technol.*, **92**, 952 (2011)
17) C. M. Trentin *et al.*, *J. Supercritical Fluids*, **56**, 283 (2011)

9 気液マイクロリアクターを用いたピルビン酸の製造

安川隼也*

9.1 はじめに

近年,石油資源枯渇,地球温暖化防止の観点から脱石油を目的としたバイオリファイナリー技術に関する研究開発が活発化している。これは,汎用性の高いアクリル樹脂の原料であるMMA(メチルメタクリレート)をはじめとした,様々な樹脂製品を製造する当社においても例外ではなく,環境負荷の少ない原料を用いた樹脂製品の製造技術の開発に取り組んでいる[1]。

ここでは持続可能な原料から汎用性の高い樹脂製品を製造するプロセスの開発を目的として,乳酸エチルを,液相中でピルビン酸エチルへ変換する反応を紹介する。この反応は均一バナジウム系触媒と酸素ガスを利用する気液酸化反応である(図1)。原料である乳酸およびそのエステル類は生分解性ポリマー事業の活発化に伴う低価格化が進み,安定したバイオマス原料の供給源となる可能性を持つ化合物である[2]。またピルビン酸エチルは香料,顔料,各種機能化学品の中間体として有用なだけではなく,高い透明性や耐熱性を特徴とするアクリレートポリマーの中間体にもなりうる[3]。このことから本反応を高効率,高選択的なプロセスとして技術を構築できれば,量産型のバイオマス由来アクリレートポリマー製造プロセス開発への展開が期待できる。

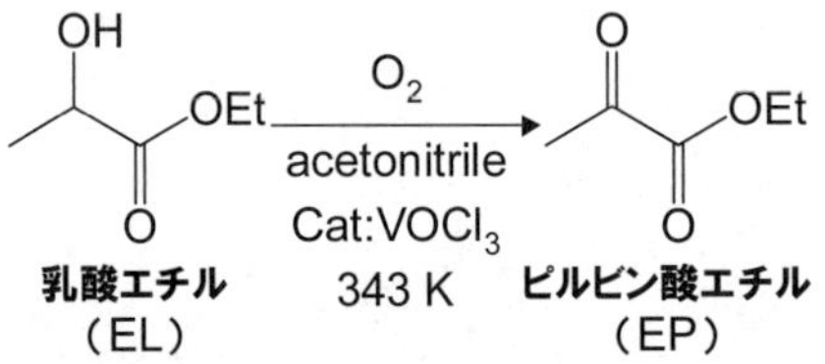

図1 乳酸エチルの気液酸化反応によるピルビン酸エチルの生成スキーム

9.2 マイクロリアクターの適用

内部構造に微小な流路を含み,その微小な流路における流れの持つ特徴を利用することを狙いとしたマイクロリアクターでは気体と液体を流通させながら接触させた場合に,ある流通条件では気液スラグが発生する。この気液スラグが発生した反応場では,大きく均一な体積あたりの気液界面積が得られると同時に,界面積の大きさを容易に知ることができる[4]。また,スラグ内部の循環流により,スラグ内部の混合が促進され,物質移動係数が大きくなる[5]。さらに軸方向の分散が抑えられることで,滞留時間分布が狭く,正確に制御できる[6]。一方で,マクロな装置と比較すると処理量が少なくなることや,圧力損失がつきやすい反応器になってしまうという特徴も同時に存在するが,反応の特性を生かせば,十分に化学品の製造プロセスに適用可能である。

---

* Toshiya Yasukawa 三菱レイヨン㈱ 中央技術研究所 触媒研究グループ 副主任研究員

第2章　マイクロリアクターを用いた各種物質製造技術

9.3　乳酸エチルの酸化反応へのマイクロリアクターの適用

　液相で効率よく進行する乳酸エチルの酸化反応について，操作方法による反応性の比較を行った。50 mLフラスコを用いたバッチ操作（単位体積あたりの気液接触面積は196.25 mm^2/mL）と，マイクロリアクター（図2）による気液スラグ流を用いた反応（気液混合直後の単位体積あたりの気液接触面積は363.59 mm^2/mL）では，気液スラグ流を利用した場合に劇的にピルビン酸エチルの生成速度が改善される（図3）。本反応はオキシバナジウム種が量論的に第二級アルコールを酸化し，対応するケトンを生成したあと，溶存酸素によってバナジウム種が再酸化される機構で反応が進行するため，反応液中の溶存酸素濃度が反応速度に大きな影響を与える（図4）[7,8]。つまり，フラスコによる反応では，気液間の物質移動速度が十分でなく物質移動律速となっている

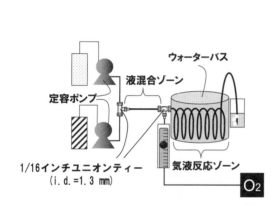

図2　マイクロリアクターを利用した反応装置概要
液混合ゾーン：内径0.5 mm，気液反応ゾーン：内径1.0 mm

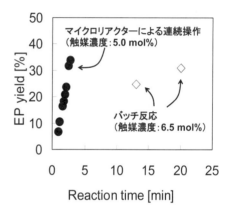

図3　マイクロリアクターを用いた操作の優位性（反応温度：70℃）

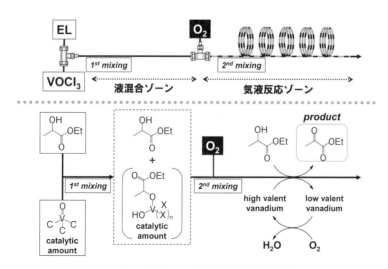

図4　乳酸エチル酸化反応の反応機構

ことに対して，気液マイクロスラグを適用した反応の場合，その特徴である気液接触面積の増大と，各スラグ内部で発生する循環流により気液接触界面が積極的に更新される効果[9]で気液間の物質移動速度が改善され，常に溶存酸素濃度が高い状態に保たれ反応律速となったために，ピルビン酸エチルの生成速度を改善できたといえる。

9.4 気液スラグ流の流動状態と反応成績
9.4.1 気液流量比の変更に伴うスラグ長さの変化

前節でも述べたように，乳酸エチルを効率よく反応させるためには気液スラグを安定に維持し，気液間物質移動を十分な速度で行う必要がある。このため気液スラグ流の流動特性を把握し反応に最適な条件を見出すために，反応溶媒と反応ガスを用いて流動操作探索実験を行い，以下の項目について検討した。

① 種々の流量条件における気液スラグ流の安定性
② 気液流量の変更に伴う液スラグ長さの変化
③ 気液スラグ流を形成した流れの圧力損失

実験は図2に示した装置で行い，流通する溶液は反応溶媒であるアセトニトリルと反応ガスである酸素ガスを用いた。以降，F_lは液総流量，F_gはガス初期流量を表すものとする。①の検討では②および③のすべての流量条件における流動状態を確認した。②の検討を行う際の気液流量は(a)気液総流量一定（$F_{total}=4.0\,\mathrm{mL/min}$, $F_g/F_l=0.33\sim3.0$），(b)液流量一定（$F_l=2.0\,\mathrm{mL/min}$, $F_g/F_l=0.5\sim2.0$），(c)気液流量比一定（$F_g/F_l=1.0$, $F_{total}=2.0\sim6.0\,\mathrm{mL/min}$）とし，気液流量比（$F_g/F_l$）を変更させた場合の液スラグ長さを測定した。③の検討を行う際には，気液混合用のユニオンティー直前に圧力損失計を設置し，4.0 mL/minの条件でアセトニトリルのみ流通させた場合と，$F_l=4.0\,\mathrm{mL/min}$, $F_g=4.0\,\mathrm{mL/min}$の流量条件でアセトニトリルと酸素ガスを流通させた場合について測定を行った。このときの流路長は40 mとした。

① 種々の流量条件における気液スラグ流の安定性

気液二相流の場合，F_g/F_lが著しく小さい場合は気泡流となり，著しく大きい場合は環状流となるケースが多いが，前述の②および③のすべての流量条件で安定した気液スラグ流を形成していることを確認した。

② 気液流量の変更に伴う液スラグ長さの変化

図5に気液流量比（F_g/F_l）の変更に伴う液スラグ長さの変化をまとめる。液スラグ長さが短くなる場合は単位体積あたりの気液接触界面の増加に伴い気液間物質移動が促進される。グラフよりF_g/F_lが大きくなるような流量条件の場合に液スラグ長さが短くなるので，気液接触界面の増加のみを目的とする場合はF_g/F_lを大きくすればよい（図5）。しかしながら，工業化を目指す場合にはF_g/F_lを大きくすると装置の肥大化に伴い装置コストが大きくなりプロセスとしてコストメリットが小さくなる。ゆえに反応成績を加味し必要な気液間物質移動速度のみを確保する程度のF_g/F_lの決定が必要と考える。

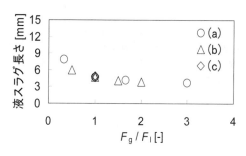

図5 F_g/F_lと液スラグ長さの関係

③ 気液スラグ流を形成した流れの圧力損失

アセトニトリルのみを4.0 mL/minで流通させた場合の圧力損失はHagen-Poiseuilleの式に従い得られる理論値と実測値がほぼ一致し，ここに等流量（4.0 mL/min）の酸素ガスを導入するとアセトニトリル4.0 mL/minの場合に生じる圧力損失理論値の1.76倍の圧力損失であった。このことから流路長，流速の変化から，内部圧力を予測するのは容易である。ただし，反応液と流路の材質が変更される場合にはこの限りではなく，随時確認が必要と考える。

9.4.2 スラグ長さ変更に伴う反応成績の変化

前項の結果を踏まえて乳酸エチルの酸化反応を実施した。触媒量は5 mol％とし，滞留時間は気液反応ゾーンの流路長を任意に変更し調整した。この検討ではF_g/F_lは0.33～3.0となり，相当する液スラグ長さの反応への影響を確認できる。またEntry 2および6ではF_g/F_lを一定とし，気液スラグ流の流速を変更して，スラグ内部の循環効果の促進に伴う反応性への影響を確認した（表1）。結果を図6のグラフに示す。グラフの横軸（Residence time）は反応液の気液反応ゾーン内の滞留時間であり，バッチ操作における反応時間と同義である。この条件下では，気液界面が増加しても反応性は変化しないことがわかった。これは，今回の条件中，最も液スラグ長さが長く

表1 液スラグ長さの反応への影響を確認する流通条件

Entry	乳酸エチル溶液流量 [mL/min]	VOCl$_3$溶液流量 [mL/min]	F_l [mL/min]	F_g [mL/min]	F_{total} [mL/min]	F_g/F_l
1	1.5	1.5	3.0	1.0	4.0	0.33
2	1.0	1.0	2.0	2.0	4.0	1.0
3	0.75	0.75	1.5	2.5	4.0	1.67
4	0.5	0.5	1.0	3.0	4.0	3.0
5	1.0	1.0	2.0	1.0	3.0	0.5
6	2.0	2.0	4.0	4.0	8.0	1.0
7	1.0	1.0	2.0	3.0	5.0	1.5
8	1.0	1.0	2.0	4.0	6.0	2.0

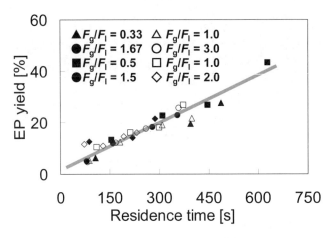

図6 F_g/F_lの反応への影響

気液間物質移動速度が遅い条件（Entry 1, $F_g/F_l=0.33$）において，既に反応による溶存酸素の消費速度よりも気液間物質移動速度が圧倒的に速く，完全に反応律速の状態になっていることを示す．これは単純に気液スラグの効果ともいえるが，反応液と流路材質の組み合わせによっては，気体スラグの壁面が反応液で濡れていて，その部分のガス吸収の効果も含んでいる可能性があり，材質変更時には注意すべき点である．

9.5 スケールアップを目的とした反応解析と安定操作法の探索
9.5.1 乳酸エチル酸化反応の速度解析

マイクロ〜ミリオーダーの流路を利用する反応操作では，工業的に十分な生産速度を確保する方法を開発する必要がある．通常，マイクロチャネルを多層チャネル化することやさらに同じ形状のマイクロリアクターを集積化するナンバリングアップの手法がとられる[10]．そこで工業的な製造方法へステージアップするために適した操作および装置特性を提示することを目的として，反応速度解析を行った．

乳酸エチルの酸化反応によるピルビン酸エチル生成反応の反応速度には，反応場の乳酸エチルと酸素ガスの濃度が関わっているが，前項において，気液スラグ流が安定に流れている操作領域においては溶存酸素濃度が一定に保持されることを示した．さらに本反応は乳酸エチルの濃度に対して一次反応であるため反応速度式は，

$$r = k_T C_{EL}$$

と表すことができる．このとき各温度における速度定数の比は，

$$k_{25} : k_{35} : k_{50} = 1.00 : 1.55 : 2.84$$

と決定され，25℃に比べ50℃では3倍弱の反応速度を有していた[8]．

第2章 マイクロリアクターを用いた各種物質製造技術

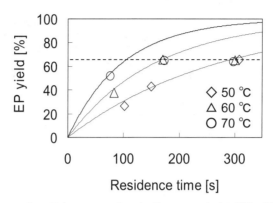

図7 50〜70℃の反応におけるピルビン酸エチルの収率と滞留時間の関係

次に、工業化を目的として触媒量を低減させて検討を行った（半分の2.5mol％）。反応温度は工場廃熱を利用することを考慮して50〜70℃とし、このときの流路長は20m、30m、および40mとした。反応の結果を示す（図7）。図中の実線は50℃、60℃および70℃の各温度において流速のみ異なる反応律速条件下の実験より求めた活性化エネルギー、頻度因子を用いて計算した線である。この操作条件においては、ピルビン酸エチルの収率は64〜66％までしか得られず、すべての温度条件において、40mの地点で気体のスラグ流は消失し小さな気泡が不規則に流れていた。また70℃で行った実験の場合、既に30mの時点でスラグが消失して気泡が発生していたが、40mの出口においても同様に気泡が維持されていた。このとき反応液中のピルビン酸エチルの濃度は変わらなかった。このことから、この現象は反応に使用された酸素ガスの体積が減少し、気体スラグが維持できなくなったために生じたと考える。

9.5.2 気液スラグの安定操作条件の探索

反応の進行に伴い酸素ガスが消費され、ガスの体積がある閾値を下回ると気液スラグ流が維持されずに気泡流へと変化する現象を回避するためには、常に一定以上の気体体積を保持する必要がある。これに対して、酸素ガス消費に対し、段階的な酸素ガスの導入によりガス体積を維持する手法について検討を行った。前目の図7に示した反応の高反応率領域では、酸素ガスが消費され気体スラグを維持できなくなったことから、反応が停止した位置の酸素ガス体積を算出し、気体スラグを安定に維持するために必要な閾値を求めた。計算結果より、各条件ともに気液スラグ流を維持するための気体スラグ長さ下限値は1.4〜1.5mmであった。本反応操作では気液反応ゾーンの内径は1.0mmなので、安定限界アスペクト比（λ_{cr}）は1.4といえる。これを考慮すると、反応装置をよりコンパクトに設計し安定した気液スラグ流を維持するためには、気体スラグのアスペクト比（λ）を1.4以上に保つように消費された酸素ガスを段階的に追加導入する操作方法が適切であるといえる。

続いて、反応温度70℃の場合の反応速度定数k_{70}を用いて、①$F_g/F_l=1.0$, $F_{total}=4.0$mL/minの条件と②$F_g/F_l=0.5$, $F_{total}=3.0$mL/minの条件において、以下のような多段階酸素導入操作を行った場合の、滞留時間に対するピルビン酸エチルの収率および気体スラグのλをプロットした。

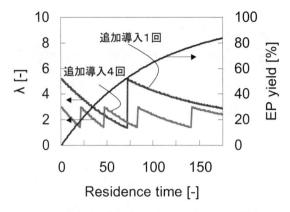

図8　酸素ガス追加導入を行った場合のλの推移

① 反応の進行に伴い$\lambda = 1.4$となった場合に初期F_g/F_lに戻るように酸素ガスを追加導入する（追加1回）。
② 反応の進行に伴い$\lambda = 1.4$となった場合に初期F_g/F_lに戻るように酸素ガスを追加導入する（追加4回）。

以下に計算結果をまとめる（図8）。このように，分割回数を上げて酸素ガスの流量条件を低くすることも可能である。しかし導入操作を考えるとあまり多い回数は現実的ではない。また，得られた流速を線形で近似し，その解より得られた反応装置長さは以下の通りである。

① 11.22 m（反応ゾーン1, 2：4.82 m, 6.40 m）
② 8.97 m（反応ゾーン1～4：1.16 m, 1.46 m, 2.05 m, 3.36 m, 0.94 m）

両操作法を比較すると，追加導入1回では流速が37％以上変動することに対して，追加導入4回では低流量（低圧損）で流量変動幅17％程度に抑えられる。スケールアップする手段として多流路化が考えられるが，各流路への均一な流体の分配を達成するためには精密な圧力のコントロールが必要となる。このとき，流量変動幅が大きいと各流路で同じ流動状態を維持することが難しくなり，外乱が入った場合に逆流する流路も出てくる可能性がある。よって，4回程度の分割導入の方が好ましいと判断する。

以上，本研究において，気液の流量条件の変更により気液スラグ長の比を任意に制御できることを示し，溶存酸素濃度の影響が大きい本反応において，ここで示したマイクロリアクターにおける気液スラグ流を用いれば，ある条件範囲で反応律速のもと反応を進行できることを明らかにするとともに，反応速度定数，活性化エネルギーを決定した。これによって，スケールアップ設計に必要な基盤データが整った。さらに反応後期には気体スラグが小さくなり反応が停止する現象が見られたが，これは気体スラグアスペクト比が1.4以下になり酸素の物質移動速度が大きく低下することに起因することが明らかになった。また，これを回避する方法として，酸素の分割投入法を提案し，その有効性を検証した。今後，この方針のもと多流路デバイスを試作し大量生産プロセスの開発へと展開していく予定である。

9.6 まとめ

ここで紹介した事例では，バイオマス由来原料である乳酸エチルを用いて，機能化学品や樹脂製品へ広く展開可能な中間体であるピルビン酸エチルを製造する反応に，気液マイクロリアクターを適用した内容を紹介した。本研究では気液マイクロスラグ流の特徴を駆使して，スケールアップ検討に必要な精密な反応速度解析や，その結果を利用した流通状態の安定操作法の予測を行い，反応装置および設備の設計へ繋げた。本稿が汎用化学品製造へマイクロプロセスを適用する可能性を示すことを期待している。

謝辞

本研究は新エネルギー・産業技術総合開発機構（NEDO）から受託したプロジェクト「グリーンサステイナブルケミカルプロセス基盤技術開発」に関するものである。ここに感謝の意を申し上げる。

文　　献

1) 三菱レイヨン㈱プレスリリース，2011年11月9日，http://www.mrc.co.jp/press/p11/111109.html
2) 湯川，乾，横山，沖野，吉田，村上，㈶地球環境産業技術研究機構編，図解 バイオリファイナリー最前線，141-181（2008）
3) W. Ninomiya, M. Sadakane, S. Matsuoka, H. Nakamura, H. Naitou, W. Ueda, *Green Chem.*, **11**, 1666-1674（2009）
4) Y. Jun, L. Luob, Y. Gonthierb, G. Chena, Q. Yuan, *Chem. Eng. Sci.*, **63**, 4189-4202（2008）
5) A. Serizawa, Z. Feng, Z. Kawara, *Exp. Therm. Fluid Sci.*, **26**, 703-714（2002）
6) C. Y. Lee, S. Y. Lee, *Int. J. Multiphase Flow*, **34**, 706-711（2008）
7) Y. Maeda, N. Kakiuchi, S. Matsumura, T. Nishimura, T. Kawamura, S. Uemura, *J. Org. Chem.*, **67**, 6718-6724（2002）
8) T. Yasukawa, W. Ninomiya, K. Ooyachi, N. Aoki, K. Mae, *Ind. Eng. Chem. Res.*, **50**, 3858-3863（2011）
9) H. Verena, V. Hessel, H. Löwe, G. Menges, M. J. F. Warnier, E. V. Rebrov, M. H. J. M. de Croon, J. C. Schouten, M. A. Liauw, *Chem. Eng. Tech.*, **29**(9), 1015-1026（2006）
10) 草壁，外輪，マイクロリアクター入門，152-155，米田出版（2008）

10 マイクロリアクターを用いたラジカル重合，カチオン重合

岩崎　猛*

10.1 はじめに

　重合反応は一般的に高速で発熱の大きい反応であり，重合熱の発生により反応器中に温度分布を生じると得られるポリマーの分子量分布が拡大したり，共重合反応ではポリマーの共重合組成分布が不均一化する課題が発生する。本節では，マイクロリアクターの持つ精密温度制御，高速混合，精密滞留時間制御といった特長を活用することにより，ラジカル重合，カチオン重合の制御に取り組んだ事例について記す。また，マイクロリアクターのナンバリングアップ（流路の並列化）手法を用いてスケールアップし，連続運転を実証した内容をあわせて紹介する。

10.2 マイクロリアクターを用いたラジカル重合[1,2]

　ラジカル重合は反応熱の発生が大きい反応であり，生成するポリマーの分子量は反応温度で変化するため，分子量のそろったポリマーを合成するためには反応場の温度制御が重要である。バッチリアクターの場合，反応容器が大きくなるにつれ攪拌効率と熱交換（除熱）効率が低下し，反応場の温度が不均一となるため，生成ポリマーの分子量分布が拡大してしまう。マイクロリアクターの高効率な熱交換特性を活用して，反応温度を精密に制御することにより，分子量分布の狭いポリマーを合成することができる。

10.2.1 装置・実験方法

　図1に示す装置を使用して重合反応を実施した。モノマーとラジカル重合開始剤溶液を内径800 μmのT字ミキサーで合流させ，内径250 μmのマイクロチューブを通じて充分な混合を施したあとに，反応温度に加熱した内径500 μmのマイクロチューブ内で重合反応を行い，引き続き冷却して生成ポリマーを含む溶液をチューブの出口から採取した。

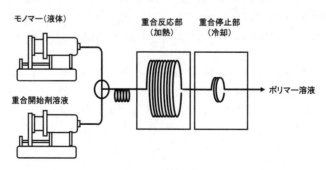

図1　ラジカル重合に用いたマイクロリアクターの構成

＊　Takeshi Iwasaki　出光興産㈱　機能材料研究所　化学品開発センター　研究主任

第2章　マイクロリアクターを用いた各種物質製造技術

10.2.2　マイクロリアクターの熱交換特性の評価

使用したステンレス製のマイクロチューブの熱交換特性を，反応速度が既知である化合物の反応速度を実測することで確認した。重合開始剤である2,2-アゾビスイソブチロニトリル（AIBN）の溶液を図1の装置に流通させ，80℃と100℃での分解速度を既報値と比較したところ，両者は完全に一致し，マイクロチューブの内部が，設定した反応温度（熱媒温度）と滞留時間を正確に実現していることが示された。また，モノマーであるメタクリル酸メチル（MMA）を共存させて同じ実験を行った。MMAの重合熱の発生によりチューブ内部の温度が上昇すればAIBNの分解速度が増加する結果となるが，AIBNの分解速度は同様に既報値に一致し，用いたシステムが重合熱の除熱についても充分な能力を持っていることが確認された（図2）。

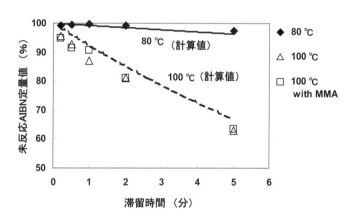

図2　マイクロリアクターでのAIBNの分解速度と計算値との比較

10.2.3　重合評価の結果

ブチルアクリレート（BA）の重合を実施し，バッチ法（15 mL）との比較を行った。ブチルアクリレートは非常に重合速度が速いモノマー種であり，重合反応は数分でほぼ完結していた。図3に示すように，マイクロリアクターを用いて得られたポリマーの分子量分布は，バッチ法でのポリマーよりも顕著に狭いものであった。マイクロリアクターの持つ精密温度制御（反応温度までの急速昇温，重合熱の効率的除熱）の効果により，生成ポリマーの分子量の均一性が向上したものと考えることができる。

種々のモノマー種を用いて同様に評価を実施した結果を図4に示す。ベンジルメタクリレート（BMA）やMMAでは，分子量分布に対するマイクロリアクターの効果はBAの場合より小さくなり，安息香酸ビニル（VBz），スチレン（St）といったモノマーではマイクロリアクターの効果はほとんど見られなかった。この傾向は重合速度の大小を反映している。すなわち，重合速度が速いモノマー種ほど単位時間あたりの発熱量が大きくなり，マイクロリアクターの除熱効果が発揮されるのに対して，発熱が温和な条件ではマイクロリアクターの精密温度制御による分子量

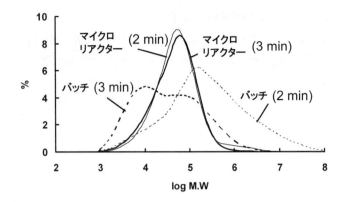

図3　ブチルアクリレートポリマーの分子量分布の比較

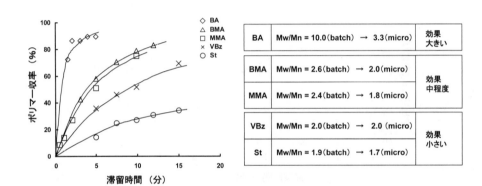

図4　モノマー種による重合速度とマイクロリアクターの効果

分布への効果は縮小するものと説明できる。

10.3　ナンバリングアップリアクターと連続運転[3]

マイクロリアクターに対する期待のひとつはナンバリングアップによるスケールアップである。その際，工業的な適用を考えた場合に，マイクロ流路内の閉塞などのトラブルなく連続運転が可能であることが肝要となる。ラジカル重合において，これらに関して検討した事例について次に記す。

10.3.1　ナンバリングアップリアクターの設計

写真1に示すシェル＆チューブ型ナンバリングアップリアクターを設計，製作した。このデバイスは，5つのシェルがチューブの継ぎ手を介して連結されている（全長908 mm）。最初のシェルでは1本のチューブを段階的に8本に分岐し，2番目から4番目のシェル内には，コイル状に巻いた1.95 mのマイクロチューブを8本ずつ設置して重合を行う（反応管は，内径250 μm，500 μm，1000 μmから選択）。最後のシェルでは，8本のチューブを1本に合流させ，同時に冷却

を行って重合反応を停止させる。

このリアクターデバイスは,実用に際して重要な以下の特長を有している。

① 偏流の防止

並列化の本数を8本に抑えることにより,流路ごとの偏流の発生を抑制できる構造である。また,最後のシェルでチューブを合流させず,8本のまま取り出して各流路の流通液量をチェックすれば,偏流の有無を容易に確認できる構造である。

② 反応管内径の段階的な拡大

一般的にモノマー濃度が高い初期段階に多くの重合熱が発生するため,その段階での高い熱交換特性が求められる。内径の小さいマイクロチューブは熱交換特性に優れるが,一方で圧力損失の増大を引き起こす。このリアクターデバイスでは,各反応シェルで異なる内径の反応管を使用することができるので,最初のシェルでは内径の小さい反応管を使用し,後半では反応管の内径を拡大することで圧力損失の抑制と精密温度制御を両立し,かつ反応器の体積を増やすことでスループットを高めることができる。

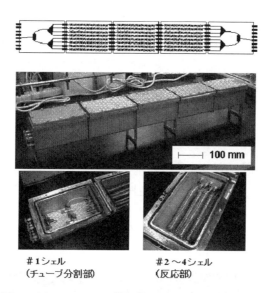

#1シェル
(チューブ分割部)

#2〜4シェル
(反応部)

写真1　シェル＆チューブ型ナンバリングアップリアクター

表1　ナンバリングアップデバイスの試験結果（モノマー：BA）

リアクタータイプ	リアクター体積 (mL)	滞留時間 (分)	収率 (%)	分子量 (M_n)	分子量分布 (M_w/M_n)
シングル流路 0.25 + 0.5 + 1.0 φ	2.1	5.0	87.1	31,500	2.57
ナンバリングアップ 0.25 + 0.5 + 1.0 φ	16.1	5.0	93.5	31,000	2.61

③ シンプルで修復可能な構造

製作に複雑な微細加工技術を一切必要としないため、製作コストを抑制できる。また、閉塞などのトラブルが発生した場合は反応管チューブを交換することにより容易に復旧が可能である。

本リアクターデバイスを用いてBAの重合を行った結果を表1に示す。シングル流路と同一の収率、ポリマー分子量、分子量分布が得られ、偏流の発生などの問題なく、ナンバリングアップリアクターによるスループット向上が示された。

10.3.2 パイロット装置による連続運転

上述のリアクターデバイスを組み込んだパイロット装置を製作した。プロセスの構成を図5に、外観を写真2に示す。装置のサイズは、幅3.5m、奥行き0.9mであり、原料タンク、送液ポンプ、

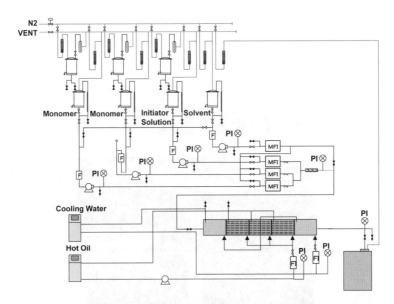

図5 マイクロリアクターパイロットプロセスの構成

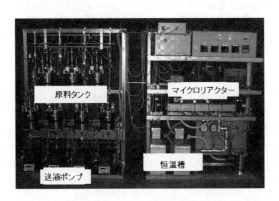

写真2 パイロット装置外観

第2章 マイクロリアクターを用いた各種物質製造技術

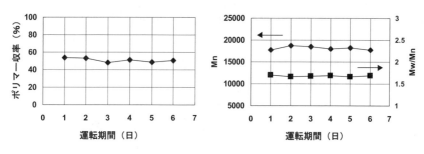

図6 MMAでの連続運転の結果
（ポリマー収率，分子量，分子量分布）

恒温槽，計装が装置の大部分のスペースを占めることがわかる。一例として，6日間のMMA重合の結果を図6に示した（重合温度100℃，滞留時間18.4分）。一定の反応成績（ポリマー収率，分子量，分子量分布）が得られており，反応器圧力の増大や反応温度の変動もなく，安定に運転は推移した。

10.4 マイクロリアクターを用いたカチオン重合

カチオン重合は，高速かつ発熱の大きい反応であり，構造の制御されたポリマーを得ることが非常に困難であるために，分子量の均一なポリマーを得るためには，通常−78℃といった極低温で反応を実施する。生長活性種とドーマント種との平衡を形成する触媒系によりリビングカチオン重合が実現されたことはカチオン重合の制御性を大きく前進させたが，このような触媒系では重合速度が遅くなることが一般的である。

吉田らは，電解によって発生させたカチオン種（カチオンプール法）を重合開始剤に用いたカチオン重合をマイクロリアクターで行い，ドーマント種への平衡を利用しない，非常に高速なリビングカチオン重合を実現した[4]。本項では，実用性の観点から重合開始剤として市販のプロトン酸を用いた結果について以下に記す。

10.4.1 装置・実験方法

装置の概要を図7に示す。マルチラミネート型マイクロミキサー（M1, M2, IMM製，チャ

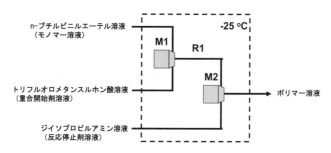

図7 カチオン重合用マイクロリアクターの構成
（M：ミキサー，R：リアクター）

ネル幅40μm）とマイクロチューブ（R1，内径500μm，25cm）を用いた。トリフルオロメタンスルホン酸（TfOH）の溶液とブチルビニルエーテル（NBVE）の溶液をM1に導入し，R1内で重合を行った（滞留時間0.3秒）。M2で停止剤と合流させることにより重合を終結させた。

10.4.2 ビニルエーテルの重合結果

−25℃での重合の結果，モノマー転化率は100％であり，滞留時間の0.3秒以内に重合反応は完結していた。図8に示したように，モノマー／重合開始剤の濃度比に対して分子量はリニアに増加し，連鎖移動反応が無視できるリビング重合となっていることが示された（Mw/Mn＝1.2〜1.5）。同一条件でのバッチ重合（25mLスケール）では，モノマー／重合開始剤の濃度比で分子量はまったく制御されず，分子量分布も大きかった（Mw/Mn＝2.8〜4.6）。マルチラミネート型マイクロミキサーを，よりシンプルな構造のT字型マイクロミキサーに変えても同等の精度のリビングカチオン重合を実現できることも示された[5]。

リビング重合の挙動が確認されたことから，モノマーを二段階に導入し，ブロックコポリマーの合成を試みた。25等量のn-ブチルビニルエーテルをTfOHと混合して重合反応を行った後，反応停止剤による重合反応の終結を行わずに25等量のイソブチルビニルエーテルをM2で合流させて連続して反応させたところ，二段目のモノマーを導入せずに重合した場合より，約2倍の分子

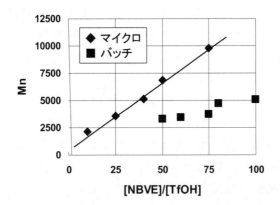

図8　ポリビニルエーテルの分子量制御

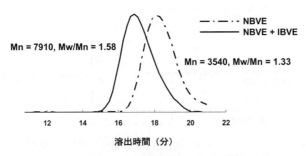

図9　カチオン重合での2段階重合による分子量の変化

第2章 マイクロリアクターを用いた各種物質製造技術

量となったブロックコポリマーを得ることができた（図9）。

　以上のカチオン重合の高度な精密制御は，マイクロミキサーによる高速混合とマイクロチューブによる高効率な熱交換により，設定したモノマー／開始剤比率を瞬時に実現し，重合熱による反応場の温度上昇が抑制されたことにより達成されたものと考えることができる。

10.5 まとめ

　マイクロリアクターという"器"の持つ能力によって，ラジカル重合，カチオン重合の反応選択性を向上させた研究事例を紹介した。バッチリアクターでは制御が困難な高速・高発熱反応を，マイクロリアクターを用いることによって反応速度論に基づく本来の反応の選択性に近づけることができる。すなわち，ラジカル重合ではマイクロリアクターの高効率な熱交換特性を活用し，反応場の温度を精密に制御することにより分子量分布の狭いポリマーを合成することができ，さらにナンバリングアップによるスケールアップ，連続運転を実証した。またカチオン重合ではモノマーと重合開始剤をマイクロミキサーによって瞬時に混合し，マイクロリアクターによる反応場の精密温度制御を行うことにより，リビング重合触媒を用いないリビングカチオン重合を実現することができた。

　本節は，㈱新エネルギー・産業技術総合開発機構（NEDO）委託事業「マイクロ分析・生産システムプロジェクト」および京都大学工学研究科・吉田潤一教授との共同研究での成果をまとめたものである。

文　　献

1) T. Iwasaki, J. Yoshida, *Macromolecules*, **38**(4), 1159 (2005)
2) J. Yoshida, A. Nagaki, T. Iwasaki, S. Suga, *Chem. Eng. Technol.*, **28**(3), 259 (2005)
3) T. Iwasaki, N. Kawano, J. Yoshida, *Org. Process Res. Dev.*, **10**(6), 1126 (2006)
4) A. Nagaki, K. Kawamura, S. Suga, T. Ando, M. Sawamoto, J. Yoshida, *J. Am. Chem. Soc.*, **126**, 14702 (2004)
5) T. Iwasaki, A. Nagaki, J. Yoshida, *Chem. Commun.*, 1263 (2007)

11 マイクロリアクターを用いたポリイミドナノ構造体の連続作製

石坂孝之[*1], 川波 肇[*2], 鈴木敏重[*3]

11.1 はじめに

　ナノ粒子，ナノ構造体などのナノ材料は，バルク材料とは異なる機能を発現することから様々な手法での作製が検討されてきたが，その手法のほとんどがバッチ法であった。また，ナノ粒子は表面エネルギーが高いため凝集し易く，この凝集を防ぐためにどうするかという常につきまとう問題に対して，主に局所的な濃度上昇を避けることにより解決されてきた。つまり，時間をかけて原料を混合，作製されたり，非常に希薄な条件下で作製されることが多かった。このように，たとえ良い材料ができたとしても大量製造に不向きなため，そのあとの応用研究や実用化は困難となってしまう。マイクロリアクターの持つ迅速混合性，迅速温度制御性，そして特に，これらの迅速な逐次操作性という特徴をうまく利用することにより，凝集を制御し，かつ，大量製造に耐えうるナノ材料作製を達成できると考えられる。そこで，本節では，マイクロリアクターを用いて初めて可能となったエマルジョン再沈法という手法を用いたポリイミドナノ粒子，ナノ構造体の作製について紹介する。

11.2 マイクロリアクターを用いた微粒子の作製

　マイクロリアクターは，マイクロメートルサイズの流路から構成されるリアクターであり，精密流量制御，迅速混合，迅速温度制御が可能といった特徴がある。これらについては，スケーリング効果[1,2)]によって説明することができる。代表長さL（流路幅）が，mからμmのオーダーに減少すると，L^3で表される体積は10^{-18}に減少する。このため，流量を精密に制御することができる。また，マイクロ流路では，流路幅が狭いために層流を形成することが多いが，このとき，混合に関与する物質移動は分子拡散によって支配され，Fickの法則に従う。つまり，拡散時間tと代表長さLとは，$t \propto L^2$の関係があり，mからμmへのスケールダウンにより拡散時間は10^{-12}に減少し，迅速に混合されることになる。さらに，伝導伝熱はFourierの法則に従うため，分子拡散と同様な効果をもたらす。加えて，単位体積あたりの表面積は，流路幅の減少に伴い劇的に増加するため，迅速加熱，迅速冷却といった迅速温度制御が可能となる。

　これまでに，これらの効果を有効に利用した微粒子作製に関する研究が多数報告されている。精密流量制御性を利用した例では，アクリルモノマーと分散媒とをマイクロミキサーで混合し，

---

*1　Takayuki Ishizaka　㈳産業技術総合研究所　コンパクト化学システム研究センター
　　　　　　　　　　　　　研究員

*2　Hajime Kawanami　㈳産業技術総合研究所　コンパクト化学システム研究センター
　　　　　　　　　　　　　主任研究員

*3　Toshishige Suzuki　㈳産業技術総合研究所　コンパクト化学システム研究センター
　　　　　　　　　　　　　企画連携統括

第 2 章　マイクロリアクターを用いた各種物質製造技術

精密にサイズ制御されたモノマー液滴を分散媒中で作製，そのあと，熱または光重合して単分散なアクリルポリマー微粒子を得ている[3,4]。また，上記のような精密なサイズ制御に加え，特殊形状のマイクロミキサーを用いて，球の半分が黒，半分が透明なヤヌス微粒子や，w/o/wエマルジョンの作製，ポリマー化により内部に空孔を有する微粒子など，精密に構造を制御したポリマー微粒子の作製についての報告がなされている[4,5]。一方，迅速混合，迅速温度制御性を利用した例では，より均一な核生成，核成長により，サイズ分布の狭い金属ナノ粒子，半導体微粒子が得られている[6,7]。このように，微粒子作製に関して，マイクロリアクターは非常に有効なツールであると言えるが，著者は，マイクロリアクターのもう1つの特徴，迅速な逐次操作性を利用することで，さらにユニークなナノ構造体，ナノ材料を作製できると考えている。

11.3　迅速な逐次操作に注目したナノ材料作製

　マイクロミキサーやマイクロ熱交換器などのマイクロデバイスをマイクロチューブで連結させたマイクロリアクターは，入り口から出口までμmサイズの流路でつながっている。この流路内に毎分10 ml程度の流量で流体を送液すると，ミリ秒オーダーの間隔で，混合，加熱などを逐次的に行うことができる。これまでに，この迅速な逐次操作を十分に生かしたマイクロリアクターの利用は，有機合成においては報告例があるが[8,9]，微粒子作製についてはほとんどない。著者は，図1に示すような迅速混合，迅速加熱，そしてこれらの迅速な逐次操作の効果を生かしたナノ材料作製プロセスを提案している。

① 　エマルジョンから加熱などにより微粒子を生成する場合，マイクロ混合により生成した微小液滴が不安定であっても，迅速な逐次操作の効果により，合一する前に微粒子を生成させ，より小さな微粒子を得ることができる。また，迅速加熱効果により，不均一加熱による液滴の合一，微粒子の合一，凝集を抑制することができる。

② 　迅速混合，迅速な逐次操作の効果により，生成した微粒子が凝集する前に，ほかの微粒子の内部または外部に固定化することができる。

③ 　生成した微粒子に凝集剤を添加したときに，迅速混合の効果により，均一的な凝集を引き起こすことができ，均一サイズの凝集体が生成する。

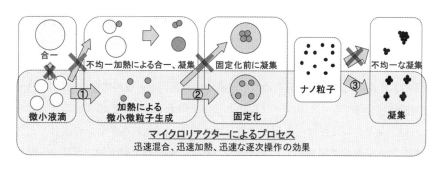

図1　迅速混合，迅速加熱，迅速な逐次操作性を生かしたナノ材料作製プロセスの概念

以上のような考えのもとで，③に示したような，一次粒子が均一に凝集した星型金ナノ粒子の作製をすでに報告している[10]。本研究では，①，②の考えに基づき，エンジニアプラスティックの一種であるポリイミドのナノ粒子・ナノ構造体の作製へ適用した。

11.4 マイクロリアクターを用いたポリイミドナノ構造体の作製
11.4.1 ポリイミドとは

ポリイミド（PI）は高い耐熱性，高強度，高弾性，耐溶剤性，優れた電気絶縁性などを有する高性能ポリマーであり，過酷な条件下で使用されるフレキシブルプリント基板やソーラーセイルの帆など，電気・電子産業技術や航空・宇宙技術分野などのハイテク産業において広く使用されている[11]。その使用形態，研究対象はフィルム，ワニス，接着剤，バルク状成形体という形態がほとんどであったが，これらの優れた特性と微粒子という形態を組み合わせることにより，カラム充填材，触媒担体，薬物担体，分離膜，宇宙船用の断熱膜，燃料電池用の電解質膜，LSI用の低誘電絶縁膜などの多岐にわたる応用が期待される。ポリイミドは汎用溶媒に溶解しないため，図2に示すような前駆体ポリマーであるポリアミド酸の状態で微粒子化を行い，そのあと，脱水反応によりポリイミドへと転化させる必要がある。このため，ポリマー微粒子生成において代表的なエマルジョン重合法，つまり，モノマー液滴が水中に分散した状態で，光または熱で硬化させる方法を適用することはできない。このような理由のため，ポリイミド微粒子の作製に関する研究はあまり多く行われてこなかった[12~14]。

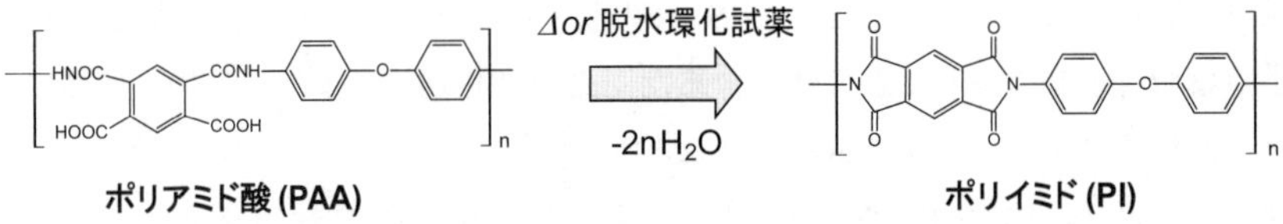

図2 ポリイミドの作製方法

11.4.2 ポリイミドナノ粒子の作製[15]

著者と東北大学の笠井らは，再沈法というバッチ法を用いてポリイミドナノ粒子の作製を行ってきた[14]。再沈法とは，ポリマーを溶媒（良溶媒，N,N-ジメチルアセトアミド（DMAc）など）へ溶かした溶液をポリマーが溶解しない溶媒（貧溶媒，シクロヘキサンなど）へ，マイクロシリンジを用いて注入，微粒子化する手法である。この際，良溶媒と貧溶媒が混和する必要があり，注入時に瞬間的に生成したポリマー溶液の微小液滴中の良溶媒が，貧溶媒中へ溶解していくため，ポリマーは溶解状態を保てなくなり，ナノ粒子として析出するという生成メカニズムである。この手法にならい，マイクロミキサーを用いてポリマー溶液とシクロヘキサンの混合・ナノ粒子化を検討したが，送液後直ちに閉塞してしまった。これは，混合部で局所的にポリマー微粒子の濃度が高くなったためであると考えられる。

そこで，溶媒をシクロヘキサンからn-ヘキサンへと変更した。ポリマーの良溶媒であるDMAcとn-ヘキサンは室温では相分離し，40℃以上では混和するという面白い特性を示す。この特性とマイクロリアクターを組み合わせ，図3に示すような概念のエマルジョン再沈法を開発した。これは，混合部でエマルジョンを生成することで，まず，ポリマー溶液の液滴が均一に分散媒中へ分散した状態を作り，そのあと，加熱により再沈澱・微粒子化を行うというプロセスになっている。このように，液滴生成と再沈澱を分けることにより閉塞を回避し，かつ，迅速混合による液滴生成，迅速加熱による再沈澱，そしてこれらが迅速に逐次的に行われるため，液滴や粒子の合一が抑制され，ナノサイズの微粒子が得られるという効果が期待される。しかしながら，前述したようにマイクロリアクターは層流を形成することが多く，実際に本実験もレイノルズ数2000以下で行っている。果たして混合点ではエマルジョンが生成しているのだろうか？図4に混合点での様子を示したが，n-ヘキサン：PAA溶液の流量（mL/min）が20：8のとき（レイノルズ数2000）は，混合点での濁りを確認することができ，エマルジョンが生成していることがわかる。流量（mL/min）を1/4にした5：2のとき（レイノルズ数500）においても，エマルジョンの生成を確認できるが，さらに流量（mL/min）を半分にした2.5：1のとき（レイノルズ数250）では，層流で流れていることが確認された。このようにレイノルズ数的に層流領域であってもエマルジョンは生成しており，このことは2液の流量が大きく異なる点に起因していると考えている。

実際にKeyChem-Lマイクロリアクター（㈱ワイエムシィ）を用いて，図3に示したプロセス

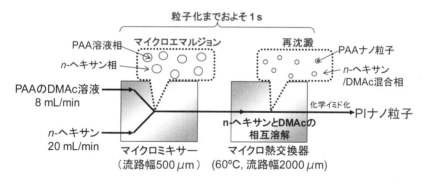

図3　マイクロリアクターを用いたエマルジョン再沈法の概念図

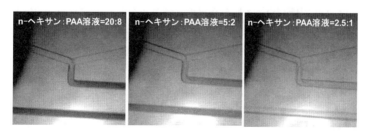

図4　マイクロミキサー中での種々の流量（mL/min）でのn-ヘキサンとPAA溶液の混合の様子

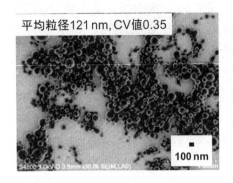
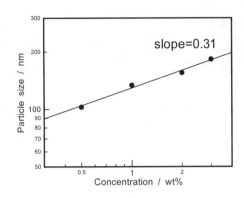

図5　マイクロリアクターにより作製したポリイミドナノ粒子のSEM像

図6　出発溶液の濃度と得られた粒子のサイズとの関係

により粒子を作製してみたところ，図5に示すような非常に微細なナノ粒子を閉塞することなく得ることができた．微粒子生成時間はおよそ1秒であり，最大1 kg/dayでナノ粒子を作製することが可能である．さらなる流量の増大，ナンバリングアップによりさらなる大量製造が可能になると予想される．また，出発溶液中のポリマー濃度を変化させたところ，得られた粒子サイズは濃度の3乗根に比例するという結果が得られた（図6）．この結果は，出発溶液濃度によらず，ほぼエマルジョンのサイズは一定で，エマルジョン中の液滴1つから粒子1つが生成していることを示唆している．

バッチ法にてエマルジョン再沈法による粒子作製を検討したが，エマルジョンが非常に不安定であることと，不均一な加熱により，液滴―液滴間や生成した粒子―液滴間の合一が起こってしまい，最終的に得られた粒子の増大や凝集が起こってしまった．以上より，本プロセスはマイクロリアクターを用いることで初めて達成されたと言える．大量製造が可能であることに加え，エマルジョンの液滴サイズを精密に制御することで最終的に得られる粒子のサイズを精密に制御することができ，対象化合物が溶媒に溶解すれば適用できるプロセスであるため，微粒子製造の新しいプロセスとして今後期待される．

11.4.3　ポリイミドナノ構造体の作製

再沈法の特徴的な点の一つとして複合化が容易であることが挙げられる．液滴中のポリマーは迅速加熱により瞬時にナノ粒子化されるため，出発のポリマー溶液に添加物を添加しておくと，添加物を取り込みナノ粒子化が起こる[16]．金属ナノ粒子を分散したポリマー溶液を用いてナノ粒子化を行った場合は，金属ナノ粒子を内包したナノ粒子が得られるはずである．しかしながら，金属ナノ粒子は，有機溶媒中では特に分散安定性に乏しく，粗大な凝集体を生成してしまう．そのため，バッチ法では金属ナノ粒子を内包したポリマー微粒子を作製できない．一方，マイクロリアクターを用いた場合は，ポリマー溶液中で金属ナノ粒子を作製したあと，迅速な逐次操作によりエマルジョン化，再沈澱・微粒子化を行うことができるため，図7に示すような金属ナノ粒子が均一にポリイミド微粒子内部に分散したポリイミド構造体を得ることができた[17]．この微粒

第2章 マイクロリアクターを用いた各種物質製造技術

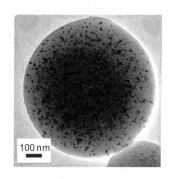

図7 金属ナノ粒子内包ポリイミド微粒子のTEM像

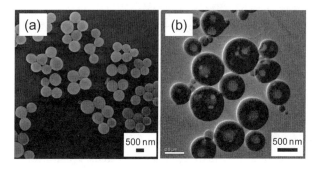

図8 中空型ポリイミドナノ粒子の(a)SEM像,(b)TEM像

子は,内部へ有機化合物が拡散していくことが可能なため,良好な触媒活性を示す。また,金属ナノ粒子が高耐久性の微粒子マトリックスに囲まれているので,脱離や溶出が抑制され,高耐久性触媒としての利用が期待される。このような微粒子はマイクロリアクターでしか得られない新奇な材料であると言える。

さらに,出発のポリマー溶液にポリメタクリル酸メチル(PMMA)やポリビニルピロリドン(PVP)などの別のポリマーを添加すると面白い形状のナノ粒子を得ることができる[18]。図8(a)に得られたポリイミドナノ粒子のSEM像を示したが,一見普通の球状粒子である。しかし,図8(b)のTEM像を見ると,粒子内部に空孔を持つ中空粒子であることがわかる。これまでに再沈法でも同様な粒子が得られているが[19],マイクロリアクターを用いたエマルジョン再沈法においても同様なメカニズムで粒子が生成しているものと思われる。このことは,これまでに再沈法で得られているそのほかのユニークなポリイミド構造体(ゴルフボール型[20],かご型[21]微粒子)も,本プロセスにより得られることを示唆している。

11.5 おわりに

本節では,マイクロリアクターの特徴である迅速混合,迅速加熱,これらの迅速な逐次操作性を十分に生かしたエマルジョン再沈法によるポリイミドナノ粒子,ナノ構造体の作製について紹

介した。本手法は，微粒子内部へ複数の物質を内包化できるため，磁性体，薬物，蛍光体など複数の機能が集約された微粒子を容易に作製することが可能である。また，ポリイミドのみならず，ほかのポリマー微粒子へも適用可能であるため，今後，様々な機能性ポリマー微粒子の作製が期待される。

文　　献

1) K. Mae, *Chem. Eng. Sci.*, **62**, 4842（2007）
2) マイクロリアクター―新時代の合成技術―，シーエムシー出版（2003）
3) S. Sugiura, M. Nakajima, M. Seki, *Ind. Eng. Chem. Res.*, **41**, 4043（2002）
4) T. Nisisako, T. Torii, T. Higuchi, *Chem. Eng. J.*, **101**, 23（2004）
5) Z. Nie, S. Xu, M. Seo, P. C. Lewis, E. Kumacheva, *J. Am. Chem. Soc.*, **127**, 8058（2005）
6) J. Wagner, M. Köhler, *Nano Lett.*, **5**, 685（2005）
7) H. Nakamura, Y. Yamaguchi, M. Miyazaki, H. Maeda, M. Uehara, P. Mulvaney, *Chem. Commun.*, 2844（2002）
8) T. Kawaguchi, H. Miyata, K. Ataka, K. Mae, J. Yoshida, *Angew. Chem. Int. Ed.*, **44**, 2413（2005）
9) H. Kawanami, K. Matsushima, M. Sato, Y. Ikushima, *Angew. Chem. Int. Ed.*, **46**, 5129（2007）
10) T. Ishizaka, A. Ishigaki, H. Kawanami, A. Suzuki, T. M. Suzuki, *J. Colloid Interface Sci.*, **367**, 135（2012）
11) 今井淑夫，横田力男，最新ポリイミド～基礎と応用～，エヌ・ティー・エス（2002）
12) Y. Nagata, Y. Ohnishi, T. Kajiyama, *Polym. J.*, **28**, 980（1996）
13) 浅尾勝哉，大西均，森田均，高分子論文集，**57**, 271（2000）
14) 鈴木正郎，笠井均，三浦啓彦，岡田修司，及川英俊，仁平貴康，袋裕善，中西八郎，高分子論文集，**59**, 637（2002）
15) T. Ishizaka, A. Ishigaki, M. Chatterjee, A. Suzuki, T. M. Suzuki, H. Kawanami, *Chem. Commun.*, **46**, 7214（2010）
16) T. Ishizaka, H. Kasai, H. Nakanishi, *Jpn. J. Appl. Phys.*, **43**, L516（2004）
17) T. Ishizaka, A. Ishigaki, M. Chatterjee, A. Suzuki, T. M. Suzuki, H. Kawanami, *Chem. Lett.*, in press（2012）
18) T. Ishizaka, A. Ishigaki, A. Suzuki, T. M. Suzuki, H. Kawanami, *Chem. Lett.*, **41**, 221（2012）
19) G. Zhao, T. Ishizaka, H. Kasai, M. Hasegawa, T. Furukawa, H. Nakanishi, H. Oikawa, *Chem. Mater.*, **21**, 419（2009）
20) G. Zhao, T. Ishizaka, H. Kasai, H. Oikawa, H. Nakanishi, *Chem. Mater.*, **19**, 1901（2007）
21) H. Kasai, H. Mitsui, G. Zhao, T. Ishizaka, M. Suzuki, H. Oikawa, H. Nakanishi, *Chem. Lett.*, **37**, 1056（2008）

12 マイクロミキサーを用いた機能性微粒子合成

渡邉　哲[*1]，宮原　稔[*2]

12.1　はじめに

　ナノ粒子は，触媒，医療，製薬，材料など様々な分野での応用に向けて多くの研究が行われており，近年ますますその重要性を高めている。ナノ粒子の合成法として必要とされる要素として，粒径の揃った単分散粒子を製造できること，粒径・形状を制御できること，そして生産性を考えれば連続合成ができることの3点が挙げられる。しかし，これまで報告されている合成法は，バッチ式がほとんどである。ナノ粒子を単分散に合成するためには，核生成と粒子成長過程を分離することが重要となるが[1]，バッチ式では，混合の不均一さに起因する濃度分布が避けられないため，両過程の制御がどうしても困難となる。必然的に，混合過程における拡散の影響を最小限に抑えるべく反応速度を小さくせざるを得ず，合成に要する時間は長くなってしまう。例えばPt粒子の液相合成を例に挙げると，アルコール還元法[2]，水素還元法[3]，ポリオール法[4]などの有力な合成手法は，遅い還元反応を利用してじっくりと核生成・粒子成長を行っている。実際，強い還元剤である水素化ホウ素ナトリウムを用いた合成の報告はあるものの，均一な混合状態が達成される以前に反応が進行するため，得られるナノ粒子の粒度分布は広くなってしまう[5]。同様の問題は，コアシェル型微粒子の合成にも見られる。均一なシェル形成を行うためにはコア粒子表面での不均一核生成を優先的に発生させる必要があるが，バッチ式の合成では制御が困難で，結果として合成手順が複雑になってしまう[6]。また，形成するシェル構造が不均一になるという結果も報告されている[7]。

　これらの問題を解決する合成法として，マイクロ空間を利用した粒子合成は非常に有力である。これは，サブミリサイズの流路を利用することにより，拡散距離を短くし混合の促進を目指すもので，強い還元剤を用いた迅速かつ均一な反応プロセスを実現するだけでなく連続合成も可能とする。本節では，マイクロデバイスを活用したナノ粒子の合成例としてPt粒子を，コアシェル粒子としてシリカ被覆金粒子（Au@SiO_2）について検討した結果を紹介する。

12.2　マイクロミキサーを用いたPtナノ粒子の合成[8]

　本研究で用いたのは，中心衝突型のマイクロミキサーである[9]。装置の概略は図1に示す通りで，ミキサーは3枚のプレートから構成される。2つの入口流体は，1枚目の入口プレートで同心円状に広がったあと，それぞれ7本の流路に分割される。分割された流体は，2枚目の混合プレートの中央にある混合点で一気に衝突する。この流体の衝突時に生じるせん断力を利用する点が本ミキサーの特徴であり，流体の迅速混合を可能にしている。混合プレートの流路幅は50 μm，混合点の直径は220 μm，出口プレートの流路径は200 μmのものを用いた。実験装置の概略を図2

[*1]　Satoshi Watanabe　京都大学　大学院工学研究科　化学工学専攻　助教
[*2]　Minoru Miyahara　京都大学　大学院工学研究科　化学工学専攻　教授

マイクロリアクター技術の最前線

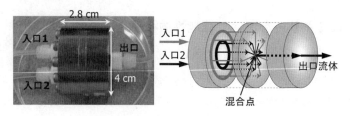

図1　中心衝突型マイクロミキサー

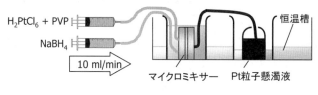

図2　実験の概略図

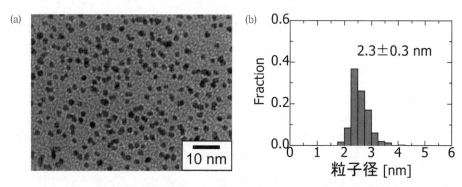

図3　マイクロミキサーを用いて合成したPtナノ粒子の(a)TEM像と(b)粒度分布

に示す．本実験では，金属塩として六塩化白金酸H_2PtCl_6を用い，還元剤には迅速な反応を目指すべく還元力の強い水素化ホウ素ナトリウム$NaBH_4$を，また保護剤として分子量の異なる2種類のPolyvinylpyrrolidone（PVP，分子量 M_w = 10000または1300000）を用いた．PVPを添加したH_2PtCl_6水溶液と$NaBH_4$水溶液を，流速10 ml/minで送液しマイクロミキサーを用いて急速に混合した．マイクロミキサーと反応後の溶液を恒温槽に浸すことにより，反応温度を変化させた．混合と同時に還元反応が速やかに進行し，出口流体としてPtナノコロイド分散液が得られた．

本実験により得られたPtナノ粒子の代表例を図3に示す．実験条件は，$[H_2PtCl_6]$ = 1.9 mM，PVP/Pt = 1.1，$NaBH_4$/Pt = 2.7，M_w = 10000で，室温で合成した．良好に分散した比較的球に近い形状の粒子が形成されていることが分かる（図3(a)）．測定した粒子のサイズは図3(b)に示す通りで，平均粒径2.3 nm，標準偏差0.3 nmとシャープな粒度分布を持つPtナノ粒子を形成できて

第2章 マイクロリアクターを用いた各種物質製造技術

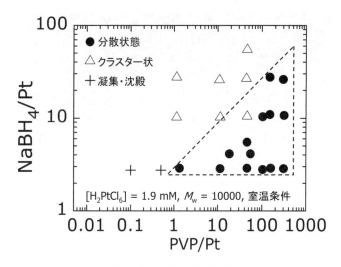

図4 Ptナノ粒子の形成条件

おり，NaBH$_4$を還元剤として用いてバッチ式で行った過去の報告例[5]と比較すると単分散度が大きく向上している。また，アルコール還元によるバッチ式の製法[2]と比較しても平均粒径・標準偏差ともに同水準にあることが確認された。本手法は，迅速な粒子合成を実現できていることから，Ptナノ粒子生成法として非常に有効であることが分かる。

　Ptナノ粒子の形成条件を明らかにするべく，PVPとNaBH$_4$の添加量が粒子形成に与える影響を検討した（図4）。図は右に行くほどPVPの添加量が多く，上に行くほど還元剤の量が多い。NaBH$_4$＝2.7のときを見ると，PVP/Pt＜1では，粒子凝集体の沈殿が観察された。これは保護剤であるPVPの量が少なく粒子表面全てを覆えなくなり，保護機能が低下し，ナノ粒子同士が凝集したためと考えられる。PVPの添加量を増やしたPVP/Pt＞1の領域では，保護機能が十分となり一次粒子が分散した安定なPtコロイド溶液が得られた。一方で，1＜PVP/Pt≦50の領域，すなわち粒子を保護するのに十分な量のPVPが存在する領域でも，NaBH$_4$/Pt≧10まで還元剤の量が増加すると，沈殿は見られなかったもののクラスター状の凝集体がTEM観察により確認された。これは，還元剤量の増加によってPtの還元速度が速くなり，PVPの粒子表面への吸着が追いつかず，粒子の部分的凝集を防げなかったためと考えられる。このことは，さらにPVP量を増加させることで分散したコロイド溶液が得られたことからも確認できる。以上の観察結果からPtナノ粒子が形成する条件は，図4に示す点線で囲まれた三角形の領域で表され，その三角形はPtイオンの還元反応速度と，還元されたPt原子が核生成・成長して形成したPt粒子をPVPが保護する速度とのバランスにより決定されるものと考えられる。

　粒子の形状について，TEM像を観察すると，常温の条件では，多くが球に近い形状をしているが，反応温度の上昇とともに三角形の粒子が多く観察されるようになった（図5）。TEMによる2次元像であるため観察されるのは三角形であるが，これは実際には(111)結晶面を4面持つ正

マイクロリアクター技術の最前線

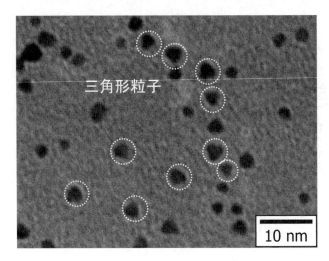

図5　Ptナノ粒子のTEM像
([H_2PtCl_6] = 0.2 mM, PVP/Pt = 1.1, $NaBH_4$/Pt = 2.7, M_w = 1300000, 80℃)

四面体構造であると考えられる[10]。正四面体粒子の存在割合は，常温下では10%以下であったが，温度を上げるにつれて最大20%を超えるまでに増加した。これは，高温条件では$NaBH_4$の一部が分解してしまい還元速度（核生成速度）が遅くなった結果，速度論支配となり，準安定相である四面体形状の核が形成しやすくなったためであると考えられる[11]。そこで，$NaBH_4$の量の影響について検討したところ，$NaBH_4$の量が少なくなるにつれ粒径の増大とともに四面体粒子の割合は急激に増加し，$NaBH_4$/Pt=1.4の条件下では平均粒径3.6±0.4 nmで四面体の割合は30%近くにまで増加した。このように本系では，核生成速度によって形状が変化することから，おそらく核の段階で形状が決まっており，還元剤の量が少なく核生成速度が遅い場合には四面体形状の核が多いのだと考えられる。本研究のような迅速な還元反応で形成されるというのはこれまでに例がなく，マイクロミキサーを用いた反応系の核生成・成長の均一性を示すものと言える。また，平均粒径3.6 nmと過去の報告例と比較してサイズが小さいことも本手法の特徴である。本手法で得られる四面体粒子の割合はこれまでのところ最大で30%程度ではあるものの，四面体粒子は球状や立方体形状の粒子よりも触媒活性が高いことが報告されていることから[12]，触媒活性の増大に大いに寄与するものと期待される。

12.3　マイクロミキサーを用いたAu@SiO_2粒子の合成[13]

金ナノ粒子は，プラズモン共鳴を利用したバイオセンサや，規則的に配列することによりフォトニック材料としての用途が期待されている。これらの応用に向けて金粒子の表面特性を制御することが重要になるが，金ナノ粒子をシリカで被覆する方法は非常に有力である。その理由として，表面のシリカに様々な官能基を容易に修飾可能であるがゆえにDNAなどの生体分子との結合力の増大や，分散安定性の向上などが期待されることが挙げられる。金粒子のシリカ被覆過程は

第2章 マイクロリアクターを用いた各種物質製造技術

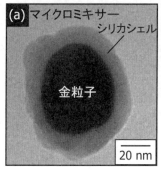
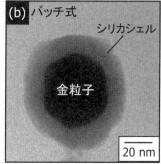

図6 Au@SiO$_2$粒子のTEM像
(a) マイクロミキサー (b)バッチ式 ($C_{TEOS}=5.1\times10^{-3}$ mol/L, $C_{NH_3}=0.5$ mol/L)

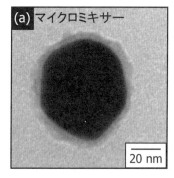
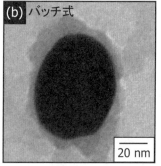

図7 Au@SiO$_2$粒子のTEM像
(a) マイクロミキサー (b)バッチ式 ($C_{TEOS}=1.0\times10^{-3}$ mol/L, $C_{NH_3}=0.2$ mol/L)

2段階から成る[14]。まず，金粒子サスペンション（粒径60 nm）と分子量1万のPVPを混合し，金粒子表面にPVPを吸着させた。吸着したPVPには粒子表面でのシリカ核生成を促進する働きがある。この溶液を遠心分離により沈殿させ上澄液を除去し，残った沈殿をエタノールに分散させたあと，TEOSの加水分解・縮合反応[15]を用いてシリカシェルを形成した。触媒にはアンモニアを，溶媒にはエタノールを用いた。反応は，PVPを吸着させた金粒子サスペンションにアンモニア水溶液を加えた溶液とTEOS溶液とを，中心衝突型マイクロミキサーを用いて急速に混合することにより行った。バッチ式合成法との違いは，混合方法のみである。アンモニアと水の濃度比は固定し，TEOS濃度（C_{TEOS}），アンモニアとTEOSとの濃度比（R）を変化させ，マイクロミキサーを用いた場合とバッチ式を用いた場合との比較を行った。粒子の観察にはTEMを用いた。また，X線光電子分光（XPS）を用いて表面の組成を測定した。

マイクロミキサーとバッチ式の2種類の方法を用いて製造したAu@SiO$_2$粒子のTEM画像を異なるC_{TEOS}についてそれぞれ図6，7に示した。図中の黒い球状の物質が金粒子で，その周りを灰

色の物質が覆っていることが分かる。XPS測定により,金粒子を被覆しているのがシリカであることを確認した。粒子の形状に着目すると,$C_{TEOS}=5.1\times10^{-3}$mol/Lの条件ではマイクロミキサーとバッチ式とではシリカ膜の形状に顕著な違いは見られずどちらも10nm程度の厚みで滑らかに被覆されていることが分かる(図6)。一方で$C_{TEOS}=1.0\times10^{-3}$mol/Lの条件では,シェルが10nm以下となりバッチ式では歪な形状をしているのに対し(図7(b)),マイクロミキサーを用いると滑らかで均一なシェルが形成されていることが分かる(図7(a))。バッチ式でシェルが薄くなると形状が歪になったのは,混合以後も徐々に生成する核の付着・凝集によってシリカが成長するためと思われ,シェルが厚くなるにしたがってシェル表面の凹凸はならされ球状に近づいていく。それに対して,マイクロミキサーでは混合時にシリカ表面に均一に核が発生し,以後はモノマー付加による滑らかな成長のみが生じるため,厚さによらず均一なシェルが形成したものと考えられる。

マイクロミキサーを用いた場合のAu@SiO$_2$形成条件を図8に示した。C_{TEOS}が小さい領域($C_{TEOS}<10^{-4}$mol/L)ではTEOSの縮合反応が起きずシェルは生成しなかった。$C_{TEOS}=5\times10^{-4}$mol/Lの場合を見ると,C_{NH_3}が小さすぎるとシェルは形成しないが,大きすぎても($C_{NH_3}=0.48$)均一なシェルは形成しないことが分かる。これはC_{NH_3}が大きい条件下ではTEOSが急速に縮合した結果,シェルが歪な形状に成長したと考えられ,滑らかなシリカシェルの製造にはアンモニアとTEOSの比Rが重要であると考えられる。Rの条件を探索したところ滑らかなシェルが形成するのは図8の点線で囲まれた領域,すなわち$R=100\sim500$であることが明らかになった。このRの領域で製造したAu@SiO$_2$についてC_{TEOS}とシェル厚さの関係を図9に示した。C_{TEOS}の減少に伴ってシリカシェルは薄くかつ滑らかに形成されており,C_{TEOS}を操作することでシリカシェル厚みを制御できることが分かる。

これまでの結果は粒径60nmの金粒子を使用してきたものであった。金粒子の粒径の影響を検

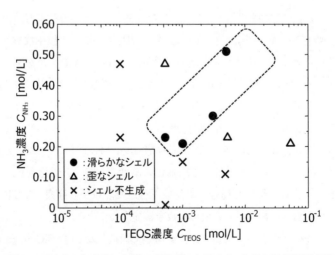

図8 マイクロミキサーを用いた合成におけるAu@SiO$_2$粒子形成条件

第 2 章　マイクロリアクターを用いた各種物質製造技術

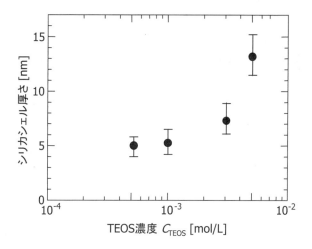

図 9　シリカシェル厚みのTEOS濃度依存性

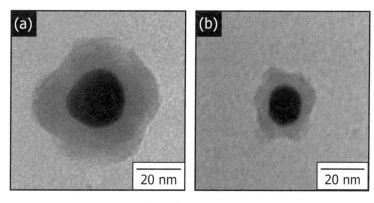

図10　粒径20 nmの金粒子を用いた場合のAu@SiO$_2$粒子
(a) シェル厚さ15 nm　(b) シェル厚さ7 nm

討するため，粒径20 nmの金粒子のシリカ被覆を行った。なお，粒径60 nmの金粒子（BBI製）には保護剤としてクエン酸が使用されていたが，粒径20 nmの金粒子（日本ペイント製）にはポリマーが保護剤として使用されている。このポリマーがPVPと同じような効果を発揮すると考えられ，また粒径20 nmでは遠心分離によるEtOH置換が非常に困難であるためPVP吸着を行わずにシリカ被覆実験を行った。実験結果のTEM像を図10に示す。このTEM画像を見ると，粒径20 nmの金粒子を用いた場合でも同様に滑らかで均一なシリカシェルが形成されており，図8で明らかにした濃度比Rの領域では粒径によらず滑らかなシリカシェルが得られることが明らかになった。本手法は，用途によって異なる金粒子の種々の粒径に対しても適用可能なシリカ被覆技術として期待できる。

12.4 まとめ

　中心衝突型マイクロミキサーを用いたPtナノ粒子，シリカ被覆金粒子（Au@SiO$_2$）合成についての検討結果を紹介した。どちらの例でも，マイクロ空間での高い混合性を活用することによって，バッチ式と比較して同等もしくはそれ以上の質を持つ粒子を，流通式の連続反応で合成できることを示した。混合を迅速に行うことによって，均一な反応場が提供され，その結果，均一な粒子合成につながるというこれらの結果は，粒子合成における混合過程の重要性を示している。ここでは紹介できなかったが，筆者らはマイクロミキサーを用いて，単分散Niナノ粒子や金被覆シリカ粒子の合成にも成功している。このように，マイクロミキサーは汎用的なナノ粒子／コアシェル型微粒子合成ツールであり，今後は，マイクロミキサーだからこそ実現しうる新規合成プロセスの構築に向けての検討を進めていきたいと考えている。

文　献

1) V. K. LaMer, R. H. Dinegar, *J. Am. Chem. Soc.*, **72**, 4847（1950）
2) T. Teranishi *et al.*, *J. Phys. Chem. B*, **103**, 3818（1999）
3) A. Henglein *et al.*, *J. Phys. Chem.*, **99**, 14129（1995）
4) T. Herricks *et al.*, *Nano Lett.*, **4**, 2367（2004）
5) P. R. van Rheenen *et al.*, *J. Solid State Chem.*, **67**, 151（1987）
6) M. R. Rasch *et al.*, *Langmuir*, **25**, 11777（2009）
7) J. Ye *et al.*, *Colloids Surf. A*, **322**, 225（2008）
8) 渡邉哲ほか，ケミカルエンジニヤリング，**54**, 909（2009）
9) H. Nagasawa *et al.*, *Chem. Eng. Technol.*, **28**, 324（2005）
10) J. M. Petroski *et al.*, *J. Phys. Chem. B*, **102**, 3316（1998）
11) Y. Xia *et al.*, *Angew. Chem. Int. Ed.*, **48**, 60（2009）
12) I. Lee *et al.*, Proc. Natl. Acad. Sci. U.S.A., **105**, 15241（2008）
13) S. Watanabe *et al.*, The International Conferences on Microreaction Technology, Lyon, France, February 20-22（2012）
14) C. Graf *et al.*, *Langmuir*, **19**, 6693（2003）
15) W. Stöber, A. Fink, *J. Colloid Interface Sci.*, **26**, 62（1968）

13 多重管型マイクロリアクターによる酸化物ナノ粒子の合成

木俣光正[*]

13.1 はじめに

近年，家電を含めて電子機器類は小型化，高機能化，軽量化など，用途に応じて様々な対応が求められており，これらを構成している電子部品はさらなる小型化，性能向上が必要となっている。したがって，これらの原料として用いられている粒子はナノサイズ化や高機能化が必要不可欠となっている。また，粒子の大きさをナノサイズまで微細化させることはもちろん，形状や均一性の制御，分子レベルで均一な複合ナノ粒子の合成や表面処理など，高機能性粒子を調製することによる，さらなる高付加価値製品への利用が期待されている。

金属アルコキシドの加水分解法は，液相における酸化物粒子の合成法として知られており，シリカ[1〜3]，チタニア[4]，ジルコニア[5]などの球状単分散粒子が合成されている。アルコキシドは主にアルコールとの直接反応で合成されており，ほとんどの金属と反応するため種類も豊富であり，種々の酸化物および複合酸化物粒子の調製が可能である。しかし，シリコン以外のアルコキシドの加水分解反応速度は速いものが多いため，一般的に用いられている回分反応器では反応速度を十分制御できず，均一形状で単分散の粒子が得られない場合が多い。

一方，1 μmから1000 μmの流路（マイクロチャネル）を用いたマイクロリアクターは，①単位体積（流量）あたりの表面積が大きい，②伝熱速度が大きく，温度制御が効率よく行える，③物質移動速度が大きく，界面での反応や混合が効率よく起こる，④流れが層流で多層流を扱うことができる，という4つの特徴が挙げられる。したがって，液相の場合，液─液界面でのみの反応に限られ，さらに混合が拡散速度により制御できるため，反応速度，反応温度などの実験条件の精密制御が可能となり，粒子径の制御されたナノ粒子の合成が期待できる[6,7]。マイクロリアクターという装置は，触媒化学において実験室レベルの小型反応装置のことを指していたようであるが，現在，工業的にも実験室でも使われるようになったマイクロリアクターは，マイクロ空間を用いた微細な管型反応器のことである。また，マイクロチャネルを重ね合わせるナンバリングアップという手法により，容易に生成量を増加できるため，いくつか工業的なプラントも建設されている。

ここでは，多重管型マイクロリアクターについて概説するとともに，本装置を用いたナノサイズの単分散複合酸化物ナノ粒子の合成例について示した。

13.2 多重管型マイクロリアクター

図1に二重円管型マイクロリアクター装置の概略を示した。本装置は管型のマイクロリアクターで同心円状に別々の反応物質を管内に送液できるという特徴を有しており，既成の継ぎ手を組み合わせて作製できるため安価であり，前ら[7]がすでに用いていたものをわれわれも使用するこ

---

[*] Mitsumasa Kimata　山形大学　大学院理工学研究科　バイオ化学工学分野　准教授

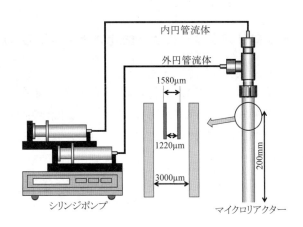

図1　二重円管型マイクロリアクター

とにした。具体的には，ガラス管内の中央部に1/16インチのステンレス管（内径100〜1220μmφ）を配置しており，反応液はそれぞれシリンジポンプを使って送液できるようになっている。外円管（キャピラリーガラス管）の内径は3mmφと大きいが，反応は外円管反応液と内円管に流れる内円管反応液との界面で生じるため，マイクロリアクターと呼んでいる。なお，ナノ粒子の合成において内円管の内径が同じ場合，外円管の内径を2mmφに変更しても生成物の大きさや形状に影響を及ぼさないことを確認している。

　次に，三重円管型マイクロリアクター装置の概略を図2に示した。これは図1の二重円管の1/16インチのステンレス管の中に，さらに細いステンレス管を設置したものである。これにより，外円管，中部管，内円管の内径はそれぞれ3000, 1220, 260μmφとなっている。これらを組み立てる際，最も小さい継ぎ手が1/16インチであるため，外径510μmφの内円管はそのままでは設置することができない。そこで，これに外径1/16インチ，内径0.5mmφのテフロンチューブをかぶせることで市販の継ぎ手を使用できるようにした。ただし，ステンレスの細管は曲がりやすいため，継ぎ手の重さでチューブが曲がらないように工夫が必要となる。このようにして多重管を作製することは可能であるが，継ぎ手に既製品を用いた場合は数十μmサイズの微細管の使用は非常に困難となることが予想される。したがって，さらに微細管で多重管を作製する場合は，ある程度の微細加工技術が要求されるだろう。ただし，このような円管を用いる反応器は，ガラス基板などに切削加工するタイプと異なり，本数を増やしてナンバリングアップする場合は円管同士を連結する多くの継ぎ手が必要になる。制御という観点から限られた空間でリアクターの数を増やす必要があるため，数が少ない場合は問題ないが，あまり増やすと配管が複雑になるという欠点がある。したがって，実際の工業生産の場合は数個のリアクターにて行うか，リアクターを切削加工により作製することが望ましい。

13.3　金属アルコキシドの加水分解法による粒子合成

　シリコンアルコキシドであるテトラエトキシシラン（TEOS：$Si(OC_2H_5)_4$）はアルカリ存在下

第2章　マイクロリアクターを用いた各種物質製造技術

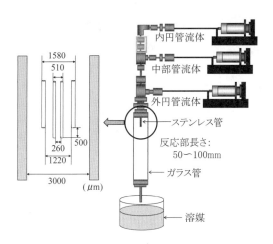

図2　三重円管型マイクロリアクター

で加水分解反応させることにより，立体的に分子が成長してシリカ粒子が生成する。これは金属アルコキシドの加水分解法（金属アルコキシド法），または，Stöberら[1]によって単分散シリカ粒子が生成されたことから，Stöber法と呼ばれている。また，ガラスやファイバーを調製できるゾル―ゲル法と同じ出発原料を用いて加水分解反応を利用していることから，ゾル―ゲル法とも呼ばれている。

一般に金属アルコキシドは$M(OR)_n$（M：n価の金属，R：アルキル基）と表され，ゲルや粒子の生成反応は，次の加水分解反応および重縮合反応の二段階で行われている。

加水分解反応

$$M(OR)_n + xH_2O \rightarrow M(OH)_x(OR)_{n-x} + xROH \tag{1}$$

重縮合反応

$$-M-OH + HO-M- \rightarrow -M-O-M- + H_2O \tag{2}$$

反応式(1)，(2)で表される反応はほぼ同時に進行するため，加水分解反応と重縮合反応を互いに独立して分けることは困難である。また，反応式(1)はアルカリ条件の場合に進行が速く，すべてのアルコキシル基（OR）が瞬時に加水分解されOH基に変わる。このような場合，反応式(2)の重縮合反応は三次元的に進行して核となり，最終的に金属酸化物の粒子が生成する。加水分解の反応速度は，アルキル基の鎖長が長いほど遅くなるが，シリコンアルコキシド以外のアルコキシドは非常に速い場合が多い。そして，アルコキシドの種類や濃度，添加した水の濃度および溶媒の種類などにより，反応速度だけでなく生成する粒子の大きさや形態は大きく異なることが知られている。一方，TEOSなどのシリコンアルコキシドの加水分解反応は比較的遅く，そのため酸やアルカリを触媒として添加して加水分解および重縮合反応速度を促進させる場合が多い。

13.4　多重円管型マイクロリアクターによるナノ粒子合成

ここでは，二重円管型または三重円管型マイクロリアクターを用いて上述した金属アルコキシ

ドの加水分解法により生成するいくつかのナノ粒子の合成例を示した。また，金属アルコキシド法だけでなく，還元法を用いた亜酸化銅ナノ粒子の合成についても示し，マイクロリアクターが種々の合成法に適応できることを示した。

13.4.1 二酸化チタンナノ粒子

マイクロリアクターを用いた二酸化チタンナノ粒子の合成は，すでに前ら[7]が報告済みであるが，われわれも同様の実験を行い，二酸化チタンナノ粒子の合成を試みた[8]。実験は図1に示した二重円管型マイクロリアクターを用い，内円管にチタンテトラブトキシド（TTB）のエタノール溶液，外円管にはアンモニア水のエタノール溶液を線速度が同一となるように流入，反応させた。反応管内は環状層流であり，液ー液界面で水がアルコキシド側に拡散して反応が進行するため，加水分解，重縮合反応を経て生成された粒子は管壁面に付着することなく回収される。粒子合成の場合は，管壁に粒子が付着することにより最終的に管の閉塞を引き起こすことがあるため，このような多重管は粒子合成にとって都合がよい装置といえる。なお，アンモニアは加水分解反応を促進させる触媒として加えているが，ナノ粒子生成後は粒子の表面電位を高めて分散性を向上させる働きがある。図3に本実験により得られた二酸化チタンナノ粒子のSEM画像を示した。図より比較的球状に近い形状の粒子であり，粒子径は24 nmであることがわかった。本反応をフラスコなどの回分反応器内で行うと，シリカ粒子と同様にサブミクロンサイズの単分散球状粒子が得られることが知られている[4]。したがって，前らの結果と同様にマイクロリアクターを用いると限られた空間で粒子生成および生長反応が生じるため，粒子径が小さくなることが確認された。なお，本法で得られたナノ粒子は非晶質の水和物であるため，例えば，光触媒などに利用されているアナターゼ型に結晶化させるためには500℃程度で焼成させる必要がある。次に，このマイクロリアクターに分散剤を添加させた実験を試みた。分散剤の添加は，回分反応器を用いた粒子合成において合成後の粒子の分散安定性を向上させるためによく行われている方法である。図4に分散剤としてポリビニルピロリドン（PVP K-25）を用い，得られたナノ粒子のSEM画像を示した[8]。非常に見づらい画像であるが，アンモニアを加えた図3と比べて明らかに粒子径が小

図3　二酸化チタン粒子のSEM画像

第2章 マイクロリアクターを用いた各種物質製造技術

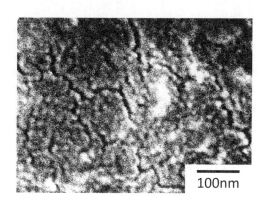

図4 PVPを用いた二酸化チタン粒子のSEM画像

さくなり（約16nm），比較的揃った球状粒子となることがわかった。これは，分散剤が核生成後の粒子に吸着することにより，一次粒子同士の付着や成長反応が抑制されたためと思われる。このように，回分反応器などで用いられている分散剤はマイクロリアクターでも適用できることがわかった。

13.4.2 亜酸化銅ナノ粒子

マイクロリアクターを用いると，金属アルコキシド法以外の方法でもナノサイズ粒子を得ることができる。図5に還元法を用いて調製された亜酸化銅粒子のSEM画像を示した[9]。(a)は二重円管型マイクロリアクターを用いて，(b)は回分反応器を用いてそれぞれ得られたものである。図より，回分反応器では立方体構造の粒子が観察されるのに対し，マイクロリアクターを用いたものはナノサイズの球状粒子となり，明らかに生成された粒子のサイズおよび形状が異なっていることが確認できる。

13.4.3 複合酸化物ナノ粒子

リチウムイオン電池には，コバルト酸リチウムが用いられているが，装置の小型化などに対応して原料の微細化が検討されている。そこで，二重円管型マイクロリアクターを用いて，リチウムプロポキシドとコバルトプロポキシドのアルコール溶液を内円管に，水のアルコール溶液を外円管に導入，反応させて得られたコバルト―リチウム複合酸化物ナノ粒子のSEM画像を図6に示した[10]。(a)は分散剤を添加していない条件，(b)はアンモニア水を加えたもの，(c)はアンモニア水とともに高分子分散剤のポリビニルアルコール（PVA）を添加した条件で合成して得られた粒子である。図6(a)より，分散剤無添加の場合は粒子同士が一部凝集している様子が観察される。しかし，(b)に示したようにアンモニアを添加することにより粒子がよく分散し，粒子径が小さくなることがわかった。これは，二酸化チタンナノ粒子の合成の場合と同様に，アンモニアは反応速度を速くする働きと生成されたナノ粒子の静電反発効果による分散に寄与していると思われる。また，(c)のPVAを添加したものは，さらに分散性が良好となり，粒子径が小さくなった。PVAは，コバルト酸リチウムの核が発生して一次粒子が生成したあとに，その粒子に吸着して分散効

図5　亜酸化銅粒子のSEM画像
(a)回分反応器で合成　(b)マイクロリアクターで合成

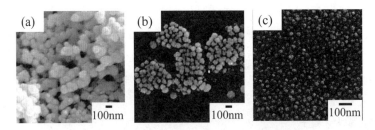

図6　コバルト酸リチウム粒子のSEM画像
(a)分散剤無添加　(b)アンモニア添加　(c)PVA添加

果が発現されたものと考えられる。ただし，本反応で得られる複合ナノ粒子は非晶質の水和物であるため，加熱処理を経たあとにコバルト酸リチウム粒子となる。

　積層セラミックス材料としてチタン酸バリウムが一般的に使われているが，層の幅のサブミクロン化により，原料としてのチタン酸バリウム粒子のナノサイズ化が必須となっている。そこで，われわれは二重円管型および三重円管型マイクロリアクターにより，チタンテトラエトキシドとバリウムジエトキシドのアルコール溶液と水のアルコール溶液とを反応させて複合酸化物ナノ粒子の合成を試みた。図7に三重管型マイクロリアクターで得られたチタン酸バリウム粒子(a)とその粒子を500℃で焼成した粒子(b)のSEM画像をそれぞれ示した。図7(a)より，生成した粒子は大きさにばらつきはあるもののナノサイズで球状であることがわかる。また，500℃で焼成してもその形状が維持されていることが確認された。本反応で得られるナノ粒子は合成直後には非晶質であるため，原料粒子として使用するには加熱処理して結晶化させる必要がある。この熱処理による粒成長をできる限り抑えることが重要となる。

13.5　おわりに

　粒子合成法として用いられている金属アルコキシド法は，多重円管型マイクロリアクターという反応器と組み合わせることにより，ナノサイズで粒子径の比較的揃った酸化物や複合酸化物粒

第2章 マイクロリアクターを用いた各種物質製造技術

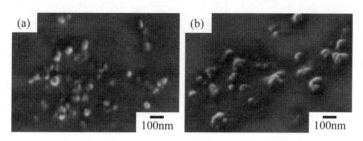

図7 チタン酸バリウム粒子のSEM画像
(a)未焼成 (b)500℃焼成

子を調製できることを示した。また，合成反応は金属アルコキシド法以外の方法を用いても，生成される粒子の大きさはナノサイズで球状の粒子が得られることもわかった。したがって，マイクロリアクターという微小で限られた空間を利用する反応器を粒子合成に利用することで，アルコキシド原料を種々変化させれば，様々な種類のナノサイズ粒子が得られることになる。反応器が微細な空間であるため，その形状によっては壁近傍に粒子が生成して付着が起こり，最終的に反応器が閉塞してしまうという問題が生じる。しかし，二重円管型など多重円型のマイクロリアクターは粒子が壁面に付着することがないため，ナノ粒子生成用の反応器として工業的にも十分活用できると思われる。

文　献

1) W. Stöber, A. Fink, E. Bohn *J. Colloid Interface Sci.*, **26**, 62-69 (1968)
2) 下平，石島，日本化学会誌，1503-1505 (1981)
3) 木俣，小泉，長谷川，化学工学論文集，**22**, 1366-1372 (1996)
4) E. A. Barringer, H. K. Bowen, *Comm. Am. Ceram. Soc.*, **65**, C199-201 (1982)
5) T. Ogihara, N. Mizutani, M. Kato, *Ceram. International*, **13**, 35-40 (1987)
6) 草壁，外輪，マイクロリアクタ入門，米田出版 (2008)
7) M. Takagi, T. Maki, M. Miyahara, K. Mae, *Chem. Eng. J.*, **101**, 269-276 (2004)
8) 伊藤，木俣，長谷川，化学工学会第41回秋季大会，B315 (2009)
9) M. Kimata, K. Hirohara, K. Matsuda, M. Hasegawa, *Trans. Mater. Res. Soc. Japan*, **35**, 210-215 (2010)
10) M. Kimata, M. Sato, M. Hasegawa, 11 th International Conference on Microreaction Technology, 5-14 (2010)

14 マイクロ流路による多相エマルション生成と微粒子作製

西迫貴志[*]

14.1 はじめに

多相エマルション（あるいは複相エマルション）とは，エマルション液滴の内部にさらに微細な液滴が分散，包含されたものを指す。代表的な形として，親水性および親油性界面活性剤によって熱力学的に準安定状態に保たれた，water-in-oil-in-water（W/O/W）型，oil-in-water-in-oil（O/W/O）型があり，こうした二重構造の多相エマルションは特にダブルエマルションと呼ばれる。多相エマルションでは，殻となる中間相に保護された形で，核となる最内相に親水性あるいは親油性物質を保持させられるため，食品，化粧品，医薬品，農薬などの分野における有効利用が古くから検討されてきた。しかし2段階の機械式攪拌法などの従来手法では，コア滴およびシェル滴のサイズや体積比率，および内部構造の精密制御は困難であった。これは，今日まで多相エマルションの幅広い有効利用を制限してきた一因と言える。

近年，マイクロ流路を用いた微小液滴生成技術に関する研究が世界中で活発に行われており，化学・生化学分析や微粒子生産など，幅広い応用を目指した研究領域が形成され，急成長している[1~3]。そうした中，本技術を応用して，従来技術では困難であった，均一サイズ（単分散）で且つ内部構造を精密に制御した多相エマルションを生成する手法が開発されており，各種機能性微粒子調製への応用など，さまざまな研究事例が報告されている。

本節では，マイクロ流路デバイスを用いた各種多相エマルション生成技術の概要を紹介する。また，それらをさまざまな機能性マイクロカプセル，コアシェル粒子の調製に応用した事例について解説する。

14.2 マイクロ流路デバイスを用いた多相エマルション生成技術

マイクロ流路を用いて単分散多相エマルションの生成を精密に制御できる手法として，①チップ上のマイクロ流路分岐を用いた手法，②軸対称に組み合わせられた多重ノズルを用いた手法，の2つが挙げられる。

14.2.1 マイクロ流路分岐の連結構造を用いた手法

マイクロ流路分岐を用いた微小液滴生成法は，水と油のように互いに親和性の低い液体を，マイクロ流路の交差部にて合流させ，エマルション滴を得る手法である[4]。2液体のどちらが液滴となるかは流路壁面と液体の親和性によって決まり，通常，流路壁面によりなじみにくい相が液滴となり（分散相），よりなじみ易い相が液滴を包含する相（連続相）となる。よく使用される流路型としては，T字路において分散相流れを連続相流れで一方からせん断するクロスフロー型[5,6]，ψ字路において分散相流れの両脇から対称に2つの連続相流れを供給して分散相のせん断を行うコフロー型（フローフォーカシング型[7]，シースフロー型[8,9]など）の2つがある。いずれにおい

---

[*] Takasi Nisisako　東京工業大学　精密工学研究所　助教

第2章 マイクロリアクターを用いた各種物質製造技術

ても，連続相の流れによるせん断力や，分散相による連続相流路の部分的遮断によって生じる圧力変動を駆動力として[10,11]，単分散エマルションの生成が可能であり，流量制御によって液滴サイズや生成速度を幅広く操作することができる。

　筆者らは上記の微小液滴生成技術を応用し，濡れ性の異なるマイクロ流路分岐を連結し，内部液滴の生成，外部液滴の生成をTwo-stepで行うことで，内部構造が精密に制御された単分散多相エマルションの生成法（図1）を開発した[12,13]。本技術では3つの液相（最内相，中間相，最外相）の流量制御により，外部液滴と内包液滴をともに単分散状に生成し，且つ内包液滴径，外部液滴径および内包液滴数の精密制御が可能である。また異なる成分の液滴を同一カプセルに内包させることもできる。本技術を発展させ，マイクロ流路分岐の連結数を増やすことで，トリプルエマルションなど，より高次の多重構造を有する多相エマルションを生成する事例が報告されている[14]。

　W/O/W型，O/W/O型の多相エマルションを生成する際，通常，表面の濡れ性の異なる液滴生成部の連結構造が用いられる。例えばW/O/W型の場合は，上流側をW/Oエマルションを生成するために疎水性，下流側をO/W型を生成するために親水性とし，O/W/O型の場合はその逆に設定する。マイクロ流路内部に局所的に親水性，疎水性表面を設ける手法としては，元来親水性の流路の全域を疎水化した後に一部をエッチング液の導入[12,13]やUV照射[15]によって親水性に戻す手法や，元来疎水性の流路をアクリル酸によって親水化する場合は，流路を処理液に局所的に浸した状態[16]やマスクを用いた[17,18]光グラフト重合や，マスク存在下でのプラズマ重合[19]などが報告されている。

　一方，局所的な表面処理を行わずに多相エマルションを生成する手法も各種報告されており，例えば疎水性表面を有するPDMS製の一体型デバイスにおいて，第2液滴生成部に段差構造を用いたり[20]，流路壁面を空気圧駆動により弾性変形させて[21]油滴の生成を補助することで，W/O/Wエマルションが生成されている。また，多相エマルションを構成する3相として互いに相溶性の低い材料を選択し，濡れ性の改変を要しない液体の組み合わせで多相エマルションを作製する事

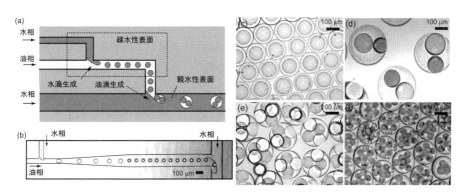

図1　マイクロ流路の分岐構造を用いた単分散多相エマルション生成法[12,13]
(a)概念図，(b)W/O/Wエマルション生成の様子，(c)〜(f)さまざまな核数，内部組成の多相エマルション

175

マイクロリアクター技術の最前線

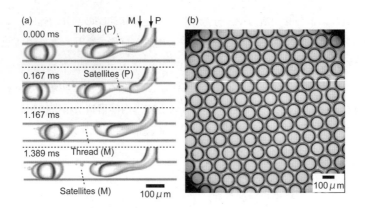

図2 T字路における有機二相流のせん断による単核O/O/Wエマルション生成[27]
(a)最内相（P）と中間相（M）が順にせん断される様子，(b)生成されたO/O/W滴（Copyright 2010 Springer）

例も多く報告されている．例として，2つの相溶性の低い有機相を用いるoil-in-oil-in-water（O/O/W）型[22,23]およびwater-in-oil-in-oil（W/O/O）型[24]や，最内相を気相としたgas-in-oil-in-water（G/O/W）型[25]やgas-in-water-in-oil（G/W/O）型[26]がある．

また，内包液滴と外部液滴の生成を別々の分岐路で行わず，単一の分岐路における液滴生成のみで，多相エマルションを得ることも可能である．例えば，最内相と中間相の並行流を1つの分岐路でせん断し，単核のダブルエマルション滴を得ることもできる．図2に筆者らによる，単一T字路でのO/O/Wエマルション滴生成例[27]を示す．同様にフローフォーカシング型の単一分岐路において，O/W/O型，W/O/W/O型エマルションが得られており，One-step法と呼ばれている[28]．こうした手法の長所として，Two-step法に比べてシェル層の薄いカプセルを生成できることや，粘弾性挙動を示したり高粘度を有するポリマー溶液など，通常乳化しにくい液体を乳化し易い液体に包むことで乳化を容易にできることが指摘されている[29]．一方，共溶媒を用いて連続相の一部を分散相に溶解させておき，単一のT字路で液滴を生成したあと，共溶媒の移動によって多相エマルションを生成する手法も報告されている[30]．

14.2.2 多重管ノズルを用いた多相エマルション生成技術

図3に近年報告されている，多重管型の各種多相エマルション生成装置を示す．基本構成としては，複数のキャピラリを軸対称状[31]やT字状[32]に組み合わせた，内部構造を精密に制御したダブルエマルションの生成装置がある（図3(a)(b)）．さらに，多重ノズルの連結数を増やし，トリプルエマルションなどの高次多相エマルションを生成したり，異なる成分の液滴を同一滴内に内包した多相エマルションをした事例も報告されている[33,34]（図3(c)(d)）．そのほか，複数の導管を内部に有するキャピラリを用いた異種核を有するダブルエマルションの生成[35]（図3(e)）や，キャピラリ壁面の濡れ性を局所的に改変して水相と有機相の並行流を安定して送液できるようにし，より単純なキャピラリ装置で高次多相エマルションを生成する事例も報告されている[36]（図3(f)）．

第2章　マイクロリアクターを用いた各種物質製造技術

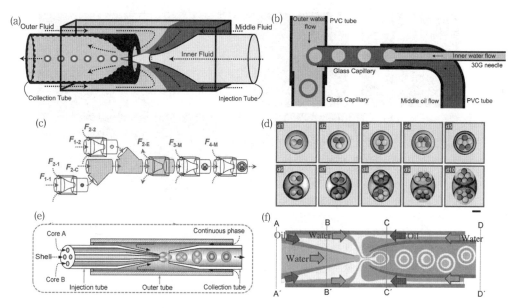

図3　各種多重管ノズル型多相エマルション生成装置

(a)軸対称型[31]（Copyright 2005 AAAS），(b)T字型[32]（Copyright 2009 Wiley-VCH），(c)，(d)高次連結型による異種核を内包したトリプルエマルション生成[34]（Copyright 2011 RSC），(e)複数管を有するキャピラリを用いた異種核を内包したダブルエマルション生成[35]（Copyright 2011 RSC），(f)管壁の濡れ性の塗り分けを利用した高次多相エマルション生成[36]（Copyright 2011 Wiley-VCH）

14.3　単分散多相エマルションを基材とした微粒子調製

近年，上述の技術にて生成した多相エマルションを出発材料とし，さまざまな固体微粒子が調製されている。以下，それらを①核の主成分が液体であるマイクロカプセル粒子，②核の主成分が固相であるコアシェル粒子，に分けて紹介する。

14.3.1　マイクロカプセル粒子の作製

単分散多相エマルションを基材として調製された各種マイクロカプセルを図4に示す。まず中間相として光硬化性材料を用いて多相エマルション滴を生成し，UV照射による硬化処理を経て，樹脂カプセルを生成する例が多い。例えばW/O/W型[31]やW/O/O型[24]から調製した水内包アクリル樹脂カプセルや，O/O/W型から調製した油内包アクリル樹脂カプセル（図4(a)）[23]，G/W/O型から作製した多孔質ハイドロゲル粒子[26]などがある。さらに，O/W/O型からの熱応答性ゲルカプセル粒子の調製（図4(b)）[37,38]や，シリカや銀ナノ粒子を分散したアクリルモノマーを中間相として複数核が密に詰まったW/O/W滴を生成し，光重合を介して非球形の各種カプセル粒子（図4(c)）を生成した事例[39]が報告されている。

中間相に各種ポリマーやコロイド粒子を含む有機溶媒を用いてW/O/Wエマルションを生成し，液中乾燥法により溶媒を蒸発・除去させ，シェル材を析出させるカプセル生成事例も多い。例え

177

マイクロリアクター技術の最前線

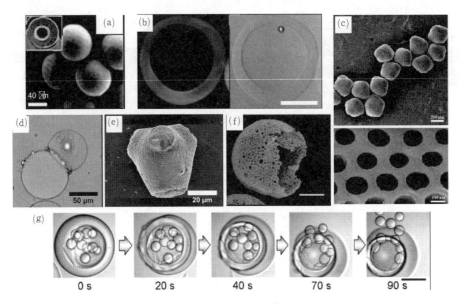

図4　各種マイクロカプセル

(a)アクリル樹脂カプセル[23]（Copyright 2005 ACS），(b)Janus型ゲルカプセル[38]（Copyright 2010 ACS），(c)非球形多核ポーラスアクリルカプセル[39]（Copyright 2011 Wiley-VCH），(d)Janus型ポリメロソム[41]（Copyright 2011 Wiley-VCH），(e)多核コロイドソム[43]（Copyright 2009 Wiley-VCH），(f)多孔質ガラスカプセル[45]（Copyright 2010 RSIF），(g)トリプルエマルションから調製された熱応答性ゲルカプセル[33]（Copyright 2007 Wiley-VCH）

ば，壁材としてポリ乳酸（PLA）[16,40]や乳酸グリコール酸共重合体（PLGA）[32]を用いた生分解性カプセルが調製されている。また，フォスフォコリン[16]などの脂質分子や両親媒性ブロックコポリマー[31,41]を壁材として用い，溶媒の蒸発・除去を介してベシクル（あるいはポリメロソム（polymerosome），図4(d)）を調製した事例もある。また壁材としてシリカナノ粒子を用い，単核，複数核のコロイドソム（colloidosome，図4(e)）が生成されている[42,43]。

その他の硬化法による粒子調製事例としては，無機カプセル粒子の例として，O/W/O型からの焼成を介した多孔質シリカゲル粒子の調製[44]やW/O/W型からの焼成を介したガラスカプセル粒子の調製（図4(f)）[45]の事例がある。このほか，水性2相分配を利用したW/W/O型からのハイドロゲルカプセルの調製[46]，W/O/W/O型トリプルエマルションから生成した，W/Oエマルションを内包した熱応答性ゲルカプセル（図4(g)）も報告されている[33]。

14.3.2　コアシェル粒子の作製

磁性を有する核を樹脂で覆った，磁性コアシェル粒子が作製されている。例えば，最内相として磁性ナノ粒子を分散したひまわり油，中間相としてPDMSゲルを含むシリコーンオイル，最外相としてひまわり油を用いて単核の$O_1/O_2/O_1$型エマルションを生成し，熱処理によりPDMSゲルを急速硬化させて直径約100 μmの磁性PDMSカプセルが得られている（図5(a)）[47]。外部磁場の

第2章　マイクロリアクターを用いた各種物質製造技術

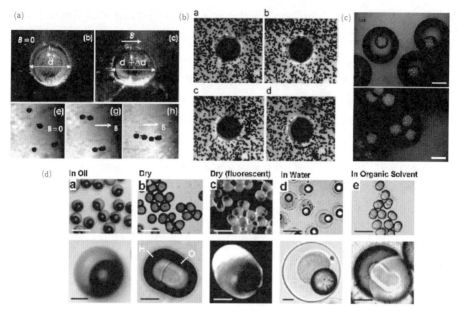

図5　各種コアシェル粒子

(a)磁場応答性を有する弾性コアシェル粒子と磁場応答の様子[47]（Copyright 2008 AIP），(b)回転磁場に追随して偏心回転するコアシェル粒子の様子[48]（Copyright 2009 Wiley-VCH），(c)さまざまな核数のフォトニック結晶内包コアシェル粒子[49]，スケールバーは200μm（Copyright 2008 ACS），(d)外部環境の変化に応答した疎水コア―親水シェル粒子の形態変化の様子[50]，コア：アクリル樹脂，シェル：アクリルアミドゲル，スケールバーは上段100μm，下段20μm（Copyright 2009 ACS）

印加による弾性シェルの伸長変形や粒子の鎖状配列が観察されている。同様に，磁性ナノ粒子を含むポリスチレン製コアがアクリルアミドゲル粒子内部の端に偏在するコアシェル粒子を生成し，回転磁場により粒子を偏心回転させ，微小流れ場における撹拌子としての利用を検討した例もある（図5(b)）[48]。

コロイド粒子の規則的配列から成るフォトニック結晶を透明な樹脂の殻で覆った単分散コアシェル粒子が調製されている[49]。本事例では，最内相として直径328 nmのポリスチレン粒子を10 vol.%分散した水相，中間相に光硬化性アクリルモノマー，最外相に界面活性剤水溶液を用いて単分散W/O/Wエマルションを生成し，光硬化処理を介して，例えば平均径170μm，CV値が5%程度の単核のコアシェル粒子の他，流量操作により，さまざまな核数のコアシェル粒子を作製している（図5(c)）。樹脂の殻に覆われたコロイド結晶は外部刺激に強く，外部電場や乾燥，イオン濃度の変化に対する耐久性を有することが確認されている。

また，疎水性の核と親水性の殻から成り，粒子外部の溶媒交換によって形態変化する高分子コアシェル粒子が作製されている（図5(d)）[50]。この例では，核が疎水性のアクリル樹脂，シェルが親水性のハイドロゲルである単核のコアシェル粒子が得られており，生成物が水中ではハイドロ

ゲルであるシェル部が膨潤したコアシェル粒子，有機溶媒中では疎水性のコアが外部に露出したJanus状に形態変化することが観察されている。

14.4　ナンバリングアップによる生産量スケールアップ

　単一のマイクロ流路を用いた液滴生産速度は通常，多くても毎時数グラム程度である。したがって上述のような多相エマルションや微粒子の幅広い商業利用には，たとえ高品質，高付加価値の少量生産品としてであっても，現状の生産性の大幅な改善が必須と考えられる。

　最近，単分散多相エマルションの生産性を向上させる試みがいくつか報告されている。例えば，サイズの大きな単一のマイクロ流路分岐で単一核のダブルエマルションを連続生成し，下流部に設けた多段の２分岐路で内包滴ごと繰り返し２分割し，サイズの小さなダブルエマルション滴の生産性を数倍に高める手法が提案されている[51]。また，Romanowskyらは，One-step型のダブルエマルション生成用流路を数cm角のPDMSチップ上に行列状に最大15個並列配置し，毎時約50 mLの生産速度で，直径のCV値が６％以下の単核W/O/Wダブルエマルションを生成した事例を報告している[52]。

　一方筆者らは，過去に数十〜数百本のマイクロ流路を１チップ上に円状に集積化した装置を用いて，単相エマルション滴およびJanus型液滴の生産量を数十〜数百倍にすることに成功している[53]。最近，同様にダブルエマルションあるいはトリプルエマルションの生成流路を32〜128個配置したチップに，多重管構造の流量分配装置[54]を組み合わせ，各種多相エマルション滴の生産量を容易且つ大幅にスケールアップできる装置を開発している[55]（図６）。

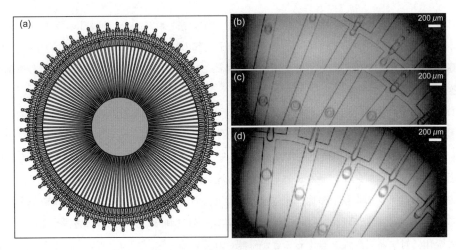

図６　マイクロ流路の並列化によるダブルエマルション生産のスケールアップ[55]
(a)ダブルエマルション生成用128流路集積化チップ（4.5×4.5 cm^2）の概念図，(b)Two-step法による単核ダブルエマルションの並列生成，(c)Two-step法による二核型ダブルエマルションの並列生成，(d) One-step法による単核ダブルエマルションの並列生成（(b), (c), (d)は40流路集積化チップ使用例）

第2章　マイクロリアクターを用いた各種物質製造技術

14.5　おわりに

　マイクロ流路を利用した多相エマルションの生成技術，およびそれらの技術によって生成されるさまざまなマイクロカプセル，コアシェル粒子の最新事例を紹介した．文献を見てもわかるように，これらの事例の多くはごく近年に報告されており，研究分野の急速な発展がうかがえる．関連するベンチャー企業が欧米でいくつか設立されているなど，産業界における実用化の動きも積極的になってきており，本節で紹介した技術および生産物が我々の日常生活に恩恵を与えるようになる日も近いのかもしれない．

文　　献

1) S. Y. Teh et al., *Lab Chip*, **8**, 198 (2008)
2) D. Dendukuri et al., *Adv. Mater.*, **21**, 4071 (2009)
3) 文部科学省科学技術政策研究所サイエンスマップ2008 http://www.nistep.go.jp/achiev/ftx/jpn/rep139j/idx139j.htm（2012年2月アクセス）
4) たとえば，特許第3746766号，U. S. Patent No.7268167，European Patent No.1362634など
5) T. Thorsen et al., *Phys. Rev. Lett.*, **86**, 4163 (2001)
6) T. Nisisako et al., *Lab Chip*, **2**, 24 (2002)
7) S. L. Anna et al., *Appl. Phys. Lett.*, **82**, 364 (2003)
8) T. Nisisako et al., in Proc. of μTAS 2002 Conference, 1, 362 (2002)
9) T. Nisisako et al., *Adv. Mater.*, **18**, 1152 (2006)
10) P. Garstecki et al., *Lab Chip*, **6**, 437 (2006)
11) M. DeMenech et al., *J. Fluid Mech.*, **595**, 141 (2008)
12) S. Okushima et al., *Langmuir*, **20**, 9905 (2004)
13) T. Nisisako et al., *Soft Matter*, **1**, 23 (2005)
14) A. R. Abate et al., *Small*, **5**, 2030 (2009)
15) S. Tamaki et al., in Proc. of μTAS 2007 Conference, 1, 1459 (2007)
16) C. -Y. Liao et al., *Biomed. Microdevices*, **12**, 125 (2010)
17) M. Seo et al., *Soft Matter*, **3**, 986 (2007)
18) A. R. Abate et al., *Lab Chip*, **8**, 2157 (2008)
19) V. Barbier et al., *Langmuir*, **22**, 5230 (2006)
20) D. Saeki et al., *Lab Chip*, **10**, 357 (2010)
21) Y. -H. Lin et al., *J. Microelectromech. Sys.*, **17**, 573 (2008)
22) N. Pannacci et al., *Phys. Rev. Lett.*, **101**, 164502 (2008)
23) Z. Nie et al., *J. Am. Chem. Soc.*, **127**, 8058 (2005)
24) Y. Hennequin et al., *Langmuir*, **25**, 7857 (2009)
25) T. Arakawa et al., *Sens. Actuator. A-Phys.*, **143**, 58 (2008)

26) J. Wan *et al.*, *Adv. Mater.*, **20**, 3314 (2008)
27) T. Nisisako *et al.*, *Microfluid. Nanofluid.*, **9**, 427 (2010)
28) A. R. Abate *et al.*, *Lab Chip*, **11**, 253 (2011)
29) A. R. Abate *et al.*, *Adv. Mater.*, **23**, 1757 (2011)
30) C. -X. Zhao *et al.*, *Angew. Chem. Int. Ed.*, **48**, 7208 (2009)
31) A. S. Utada *et al.*, *Science*, **308**, 537 (2005)
32) S. -W. Choi *et al.*, *Adv. Funct. Mater.*, **19**, 2943 (2009)
33) L. -Y. Chu *et al.*, *Angew. Chem. Int. Ed.*, **46**, 8970 (2007)
34) W. Wang *et al.*, *Lab Chip*, **11**, 1587 (2011)
35) H. Chen *et al.*, *Lab Chip*, **11**, 2312 (2011)
36) S. -H. Kim *et al.*, *Angew. Chem. Int. Ed.*, **50**, 8731 (2011)
37) S. Seiffert *et al.*, *Soft Matter*, **6**, 3184 (2010)
38) S. Seiffert *et al.*, *Langmuir*, **26**, 14842 (2010)
39) S. -H. Kim *et al.*, *Adv. Funct. Mater.*, **21**, 1608 (2011)
40) S. -H. Kim *et al.*, *Lab Chip*, **11**, 3162 (2011)
41) H. C. Shum *et al.*, *Angew. Chem. Int. Ed.*, **50**, 1648 (2011)
42) D. Lee *et al.*, *Adv. Mater.*, **20**, 3498 (2008)
43) D. Lee *et al.*, *Small*, **5**, 1932 (2009)
44) F. J. Zendejas *et al.*, in Proc. of μTAS 2006 Conference, 1, 230 (2006)
45) C. Ye *et al.*, *J. R. Soc. Interface*, **7**, S461 (2010)
46) M. Yasukawa *et al.*, *Chem. Phys. Chem.*, **12**, 263 (2011)
47) S. Peng *et al.*, *Appl. Phys. Lett.*, **92**, 012108 (2008)
48) C. -H. Chen *et al.*, *Adv. Mater.*, **21**, 3201 (2009)
49) S. -H. Kim *et al.*, *J. Am. Chem. Soc.*, **130**, 6040 (2008)
50) C. -H. Chen *et al.*, *Langmuir*, **25**, 4320 (2009)
51) A. R. Abate *et al.*, *Lab Chip*, **11**, 1911 (2011)
52) M. B. Romanowsky *et al.*, *Lab Chip*, **12**, 802 (2012)
53) T. Nisisako *et al.*, *Lab Chip*, **8**, 287 (2008)
54) 西迫ほか, 化学工学会第42回秋季大会, B302 (2010)
55) T. Nisisako *et al.*, submitted

15 マイクロリアクターによる乳化・エマルション調製の微細化

小野　努*

15.1 はじめに

　非相溶な2つの液―液分散系である乳化物（エマルション）は，油脂成分の分散した牛乳のように，身の回りでも広く知られており，その分散系を生み出す技術としての「乳化」も古くから知られているものである。そのほとんどは，界面活性剤などの添加に伴う界面エネルギーの低下や機械的エネルギーの付加による分散法として調製されている。特に，撹拌翼などの剪断作用によって液体を分裂，微小液滴化させる方法が簡便でよく用いられている。しかしながら，機械的エネルギーによる剪断作用で分散させる手法では単分散なエマルションを調製することは難しく，いかにして単分散な液滴径分布に近づけるかが重要な課題となっている。

　これに対して，均質な微細多孔構造を有するガラス（Shirasu-Porous Glass, SPG）膜を用いた膜乳化法[1]や半導体で用いられてきたリソグラフィー技術を利用して均質な人工孔を利用したマイクロチャネル乳化法[2]が開発され，比較的単分散な液滴径分布を有する乳化法として注目を浴びてきた。これらの方法は，サイズの揃った孔（pore）に分散相を押し出すことによって均一な液滴径を有するエマルションを調製する"Extrusion"に基づくものであり，得られる液滴のサイズや液滴径分布は多孔質部分の性質（濡れ性，微細孔径，微細孔径分布など）に強く依存している。最近では，マイクロ流路内での均一な反応場を活かした"マイクロ流路分岐乳化法"が開発され，より単分散なエマルション調製法として期待されている（図1）。この手法では，Extrusion法が孔径より大きな液滴を調製するのに対して，マイクロ流路幅よりも小さな液滴を単分散で調製でき，その流速によって液滴径も制御可能なことから，乳化装置としての高い潜在能力を有す

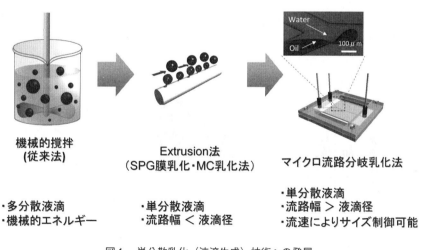

図1　単分散乳化（液滴生成）技術への発展

---

*　Tsutomu Ono　岡山大学　大学院自然科学研究科　教授

る。これら最近の単分散乳化技術の向上は，乳化がバルクの流体を剪断によって分裂させる操作から1つ1つの液滴を生成する操作へと移ってきていることを意味している。サイズの揃った液滴を生産する作業を必要とするため，工業スケールで実現するにはまだ解決すべき問題が残っているが，単分散な液滴をベースとして様々な高付加価値製品が可能になることを考えれば，今後の技術革新が強く求められている研究課題であるといえる。

また，エマルションの微細化はさらに大きな課題であり，製薬などへの応用も可能になるナノサイズの均一エマルション調製技術は以前から求められている。現在は，高圧ホモジナイザーや超音波照射を用いる機械的手法を用いた微細エマルション調製が主流であり，単分散性が高く簡便な調製法に関しては開発の余地が大きいにある。本節では，マイクロ流路の特徴を活かした微細エマルション調製技術に関する最近の研究開発動向を紹介する。

15.2 マイクロ流路分岐乳化法によるエマルション調製の微細化

T字型，Y字型，十字型のマイクロ流路を用いる場合，流路合流部分において分散相の溶液を連続相の溶液による剪断力で液滴を形成させる。この際に得られる液滴径は剪断力に影響を受ける。得られる液滴サイズは連続相流体の線速度によって支配され，界面張力 γ と連続相による剪断力（粘度 μ と線速度 U の積）の比によって表される無次元数であるキャピラリー（Ca）数と相関することが知られている。

$$Ca = \frac{\mu U}{\gamma}$$

つまり，連続相流速を変えることによって1つのマイクロ流路から任意の液滴径を制御して生成することが可能であり，マイクロ流路分岐乳化法の有用な点の1つである。

しかしながら，連続相流速をいくら高くしても得られる液滴径はある程度のサイズで収束していくため，現実的には10〜20 μm程度が限界である（図2）。それゆえ，さらに小さな単分散液滴を得るためには，さらなる技術的な工夫が求められることとなる。最近，孔径よりも大きな液滴

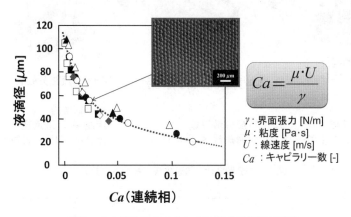

図2 キャピラリー（Ca）数と生成液滴径の関係

第2章 マイクロリアクターを用いた各種物質製造技術

径を生じるExtrusion法でも，流路断面積を極限まで小さくしたナノチャネルを作製することで，単分散なサブミクロンスケールの液滴調製を実現しているが，極めて高度な流路加工技術が必要であり実用的なレベルまでには至っていない[3]。マイクロ流路分岐乳化法においても，ナノスケールの流路では圧力損失も高くなり，流路および接合面の耐久性まで考慮すると現実的なものとはいえず，物理的な剪断による微細化に化学的な技術融合によって微細乳化を目指すことがより有効な手段であると考えられる。

我々は，溶媒拡散法と呼ばれる有機溶媒を希釈操作のみによって連続的に除去する手法を用いて，単分散液滴から連続的な溶媒拡散により10 μm以下の液滴調製は達成できている。水に対して油水界面を維持する非相溶な溶媒であり，ある程度の水への溶解度を持ち併せた酢酸エチルなどの有機溶媒を分散相の一部として油滴を作製すると，大量の水へ希釈するだけで，水への比較的高い溶解度から溶媒拡散することによって分散相の体積を減少させ，結果的に小さなエマルション液滴を調製できる。ヘキサデカン（分散相溶媒）：酢酸エチル（拡散溶媒）＝1：99で調製された単分散液滴は，溶媒拡散によって拡散前の液滴径よりも約5分の1まで小さくできる。マイクロ流路分岐乳化法で調製された直径30 μm程度の液滴は，溶媒拡散によって約6 μmの単分散液滴に調製できた。

また最近，"tip streaming"と呼ばれる微小流体流れを活用すれば，ナノエマルションの調製も可能だという提案がされている[4〜7]。Flow-focus型マイクロ流路を用いて適した流速条件に設定すると，連続相の流れによって延伸された分散相の先端に界面活性剤分子が局所的に集積することで，界面張力をゼロ近くまで下げて先端部分の界面曲率が高まり，極細の糸状流れを形成したあと，Rayleighの不安定性によって生成された液滴は非常に小さくできるというものである（図3）。ただし，現在はまだ理論的な提案の段階であり，実用的なナノエマルション生産レベルにはもう少し時間が必要だと思われる。

連続相の剪断力に頼るマイクロ流路分岐乳化法では，必然的に使用する連続相が増え，その液滴径が小さくなるほど液滴（分散相）の生産速度は著しく落ち，連続相の割合が相対的に増大する。そのため，必要な油水比率や生産性などの実用的な観点からはさらなる技術革新を考えていかねばならない。

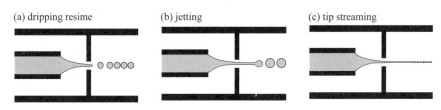

図3　Flow-focus型マイクロ流路内での流れ特性

15.3 転相温度(PIT)乳化法を利用したナノエマルション調製

転相温度(Phase Inversion Temperature, PIT)乳化法は,非イオン性界面活性剤が温度によって親水性/疎水性を変化させる現象を利用した乳化法であり,1960年代から知られている方法である[8～10]。ポリオキシエチレン鎖を有する非イオン性界面活性剤は温度が上昇すると疎水性に変化し,逆に低温になると親水性を大きくする。そのため,ある温度領域において界面活性剤の親水性と疎水性のバランスが釣り合った結果,油と水が可溶化した相が出現する。この界面張力が限りなく小さくなった温度を"転相温度"と呼び,この温度領域では僅かな剪断力で極めて微細な乳化作用がもたらされる(図4)。

転相温度は,ポリオキシエチレン系非イオン性界面活性剤を用いた乳化対象となる油に最適な界面活性剤を選択する手法として提案されたものであり,溶液の電気伝導度を測定することで実験的に求めることが可能である。低温域で安定な水中油滴型(Oil-in-water, O/W)エマルションを加熱していくと,連続相と分散相が逆転するため,溶液全体の電気伝導度が一気にゼロ付近

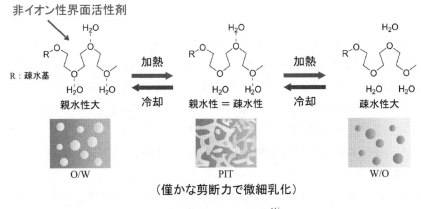

図4 転相温度乳化の模式図[11]

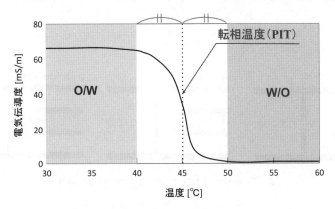

図5 転相温度と電気伝導度との関係

第2章 マイクロリアクターを用いた各種物質製造技術

まで低下する[12]。そこで，図5のように転相温度が決定できる。有機溶液および水溶液組成，界面活性剤構造，相容積の変化などの影響を全て反映した値であり，HLB（Hydrophile-Lipophile Balance）値を正確に表す乳化系の特性値ともいえる。

この現象を用いると，転相温度を含む温度範囲で加熱・冷却し，その際に軽い剪断力を与えておくだけで極めて微細なエマルションが生成できる。マイクロ流路内では平行二相流間のずり応力のみでもエマルションの微細化が可能であり，転相温度に跨がる温度変化を流路内に与えるこ

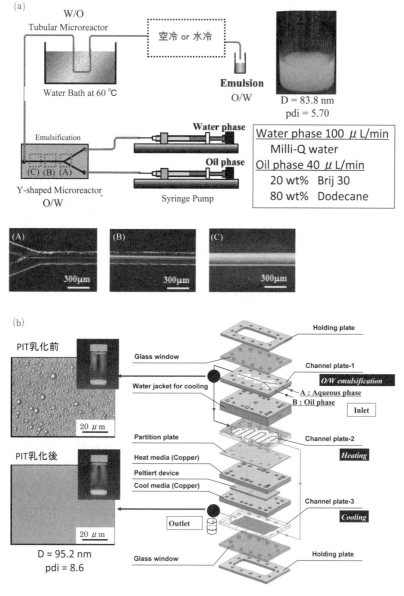

図6 マイクロ流路内での転相温度乳化 (a)チューブ型デバイス，(b)積層型デバイス

とで，二液を送液するだけでナノエマルションが調製できる。

　図6には，この現象をマイクロ流路内に適用したナノエマルション調製装置の模式図を示した。チューブ型マイクロリアクター（図6(a)）は，マイクロスケールのチューブを用いて比較的簡単に作成できる。線速度の異なる非相溶な2つの流体を平行二相流として流すと，両流体間に生じたずり応力によって僅かな剪断力が引き起こされ，二流体界面で乳化が進行する。そこで，転相温度乳化の現象を取り入れると，転相温度を跨いだ温度変化をマイクロ流路方向に与えることで，界面張力が著しく低下した転相温度領域において剪断力を与えることができ，送液のみで微細乳化が可能になる。このとき，マイクロ流路内の滞留時間はその流路長さによって決まるため，流路内の流体が十分に温度変化するだけの流路長を考えておく必要がある。ここで，マイクロ流路の優れた熱制御性を活用することができ，数cm程度の流路長で十分に温度制御が達成できることが計算で求められる。我々は，さらにペルチェ素子によって効率よく熱エネルギーを利用した積層型ナノエマルション調製装置を開発した[13]（図6(b)）。この装置ではマイクロ流路内での平行二相流乳化とそれに続く転相温度以上への温度上昇および転相温度以下への温度低下をペルチェ素子の両側で行い，転相温度乳化法によって調製された100 nm程度のナノエマルションを連続的に取り出すことのできるオールインワン型乳化装置といえる。

　本手法は，界面活性剤の特徴を利用して僅かな温度変化と剪断力だけで比較的サイズ分布の狭いナノエマルションを簡便に調製できる点で，実用的なプロセス構築においても魅力的な技術である。しかしながら，溶液組成により転相温度を調節することが可能な反面，現実的な操作条件範囲では限られた溶液組成しか取り扱えないのが短所でもある。

15.4　マイクロ流路内超音波照射を利用したナノエマルション調製

　超音波照射によるナノエマルションの調製は，現在でも超音波プローブを用いて数十 kHzの周波数で行われている。この周波数領域で超音波照射を行うと，一般に液滴内にキャビテーションと呼ばれる気泡を発生させ，その際に発生するエネルギーを用いて微細乳化が達成されている。これまでの超音波照射は主に回分反応として用いられていて，低周波数領域の超音波を発生させるデバイスは大きくなり，また，使用した人はよく分かることであるが，そこで発生する音は非常に耳障りなものである。

　我々は，高周波数の超音波をマイクロ流路内の流体へ連続的に照射する小型デバイスを設計して研究を行ってきた。圧電（Piezoelectric, PZT）素子を用いて周波数を高く設定することで装置の小型化が達成され，低周波数の超音波照射時に耳障りとなるノイズが聞こえなくなり，静音性の高いコンパクトなデバイスが構築できた[14]。

　図7のように，あらかじめマイクロ流路を用いてマイクロスケールで乳化させ，その乳化液が超音波照射デバイスを通過することでナノエマルションへと変化する。この超音波照射デバイスは彫り込み型のマイクロ流路基板に振動板を挟んで圧電素子を接着したシンプルな構造で構成されている。圧電素子の振動が振動板と共鳴する周波数を設定し，その振動振幅幅が最大となる位

第 2 章　マイクロリアクターを用いた各種物質製造技術

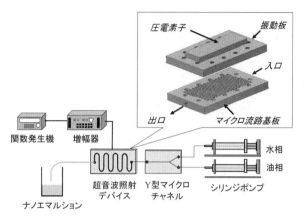

図 7　マイクロ流路内での高周波振動による微細乳化デバイス

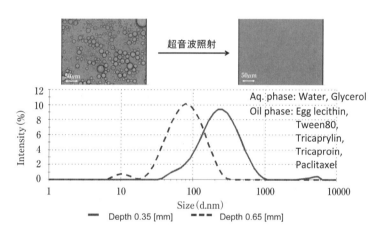

図 8　マイクロ流路内での高周波振動により調製されたナノエマルション

置をマイクロ流路内に合わせる。それゆえ，圧電素子および振動板の厚さは重要であり，マイクロ流路内のどの位置に振動の腹部分を配置するかも乳化作用に強く影響を与える。

実際に，難水溶性抗がん剤を含む油と水を送液し，マイクロ流路深さを最適化した超音波照射デバイスを用いたところ，80 nm 程度のナノエマルションを安定に調製できており，静脈投与可能なエマルション製剤を極めて簡便な操作で調製できることを明らかにしている（図 8）[15]。

本装置は，圧電素子によってもたらされる高周波数の振動を振動板で共振させてマイクロ流路へと効果的に伝わるように設計され，キャビテーションに基づく液滴の微細化ではなく，流体の振動による剪断力を用いるものである。マイクロ流路内に非相溶な異なる流体を送液することで，連続的にナノエマルションを調製できる静音設計された小型デバイスでもあり，閉鎖空間で微細乳化ができることによって乳化液の無菌化も担保され，医療現場などオンサイトでのナノエマルション調製も可能になると期待される。

15.5 おわりに

近年,マイクロ流路を用いた単分散乳化法は,欧米では既に製造から応用に向けたベンチャー企業(RainDance Technologies[16], Capsum[17]など)で精力的な開発が進められている。界面化学,コロイド化学やデバイスの微細加工分野において,世界的にも日本が優位性を持つ技術力がありながら,それらを活かした高付加価値製品の開発段階で欧米に後れを取っているのが現状である。それゆえ,本分野の研究開発フェーズへの投資および産学連携は今後さらに重要になると思われる。研究初期から実用化までのギャップを欧米のスピードと比較していかに素早く積み上げていくかは,本分野のみならず日本の課題であり挑戦していくべき課題であると感じている。本節によって現在の研究開発状況を理解して頂き,少しでも本分野の活性化に繋がることを願っている。

文　　献

1) 中島忠夫ほか,化学工学論文集,**19**, 984 (1993)
2) T. Kawakatsu, *J. Am. Oil Chem. Soc.*, **74**, 317 (1997)
3) I. Kobayashi *et al.*, Proceedings of IMRET12, 95 (2012)
4) S. Anna *et al.*, *Phys. Fluids*, **18**, 121512 (2006)
5) T. Ward *et al.*, *Langmuir*, **26**, 9233 (2010)
6) A. Abate *et al.*, *Lab Chip*, **11**, 253 (2011)
7) W.-C. Jeong *et al.*, *Lab Chip*, doi:10.1039/C2LC00018K (2012)
8) K. Shinoda, H. Arai, *J. Phys. Chem.*, **68**, 3485 (1964)
9) K. Shinoda, *J. Colloid Interf. Sci.*, **24**, 4 (1967)
10) K. Shinoda, H. Saito, *J. Colloid Interf. Sci.*, **30**, 258 (1969)
11) 篠田耕三ほか,油化学,**17**, 133 (1968)
12) P. Izquierdo *et al.*, *Langmuir*, **18**, 26 (2002)
13) 特開2008-238117,「転相温度乳化装置及び乳化方法」
14) 特願2010-209620, WO/2011/058881「超微小液滴調製装置」
15) T. Harada *et al.*, *Jpn J. Appl. Phys.*, **49**, 07HE13 (2010)
16) RainDance Technologies社, http://www.raindancetech.com/
17) Capsum社, http://www.capsum.eu/

16 マイクロチャネルデバイスを用いた非球形微小液滴・微粒子の製造

小林　功*

16.1　はじめに

　互いに混じり合わない二種類以上の液体から構成される分散系であるエマルションにおいて，連続相（たとえば水）に分散している微小液滴（たとえば油）は界面自由エネルギーが最小になるように界面積が最も小さい球形になっている。バルク空間の中では，微小液滴の形状を非球形化して維持することは困難である。一方，マイクロ空間においては，微小液滴の直径がマイクロ空間の少なくとも一辺よりも大きい場合に非球形微小液滴を形成可能である。非球形微小液滴はマイクロ空間の中に存在している場合に限って形状が維持できるため，液滴の状態での応用は限定される。非球形微小液滴はマイクロ空間の中で物理的に変形しているため，一般的な組成および粒子化プロセス（重合，ゲル化，結晶化）を用いて非球形微粒子を製造することが可能であると考えられる。非球形微粒子の製造自体は界面化学的手法でも可能であるが，基材となる微小液滴の組成および粒子化プロセスに多くの制約が伴う[1~3]。非球形微粒子の特徴としては，同体積の球形微小材料と比べて表面積が大きいこと，ならびに中心—表面間距離が短くなるために微粒子に内包されている成分の拡散・混合・反応が促進されることが挙げられる。特に，単分散非球形微粒子（相対標準偏差＜5％）は，光学材料，薬理成分送達システム（DDS）のキャリア，酵素・微生物・細胞の固定化担体などへの応用が期待されている。

　マイクロ加工技術はこの数十年の間に飛躍的に発展してきた。マイクロチャネル（MC）が加工されたデバイスの中で流体を取り扱うマイクロ空間プロセスに関する研究開発は，1990年代後半から国内外で盛んに行われるようになった。そのあと，単分散非球形微小液滴・微粒子の製造が可能なMCデバイスが2000年頃から開発されるようになった[4~11]。

　本節では，MCデバイスを利用した単分散微小液滴・微粒子の製造技術について概説する。まず，分岐構造を持つMCデバイスを利用した研究について紹介する。次に，MCアレイデバイスを利用した筆者らの研究について紹介する。

16.2　分岐構造を持つMCデバイスを利用した非球形単分散微小液滴・微粒子の製造

　MCデバイス上に加工されている分岐構造は，T字型，Y字型などのジャンクション（JCT）構造[4,12]と分散相とその両脇を流れる連続相を収束させるFlow focusing（FF）構造[5]に大別される。本項では，各々の分岐構造において製造可能な非球形微小液滴・微粒子の形状などについて概述する。

16.2.1　非球形単分散微小液滴の製造に関する基本的特性

　分岐構造を持つMCアレイデバイスを用いた単分散微小液滴の製造に関する最初の研究論文は

＊　Isao Kobayashi　㈱農業・食品産業技術総合研究機構　食品総合研究所
　　　　　　　　　　食品工学研究領域　主任研究員

2001年に掲載された[4]。この論文において，ThorsenらはT字型のJCT構造を用いて円盤状や栓状の非球形単分散微小液滴の製造が可能であることを報告した。T字などJCT構造は，連続相供給用MCと分散相供給用MCから構成されており，いずれのMCも加工上の理由により同じ深さである場合が多い。JCT構造を用いて作製される微小液滴はMC深さよりも大きくなるため，作製直後の液滴形状は基本的には非球形になる。JCT構造を用いて作製される微小液滴の形状は各相の流速によって次のように変化する[13]。連続相の流速の影響に関しては，流速が低い場合は栓状の微小液滴が作製される。連続相の流速が増加するに伴って微小液滴の長さが短縮していき，最終的には円盤状の微小液滴が作製されるようになる。一方，分散相の流速の影響に関しては，流速の増加に伴って液滴形状が円盤状から栓状への変化または液滴長さの増大が起こる。

　Annaらは，FF構造を用いて単分散微小液滴の製造が可能であることを2003年に報告した[5]。FF構造は，分散相供給用MC，分散相の両脇に加工されている連続相供給用MC，二相の流れを収束させるためのMC，ならびに下流部MCから構成されている。FF構造の加工は，JCT構造と同様にリソグラフィ技術を用いて行われるため，MCの深さは同一であることが多い。FF構造を用いて作製された直後の微小液滴は球状または円盤状になることが多いが，下流部のMCを狭くすることによって栓状の微小液滴を作製することも可能である[14,15]。球形微小液滴は分散相流速が低く，なおかつ連続相流速が高い場合に作製される。

　ちなみに，分岐構造を持つMCデバイスを用いて単分散微小液滴を製造するためには，分散相と連続相の流速を適切な範囲に設定する必要がある[7]。

16.2.2　非球形単分散微粒子の製造

　分岐構造を持つMCデバイスを用いた単分散非球形微粒子の製造に関する最初の研究論文は2005年に掲載された[14,16]。DendukriらはT字型のJCT構造を用いて栓状モノマー液滴を作製し，下流部MCにおいて *in situ* 紫外線重合を行うことにより栓状高分子微粒子を得た[16]。このMCアレイデバイスにおいて，下流部MCは出口付近の幅が広くなっており，この部分に到達したモノマー液滴は円盤状に変形した。この円盤状モノマー液滴を *in situ* 紫外線重合することにより円盤状高分子微粒子が得られた。Xuらは下流部MCの幅が制御されたFF構造を用いて円盤状や栓状の微小液滴を作製し，下流部MCにおける *in situ* 紫外線重合または温度変化により非球形状を維持した高分子・ゲル微粒子を得た[14]。また，Seoらは，FF構造の下流部MCの中に格子状に最密充填された非球形モノマー液滴を *in situ* 紫外線重合させて非球形高分子微粒子アレイを製造した[15,17]。本項で紹介した研究では，非球形微小液滴・微粒子の組成は均一な一相系であった。分岐構造を持つMCデバイスを用いて多相系の非球形微小液滴を製造することは可能であるので，MCデバイスを用いた非球形微小カプセルの製造も実現可能であると考えられる。

16.3　MCアレイデバイスを用いた非球形微小液滴・微粒子の製造

　筆者らが研究開発を進めてきたMCアレイデバイスの起源は，毛細血管モデルとして1990年頃に開発された均一サイズのMC（断面サイズ：約6 μm）が多数加工されたMCアレイデバイスで

第2章 マイクロリアクターを用いた各種物質製造技術

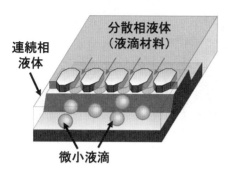

図1　MC乳化による微小液滴作製の模式図

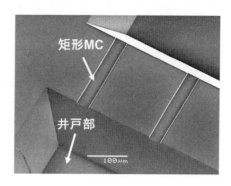

写真1　MCアレイの電子顕微鏡写真

ある[18]。筆者らのグループは，このMCアレイデバイスを乳化操作に利用したMC乳化に関する研究を1990年代半ばに開始した[19]。MC乳化は，MCアレイを介して分散相を連続相中に圧入するだけで単分散エマルションを製造できるシンプルな乳化技術である（図1）。なお，MC乳化に関する詳細は文献を参照されたい[20,21]。

MC乳化で用いられるMCアレイデバイスでは，MCアレイの外側に設けられている井戸部がMCに比べて十分深くなっており（写真1），作製された微小液滴は球状で井戸部の中に分散している。MC乳化により作製される微小液滴の直径はMC深さの3倍以上であることが多く[22]，MCと井戸部の深さの比を小さくすることにより物理的に変形させられた単分散微小液滴の製造が原理的に可能である。筆者らは，MCアレイと深さがMCの2倍に設計された井戸部から構成されるMCアレイデバイスを開発し，このデバイスを用いて単分散円盤状微小液滴の製造が可能であることを示した[10]。非球形微小液滴の作製に用いられるMCアレイデバイスならびにMCアレイを介した非球形微小液滴の作製に関する基本的特性について以下に述べる。

16.3.1　MCアレイデバイス

非球形微小液滴の製造用に開発されたデッドエンド型MCアレイデバイス（モデル：MSX）の模式図を図2に示す[10]。MCアレイは，単結晶シリコン製のデバイス上に4列配置されている。このMCアレイは，均一サイズの並列矩形MC，MC出入口のステップ，ならびにMCアレイの外側に存在する浅い井戸部から構成されており，フォトリソグラフィと高密度プラズマエッチングのプロセスを二度行うことで加工された。MCアレイデバイスは，モジュールと呼ばれるホルダーの中に組み込まれた状態で液滴作製に用いられる。液滴作製時において，MCアレイデバイスは透明板に物理的に圧着されているだけであるので，実験後にモジュールの中から取り出して容易に洗浄することが可能である。筆者らはまた，非球形微小液滴を連続的に作製・変形することが可能なクロスフロー型MCアレイデバイスも開発した[23]。これらのMCアレイデバイスには多数の並列MCが加工されており，前項で紹介したMCデバイスよりも液滴生産性の面で有利であると考えられる。

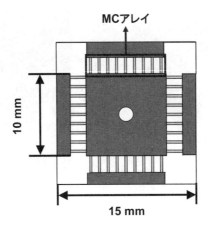

図2　デッドエンド型MCアレイデバイスの模式図

• 単分散非球形微小液滴の製造

　MCアレイを介した非球形微小液滴の作製に関する模式図と写真をそれぞれ図3と写真2に示す。MC通過した分散相は，井戸部において微小水中油滴へと自発的に変形した（写真3）[24]。円形の輪郭を有する単分散微小油滴は平均直径より浅い井戸部の中に閉じ込められていた。上述の結果は，筆者らが開発したMCアレイを用いて単分散円盤状微小液滴が製造されたことを示すものである。非球形微小液滴は，同体積かつ同組成の球状微小液滴よりも界面自由エネルギーが高く不安定になる傾向にある。単分散円盤状微小液滴の材料（分散相）と連続相の組成が適切であれば，隣接する微小液滴同士が接触した状態であっても高い合一安定性を実現することが可能である（写真4）[10]。MCアレイデバイスを用いて製造される円盤状微小液滴の直径は，MC幅の増大に伴って増大（図4(a)）する一方，ステップの高さの増大に伴って縮小（図4(b)）する傾向にあった[23]。このとき，微小液滴の体積はステップが低い方が多少増大していた。低いステップ，

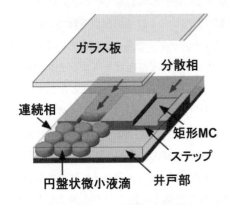

図3　MCアレイを介した非球形微小液滴作製の模式図

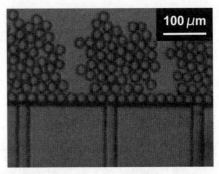

写真2　平板溝型MCアレイ（MSX03）を介した均一サイズ円盤状微小液滴の作製
（MC深さ：$5\mu m$，井戸部深さ：$10\mu m$，精製大豆油／1.0wt%Tween 20水溶液系，分散相操作圧力：3.6kPa）

第2章 マイクロリアクターを用いた各種物質製造技術

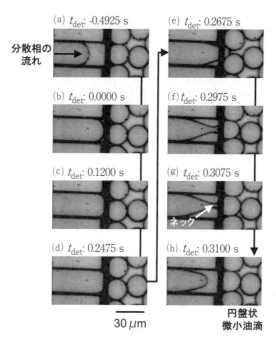

写真3 MSX03デバイスに加工された矩形MCを介した円盤状微小液滴の作製プロセス
(t_{det}：離脱時間，MC深さ：5μm，井戸部深さ：10μm，精製大豆油／1.0wt％Tween 20水溶液系)

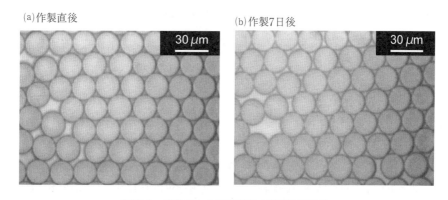

写真4 作製された円盤状微小液滴の安定性
(円盤高さ：10μm，シリコーン油／1.0wt％ドデシル硫酸ナトリウム水溶液系)

すなわち浅い井戸部の中に作製された円盤状微小液滴の方が，深い井戸部に作製された球状微小液滴よりも体積が多少大きくなることが示された。MC幅に関しては，適切な断面アスペクト比(MC幅／MC高さ)の選択が単分散円盤状微小液滴を製造するために重要である。また，ステップの高さに関しては，単分散円盤状微小液滴を製造するためにはステップの高さをしきい値より

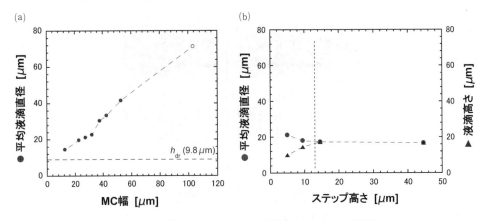

図4　MC幅とステップ深さが平均液滴径に与える影響
h_{dr}：液滴高さ

低くする必要がある。本技術では，MCのサイズを巨大化または微小化することによりサイズの異なる単分散円盤状微小液滴を製造可能である。MCの微細化については筆者らが既に試みており，現在最小で数ミクロン径と赤血球のサイズに近い単分散円盤状微小液滴の製造が可能である[10]。

16.3.2　クロスフロー型MCアレイデバイスを用いた単分散非球形微小液滴・微粒子の製造

　当初開発したデッドエンド型MCアレイデバイスは液滴作製挙動の解析用に設計されていたため，作製された微小液滴の操作が困難であった。そこで筆者らは，非球形微小液滴の作製・操作が可能な構造を持つクロスフロー型MCアレイデバイス（モデル：HMS）を開発した[25]。クロスフロー型MCアレイデバイス上における非球形微小液滴の作製・変形・固化の模式図を図5に示す。まず，デバイスの上流側に位置するMCアレイにおいて，単分散円盤状微小油滴の連続製造が可能であった。次に，井戸部に存在する円盤状微小液滴は，連続相の流れにより下流側へ逐次移動していくことが確認された。さらに，デバイスの下流側に位置するMCに到達した円盤状微小液滴はMCに進入する際に栓状に変形し，なおかつ栓状微小液滴としてMCの中を前進していくことが示された。

　クロスフロー型MCアレイデバイスを用いて製造された単分散非球形微小液滴は，デバイス上で固化させることにより単分散非球形微粒子にすることが可能である。この非球形微粒子はバルク空間においても形状を維持できるため，非球形状を維持した状態で回収・保存が可能である。これまでに筆者らは，本技術による固体脂や高分子を素材とした単分散非球形微粒子の製造について報告してきた。固体脂微粒子に関しては，温度制御されたデバイス上で製造された単分散円盤状微小油滴を井戸部で冷却して結晶化させることにより扁平状の単分散固体脂微粒子が得られた[25]。また，高分子微粒子に関しては，デバイス上で製造された単分散非球形微小油滴を井戸部または下流部MCアレイの中で*in situ*紫外線重合させることにより円盤状・栓状の単分散高分子微粒子が得られた[26]。

第2章 マイクロリアクターを用いた各種物質製造技術

16.4 おわりに

本節で概説したように，MCデバイスは形状やサイズが精密に制御された単分散非球形微小液滴・微粒子の製造に対して非常に有用なツールである。分岐構造を持つMCデバイスに関しては，生産性は低いが同一のデバイス上で液滴形状を比較的容易に変化・制御させることが可能であるので，基礎研究用途に適しているものと考えられる。また，このタイプのMCデバイスは非球形状の単分散多相微小液滴の製造も可能であり，単分散非球形微小カプセルの作出も可能であると期待される。一方，MCアレイデバイスに関しては，デバイス上に多数のMCを配置することならびにデバイスの洗浄が容易であることより，単分散非球形微小液滴・微粒子の実用生産に適しているものと考えられる。ただし，現有のMCアレイデバイスにおける液滴生産性はラボスケールであるため，MCアレイデバイスの大型化や並列化が必要である。非球形微小液滴を基材とした非球形微粒子・微小カプセル製造技術はまだ基礎研究の段階である。今後のさらなる研究開発により，化学品・医薬品・化粧品・食品などへの応用が可能な新規かつ高機能な微小材料の創製が期待される。

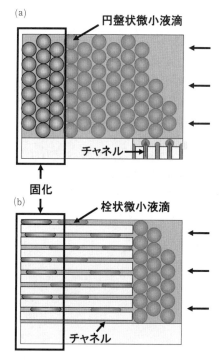

図5 クロスフロー型MCアレイデバイス（HMS1）を用いた
非球形微小液滴の作製・変形・固化の模式図
(a)液滴作製部，(b)液滴変形部

文　　献

1) T. Fujibayashi *et al.*, *Langmuir*, **23**, 7958 (2007)
2) T. Tanaka *et al.*, *Langmuir*, **26**, 3848 (2010)
3) T. Nishisako *et al.*, *Adv. Mater.*, **19**, 1489 (2007)
4) T. Thorsen *et al.*, *Phys. Rev. Lett.*, **86**, 4163 (2001)
5) S. L. Anna *et al.*, *Appl. Phys. Lett.*, **82**, 4163 (2003)
6) H. Xu *et al.*, *Lab Chip*, **5**, 131 (2005)
7) A. R. Abate *et al.*, *Phys. Rev. E*, **80**, 026310 (2009)
8) D. Dendukri *et al.*, *Langmuir*, **21**, 2113 (2005)
9) M. Seo *et al.*, *Langmuir*, **21**, 11614 (2005)
10) I. Kobayashi *et al.*, *Langmuir*, **22**, 10893 (2006)
11) I. Kobayashi *et al.*, *J. Biosci. Bioeng.*, **108**, S137 (2009)
12) M. L. J. Steegmann *et al.*, *Langmuir*, **25**, 3396 (2009)
13) P. Garstecki *et al.*, *Lab Chip*, **6**, 437 (2006)
14) S. Xu *et al.*, *Angew. Chem. Int. Ed.*, **44**, 724 (2005)
15) M. Seo *et al.*, *Langmuir*, **21**, 11614 (2005)
16) D. Dendkri *et al.*, *Langmuir*, **21**, 2113 (2005)
17) M. Seo *et al.*, *Langmuir*, **21**, 4773 (2005)
18) Y. Kikuchi *et al.*, *Microvascular Res.*, **44**, 226 (1992)
19) T. Kawakatsu *et al.*, *J. Am. Oil Chem. Soc.*, **74**, 317 (1997)
20) 中嶋光敏, 日本食品工学会誌, **5**, 71 (2004)
21) G. T. Vladisavljević *et al.*, Microfluid. Nanofluid., doi:10.1007/s10404-012-0948-0
22) S. Sugiura *et al.*, *Langmuir*, **18**, 3854 (2002)
23) I. Kobayashi *et al.*, *Ind. Eng. Chem. Res.*, **48**, 8848 (2009)
24) I. Kobayashi *et al.*, *Food Biophysics*, **3**, 132 (2008)
25) I. Kobayashi *et al.*, *J. Biosci. Bioeng.*, **108**, S137 (2009)
26) 小林功ほか, 化学工学会第43回秋季年会, X209 (2011)

第3章　マイクロ化学プロセス開発

1　マイクロ化学プロセスの生産プラント化へのアプローチ

竹島弘昌*

1.1　はじめに

　東レエンジニアリングのマイクロ化学への取り組みは，我が国で2002年MCPT（マイクロ化学プロセス技術研究組合）が発足して以来，同プロジェクトへの試験デバイスの開発，提供から始まった。2008年には，プラント事業部にマイクロ化学チームを発足させ本格的に取り組みを開始し，デバイス，センサ類の自社開発からエンジニアリング手法とカスタマイズ化を中心に積極的に展開している。開発当初から量産化を見据え，マイクロの原理を活かして，ミリサイズの分野においてマイクロ化学を展開しており，本節では生産プラント化へのアプローチとして，技術的に充分可能な段階に来ている量産化プラントについての重要なポイントについて，当社の最近の状況とともに紹介する。

1.2　マイクロ化学プラントの基本的装置構成

　マイクロ化学プロセスの反応部分の基本装置は，ポンプ，ミキサー，リアクターおよびセンサ類（計測・制御関連装置）から構成されている。以下に，その主要構成機器の役割と工業化への課題について述べる。

1.2.1　ポンプ

　マイクロ化学プロセスにおける基本構成には，対象とする流体を精密な流量および圧力範囲で定量的に脈動がなく確実に送液できるポンプが不可欠である。微少流量域の反応プロセス，耐久性，粘度・温度・圧力に適合する種類は，処理プロセスや取扱流体によりかなり限定される。
　その中でも定量性を重視したシリンジポンプや低脈動のプランジャーポンプが選定されることが多い。送液量については，量産化を考慮した場合，数〜数十mL/min以上，圧力については，流体の粘性や通液時の圧力損失，閉塞への対応までを考慮すると，1MPa以上が要求されるケースが増えている。このような場合は，ガラス製のシリンジポンプでは適用が困難となる。工業的には，3連プランジャーポンプがマイクロでの実績も多いが，無脈動，精密性の観点からはやや難点があると思われる。当社は，連続的定量送液（2連シリンジの交互運転），高圧（5MPa），高い洗浄性（シリンジ部の解体容易）といった特徴を有する小規模試験から量産化に適用可能な

---

*　Hiromasa Takeshima　東レエンジニアリング㈱　エンジニアリング事業本部
　　　　　　　　　　　プラント技術部　第2プラント技術室　マイクロ化学チーム
　　　　　　　　　　　主席技師

シリンジポンプ[1]を開発し，プロセスにより適用している。

1.2.2 デバイス

マイクロ装置の中核をなすデバイスとしての機器は，微少流量レベルから精密混合や温度制御，高効率な混合や除熱・加熱が要求されることから，主にミキサーとリアクターが対象となる。特にミキサーは反応時間を短く精密に制御するためには，その特性の見極めと確認が必要不可欠である。

(1) ミキサー

マイクロ化学プロセスに適用するミキサーには，反応（速度，温度）に適した構造，微小または複雑な流路による圧力損失が極力小さいこと，詰まりに対する分解洗浄が容易なことなどのメンテナンス性が重要である。これまでマイクロ化学で比較的よく使用されているミキサーの種類には，界面制御接触型として，T字管，Y字管，強制接触型として，分割合流管などがあるが，T字管，Y字管は，反応や流量によっては，強制接触的に用いると混合性能に違いが大きくない場合もあり，低コストで取扱も容易である。分割合流型は，迅速混合を目的とし，流路形状を工夫したもので多くの実績，種類がある。その中で，当社のマイクロハイミキサー[1]（図1）は，その独特な構造により，広範囲の流量域において，高い混合性能と低い圧力損失の特徴を有している。

(2) リアクター

一般的に流通しているマイクロリアクターは，大きくプレート型とチューブ型に分類される。プレート型は，ガラスや金属のプレートに反応液を流すチャネルが設けてあり，プレートを積層することにより，処理流量を増やしたり，チャネルの断面形状を多様に加工することが可能である。ただその構造や流路径の狭さにより，プレート同士のシール面や洗浄操作性などに難がある。チューブ型は，SUSなどの金属や樹脂チューブが使用され，試験などではチューブ内の反応状態が可視化できる樹脂製が便利で多用されるが，生産プラントでは，交換が容易で汎用性があり，径の種類が多く，耐圧性や伝熱性にも優れている金属性が実用的である。

当社のマイクロタワーシリーズでは，チューブ型のリアクターを採用しており，リアクターやミキサーなどのデバイスは，反応に合わせて自在な構成が可能であり，タワー状に縦置きした形状で省スペース，横流れに対してスラリーなどの沈降防止や気泡などの溜まり防止にも利点がある。

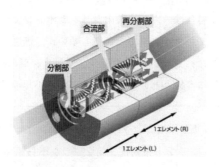

図1　当社マイクロハイミキサー

第3章 マイクロ化学プロセス開発

1.2.3 センサ

マイクロで使用するセンサは，その評価，管理に不可欠なものであるが，後述するナンバリングアップに対して，マイクロ空間にて適正な指示が得られることはもちろんのこと，数量を必要最低限に設計することが求められる。マイクロの本格的な工業プラントとして使用するセンサは単純に現状の工業計器をダウンサイジングすることでは，流路の閉塞性，微少容量への応答性，外乱の影響を受けるという点で適用が困難となる可能性が大きい。ストレートな流路構造は洗浄性も高く，反応によりスラリが発生するような系に対しても安定した使用が可能であり，またGMPへの適用でも優位となる。また，温度センサにおいては，マイクロは比表面積が非常に大きいことにより，外乱からの放熱・受熱の可能性が高いので，真の反応温度を測定するためには，この影響を極小化する必要がある。例えば，樹脂と金属を組合せた構成などは，外乱影響を受けにくく，高い温度応答特性を有することができる。流量センサについては，定量性が信頼できるポンプを用いて供給する場合は，必ずしも設置する必要はなく，設置する場合でも最小限にすべきである。

なお，東レエンジニアリングのマイクロ温度，圧力センサの開発については既報[2]があり，詳細は参照されたい。

1.3 ラボ試験からのマイクロ技術ノウハウの蓄積

当社では，お客様と共同で様々な分野でのマイクロ技術によるラボ試験を，プロセス適用可能性試験と称しここ5年間以上にわたり実施しており，当社独自での基礎試験と合わせて種々の技術と開発実績を蓄積してきた。本項では，その概要を量産化への第一ステップとして紹介する。

1.3.1 プロセス適用可能性試験

ラボ検討の一般的な進め方は表1のように行うが，現実には既存バッチ法での実績やMCPTで確証された結果などのプロセスを参考に構築し，検討負荷を少なくすることが望ましい。

一般的には，試験プロセスの構築はバッチのフラスコレベルから確立されるケースが非常に多い。この段階で，例えば以下のような既存技術での課題が抽出される。

① 高発熱反応のため滴下操作となり，生産時間が長く，装置は大型化の傾向になる。
② 精密な温度制御ができないため，副反応性が高く，反応収率に限界が生じる。

表1　ラボ検討の進め方

1）試験フロー………①合成，反応など　既存技術の調査および選択
②試験工程の検討，構築
③試験デバイスの選定
2）試験条件…………①最適化パラメータの抽出
②試験条件の具体的数値設定
③評価項目，方法および判定基準の策定，確認
3）安全，環境対策……原材料の確認，反応などによる危険性の対策

バッチ法での条件見通しが立たない場合は，試験方法をマイクロフロー式により反応機能の分化検討からに切り替え可能性を探索することになる。その場合は，逆にあとでフラスコでの試験がフロー試験の確証に使われることもある。また，固化などによる閉塞の発生の予想やその際の洗浄剤の選定などの対策も考慮しておく必要がある。

1.3.2 試験における課題

試験の実施においては，原料濃度，反応時間，反応温度，圧力などをパラメータとして検討するが，バッチでの実績に対して反応条件（温度，圧力など）を過酷にしてメリットを見出すことも重要である。当社での試験の課題としては，数多くの試験に対応するために，時間が限られていること，サンプル量に限界あること，評価分析とのタイムラグによる影響などがあり，試験での最適解のご要求に必ずしも対応できているとは言えないが，次のステップへの移行のため，短時間（1～2日）での最適条件を見出すことを期待される。今後は，試験装置の貸し出しなど，オンサイトでの連続試験への推進も試行していく。

1.3.3 スケールアップ基礎試験

量産化を考えれば，要求性能を満足する限り流路サイズはできるだけ大きい必要がある。

当社では，当初から量産化を目指した"マイクロサイズからミリサイズへ"を掲げ，マイクロ過程での知見や特性がミリ流路でも発揮できることを実証する試験をその中で実施してきた。マイクロチップでの試験結果が当社のミリ流路のリアクターでも遜色がない結果を図2に一例として示す。

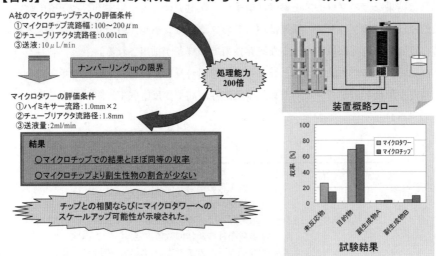

図2　流路のスケールアップ試験例

第3章　マイクロ化学プロセス開発

1.3.4　試験からの開発ニーズとその展開

　ラボ試験での様々な反応の過程や知見に基づき，必要となるデバイスが明確になり，開発の必要に迫られた結果，当社独自のデバイスに発展した例としては，高圧自動調整弁やマイクロノッカーシステムなどがある。特に，マイクロ流路における閉塞防止は，安定した運転に必要不可欠である。当社のマイクロノッカーシステムは，特殊タイプの超音波ユニットを使用しており，チューブタイプ流路に必要なエネルギーが的確に伝わり，図3に示すように，反応中での閉塞防止に高い効果があることが検証された。

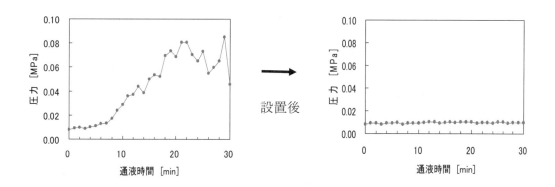

装置条件：マイクロハイミキサー＋チューブリアクター内蔵タワータイプ超音波ノッカー
試験条件：無機系スラリー液　　温度２０℃

図3　ノッカーの閉塞防止効果

1.4　マイクロ量産化の手法とその実施例

　本項では，ラボスケールの開発装置からステップアップし，少量の生産設備構築まで発展させた一例として，ある反応工程においてスケールアップおよびナンバリングアップ手法によって能力アップと量産化を目指すファインケミカルプラントを紹介する。
　基本的にバッチとマイクロ手法の差をラボ検討試験で確認したことが出発点となっている。試験結果において，反応収率はバッチ（40〜60％）とマイクロプロセス（99％以上）で大きな差を示した。副生成物の発生がほとんどなく，目的物の製造能力が増加した結果，初めて工業化への目処が得られるが，収率が向上した要因（例えば，機能分化の効果や温度，圧力などの反応条件あるいは反応物濃度などの影響）を分析することも重要であり，量産化への開発検討の負荷を最小限にするための有用な材料になる。本試験装置は，図4のように反応工程が2段階あり，それぞれにマイクロミキサーとリアクターを組み込んだ構成である。マイクロ用温度センサは各反応温度や反応進捗度を確認するため，またマイクロ用圧力センサと自動調整弁もプロセス流路末端で系の圧力制御のために組み込んでいる。

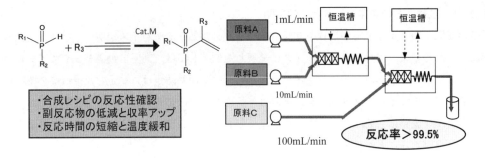

図4　反応式および試験フロー

1.4.1　スケールアップ基礎試験

　一般にマイクロの利点とされるナンバリングアップの手法であるが，やみくもなナンバリングアップは設備コスト面，運転管理面などから限界があり，その数量は，高々流路10倍程度と考える。その前にスケールアップや条件（温度，圧力など）の苛酷化による限界を検討すべきであり，ミリサイズのチューブ型リアクターでの流路サイズによる効果をフッ素化反応で検証した実例も報告されている[3]。ミリサイズのチューブリアクターを例にとると，そのスケールアップ倍数は，せいぜい数倍程度と考えられるが，それでもナンバリングアップに及ぼす負荷の低減は非常に大きいものと考えられる。

　そのほか，流路幅を変えずに全体の直径や一方向の深さを大きくすることにより処理量を増やすというイコーリングアップという方法もあり検討されている[4]。

1.4.2　ナンバリングアップ基礎試験（分配性能および安定化確認）

　2液混合，5流路並行型のナンバリングアップについて，シミュレーション検討例を図5に示す。混合性については，流量比が均等分配に影響を与える大きな要因であり，かつ，均等分配には流体の分散性や粘度，温度などの性状も関係するので，デバイスの製作にはこれらの要素を考慮したシミュレーションや装置のハード設計が必要である。ここでは，実際の分配試験によりナ

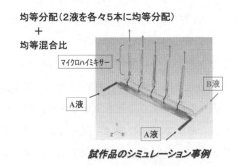

図5　シミュレーションの例
（ナンバリングアップ）

第3章 マイクロ化学プロセス開発

ンバリングアップの手法が現実的になった。今後,実プラント化の段階では,最小限の流量や差圧センサなどによる分配の具体的な管理システムが必要となってくると考えられる。

1.4.3 スケールアップとナンバリングアップの組合せ

1.4.1で述べたようにリアクター流路やミキサーのサイズなどを数倍大きくして,スケールアップの効果を確証してから,ナンバリングアップの検討に入ることで,装置の規模を最小化することが一般的である。

反応工程においてスケールアップとナンバリングアップ手法をハイブリッドした増能力の検討を前述の図4のフローに対して実施した。この系では,すべての手法を組合わせる必要はなく,前段の小流量の反応はスケールアップのみで対応し,後段の反応は,スケールアップしたデバイス(ミキサー,リアクター)を装填したナンバリングアップ装置で対応している。またナンバリングアップは,図6に示すようなインターナル方式を選択し,装置自体の小型化を図った。

能力アップの結果を表2にまとめる。能力アップ前後での反応収率は変らない中での,約10倍の生産能力増での検証の結果,量産化の第一段階での製造条件は本手法で確立された。当然ながら,各流路毎の流量,反応率についても問題ないことが検証できている。

本反応で使用したマイクロタワーの特徴は,ラボスケールからナンバリングアップデバイス量産化へデバイスの部分交換で容易に橋渡しができ,量産化へのリードタイム短縮化が図れるところにある。

1.4.4 全工程の連続フロー化

前項までの反応工程では量産化の目処はできたが,あくまでも中間製品であり,最終製品化までには精製や分離回収などの後工程が存在する。このような後工程も含めた連続化は,全装置の小型化と処理(滞留)時間の低減につながり,工程一体化への期待効果は大きい。装置規模は原料,中間,製品タンクのサイズが小型化できるように全体的にコンパクトになり,危険物取扱い設備などでは閉鎖系になることも加わり,安全性の向上にもつながる[5]。

現在マイクロでの分離技術は,実用化という面では,かなり限定されるので,既存プロセスに基づき,フロー系のマイクロ技術をどのように織り込むかが課題となる。しかし,精製および分離回収工程と連続一体化へ新たな手法構築の可能性は充分に考えられ,現在検討中である。

図6 ナンバリングアップデバイス

表2 能力アップの結果

	スケールアップ	ナンバリングアップ
リアクターサイズ	φ1.8→φ3	－
ミキサーサイズ	φ1→φ1.5	－
ライン数	－	1→3
能力比	1→3倍	3→9倍

3 ton/y ×9倍＝27 ton/y(30 ton/yの目標達成可能)

マイクロリアクター技術の最前線

1.4.5 マイクロの洗浄性

マイクロ化学装置の洗浄は，特に生産が多品種にわたり切り替えが必要な場合や系内に閉塞が生じやすい場合は，避けることができない操作となる。構成デバイス，センサや配管には，設計時から下記の配慮をしておくことで，洗浄性や洗浄時間に大きな効果が生じる。

① CIP洗浄性を配慮した溜まりや凹凸のない構造
② 分解性を考慮した設計（分解が容易な構造）
③ 洗浄剤の選定と洗浄装置，ラインの設計

当社のマイクロタワーはマルチユース，品種切り替えを考慮し，内部洗浄が容易な設計がなされている。

1.5 おわりに

マイクロ化学技術により21世紀型の化学プラントが創出されることに大きな期待がされて久しいが，各社での取り組みには，具体的なテーマを模索する以前の段階からプラントの実現を見据えて量産化の検討による試験を実施している段階までまだまだ大きな温度差が見受けられるのが実情である。そのような状況の中で当社は，マイクロ化学技術の普及を進める一方で，図7に示すようにエンジニアリング会社という特徴を活かし，ステップアップとカスタマイズ対応により

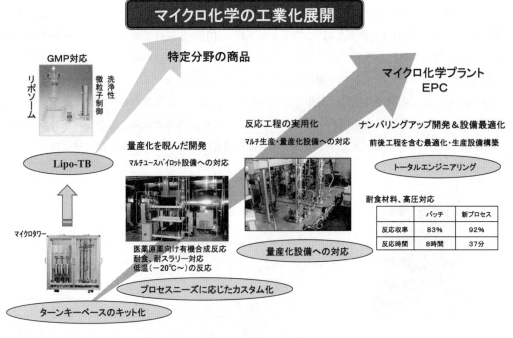

図7　工業化への展開

第3章 マイクロ化学プロセス開発

推進し，本技術によるパラダイムシフト創出に向けて確実な量産化の実現を目指している。

　また，当社は，マイクロ化学プロセス固有の特性を活かした特定の商品も展開しており，リポソーム製造装置は，迅速除熱，迅速混合，滞留時間の精密な制御といったマイクロの特性を有効に発揮できる商品としてこれからの普及が大いに期待されている。

文　　　献

1) 馬場美貴男，マイクロリアクターによる合成技術と工業生産，p43，サイエンス＆テクノロジー（2009）
2) 黒田政計，マイクロ化学プラント用計測機器（ゼロロスセンシング）の開発，計装，52（12）p72（2009）
3) 中谷秀樹，マイクロリアクターを用いたフッ素ファインケミカル製品の合成，サイエンス＆テクノロジー，セミナー（2009）
4) 前一廣，長谷部伸治，マイクロ化学工学 マイクロ化学プロセス人材育成事業，平成21年度実証講義，p132（2009）
5) 馬場美貴男，岩本猛，マイクロタワーおよび量産化プラントへのアプローチ，計装と制御，51（2）p169（2012）

2 ニトロ化合物の安全高効率製造

太田俊彦*

2.1 はじめに

21世紀に入ってのナフサ価格をはじめとする各種原材料価格の乱高下や地球温暖化に代表される環境問題が顕著なものとなり，化学品製造業はさまざまな次元での共生の努力がより一層求められている。

加えて日本では国土も狭く人の居住地域と工業地域が隣接または混在しているため，産業安全の見地からも海外とも比較して，より厳格なプロセスの構築とその運転技量が要求される。我々はこのような環境の中でニトロ化合物に代表される高反応性化合物の生成および転換反応に関して，マイクロ空間での反応を取り入れ，持続可能社会の構築に貢献するため必要な化合物を必要なときに必要な量だけ（過剰に作り過ぎない），そして高効率に作ることのできる化学品生産体制の構築を行っている。

この対象となるニトロ化合物は，ニトログリセリンなどの硝酸エステル類[1,2]の医療用途は当然としても高い反応性を示すことから，今日でもさまざまな化学物質の有益な中間体として，生産され消費され続けている。その実例として芳香族としてもっとも単純な誘導体であるニトロベンゼンとクロルベンゼンは，日本国内合計だけでも年間15万トン以上[注]の規模で生産され，ほぼそれと同等量が国内で消費されている。

2.2 現在のニトロ化合物の工業的な製造方法とその特徴

これほど需要の大きい基礎化合物であっても，ニトロベンゼンはじめニトロ化合物の多くの工業的な合成には1834年にドイツのMitscherich が発見[3]した，硝酸を単独または硫酸などと併用してニトロ化する方法が，現在でも唯一の実用的な方法として全世界において採用されている。

ほかにはニトロ基の導入源となる化合物（ニトロ化試薬）および，組み合わせの例としては，窒素酸化物によるものではN_2O_3/BF_3, N_2O_4/H_2SO_4, $N_2O_4/AlCl_3$, N_2O_5や，硝酸塩によるものでは$AgNO_3/BF_3$, $KNO_3/AlCl_3$, $Cu(NO_3)_2/(MeCO)_2O$, $NH_4NO_3/(CF_3CO)_2O$, $(NH_4)_2Ce(NO_3)_6$などがある。同様にニトロ化合物によるものではNO_2BF_4, NO_2PF_6, NO_2ClO_4, $NO_2Cl(F)$, $MeCO_2NO_2$, $CF_3CO_2NO_2$, $PhCO_2NO_2$, N-Nitropyridinium Nitrateがあり，ニトロアルカンによるものでは$C(NO_2)_4$, $CH(NO_2)_3$, $(O_2N)_3CC(NO_2)$ や，硝酸エステルによるものでは$BuONO_2$/Nafion-H, $MeONO_2/BF_3$, Me_3SiONO_2, Acetone Cyanohydrin Nitrateなどが良く知られている。

これらを用いたニトロ化の反応プロセスとして，少量の生産規模で特殊なニトロ化をする際には，商用プラントでの使用例は報告がある。しかしこれらの価格や取り扱いの難しさ，そして後処理の煩雑さなどを考えるとさまざまな困難があることが推定される。

先に述べた硝酸を単独または硫酸などと併用して行われる，現在もっとも良く使われるこのニ

---

*   Toshihiko Ota 日油㈱ 愛知事業所 武豊工場 研究開発部 主査

第3章　マイクロ化学プロセス開発

トロ化反応プロセスも，反応自体が本質的に非常に大きな発熱を伴う反応である。またこれを反応機構的に考察すると極めて強いLewis酸であるNO_2^+イオンを発生させ活性種として進行させる必要があり，これを生成させるには強い酸性条件が必要となる。またこれは一貫して前述の強酸中において反応が進むため，設備の腐食，副反応や酸に不安定な官能基を持つ原材料の場合には，分解の可能性も無視できずさまざまな問題が内在している。

特に副反応や分解はこれらのプロセスをスケールアップする際に発熱の問題と相まって一層顕在化しやすい。一例として，反応系の昇降温度速度は実験室スケールでは10 K/min前後までは十分許容されるのに比べ，プラントスケールでは大きく限定（m^3クラスのスケールでは一般に5 K/min以下）されてしまう場合が多い。

従って，所望するニトロ化反応が室温以上において支配的に起こる場合には，実験室スケールに対してプラントのような大きなスケールの場合では最適な設計温度に到達するまでにより長い所要時間が必要となる。よって，原材料も反応開始以前により長い時間にわたって高温や強酸と共存する環境におかれるため，本来の必要な反応が始まる前の原材料の副反応や分解の可能性が実験室スケールよりも顕著になる。また，反応後の降温時でも同様に生成した化合物が長い時間にわたり高温や強酸と接触する環境におかれるため同様のことが起こる可能性が高い。

特にニトロ化反応で生成したニトロ化合物は可能な限り早く冷却し強酸などから分離して，単離しておくことが生成物の純度の見地からも産業安全の見地からも望ましい。

一方医療用途として血管拡張作用[2]で有名であるが，ダイナマイトの主原料でもあり火薬類取締法においても爆薬の範疇に分類され，極めて厳しい規制を受けているニトログリセリンは，ニトロ化合物の中でも硝酸エステルと呼ばれ極めて危険な化合物である。しかし火薬学において，ニトログリセリンはNAB式[4,5]と呼ばれるインジェクター式連続硝化装置を用いて非常に短時間で連続的に反応，精製を行うことで古くからこれらの諸問題を回避している。

2.3　ニトロ化合物製造プロセスをマイクロ化するメリット

一般的に微少空間（流路）で反応を行い，ニトロ化合物に代表される反応性の高い化合物の生成または転換させる際にはさまざまなメリットがある。一部においてその一番は安全性が高いことと言われているが我々はその認識を全く支持することはできない。

例え反応部位が小さくても連続流路であるならば何らかの原因で発火が起こり原材料または生成物に火炎が伝搬すれば，発火から爆発に至るリスクは当然ある。

原材料または生成物に高反応性化合物を取り扱う以上はそれを近傍に貯蔵をする必要があり，そのいずれかが高反応性化合物であるならば，当然それらの保管に伴うさまざまなリスクを想定することも義務である。

得られた高反応性化合物の反応の際はもちろん貯蔵・輸送におけるさまざまな危険因子をあら

注)　経済産業省生産動態統計（化学工業統計）平成22年報より

かじめ知り，盗難の際のリスクなども含めて想定し，それらの対策を十分に行っておく必要があり，反応工程だけを安全なものにしても問題の根本的な解決にはなっていない。

我々は，マイクロ空間を用いて反応性の高い化合物を取り扱う一番のメリットは反応到達率を向上させて，それに続く精製などの後工程に対する負担低減またはそれ自体の省略であると考えている。

また現在の化学プロセス技術において，その精製工程は蒸留や再結晶をはじめとしてそのほとんどが温度差を頼りにするものであり，熱に不安定な化合物とは非常に相性が悪い。また温度差を利用しない分取カラムクロマトグラフ精製などであっても，大量に溶媒を使用する観点から精製工程の負担を軽減する意義は大きいと思われる。

前述の生成物が高反応性化合物である場合には当然であるが，原材料が高反応性化合物であり，これを別の化合物に転換する際には反応の到達度はさらに大きな問題になる。

つまり原材料である高反応性化合物が完全に転換されずに生成物に混合されてしまい，熱的な精製を行った結果，この原材料が系中で分解して，全体の発火の引き金になってしまった例などはさまざまな業種の化学産業の事故報告事例で散見される。

2.4 マイクロ空間におけるニトロ化合物の生成反応
2.4.1 撹拌回転型マイクロリアクターによるニトロ化合物製造の研究と開発

我々がニトロ化などの反応をマイクロ空間で行うメリットとして一番有意義に感じているのは，反応系をマイクロ化したことで得られる反応系の膨大な比表面積（反応器体積／反応器表面積）を積極的に活用した急速な昇降温にある。

つまりマイクロ空間を用い反応基質をその中で高速で所望の設計反応温度まで到達させ，目的の反応を支配的に取り行うことにある。そして反応完結後には副反応や生成物の分解反応などを引き起こす余裕を与えずに安定化できる温度まで迅速に戻すことも可能である。

特に先の反応で行われる芳香族の求電子的ニトロ化反応は連続して芳香族に作用するため，反応系中において長時間基質とNO_2^+イオンが同時に接触していると，意図しない数以上にニトロ基が導入されてしまったポリニトロ置換芳香族も生成する可能性がある。

特に一分子中にニトロ基が3個以上導入された芳香族ポリニトロ化合物は爆発性が高く，火薬類取締法の適用を受けてしまう。

前述のようにニトロ化合物が生成したあとでは，蒸留は当然として再結晶や場合によっては再沈殿など熱的な精製が難しく，またニトロ化合物をほかの高付加価値化合物への転換反応であっても，原材料であるニトロ化合物を完全にほかの目的化合物に転換しておくことであとの蒸留などの熱的な精製工程が可能になるし，当然一定の到達度を越えればこちらも精製の工程自体が不要になる。

一般的なマイクロ空間すなわち微細な流路を用いたマイクロリアクターを用いてニトロ化を行う際の最初に注意するべき点としては流路の閉塞の問題である。

第3章　マイクロ化学プロセス開発

　芳香族ニトロ化合物の多くは対称性が高く，その多くは常温では固体であるため生成物であるニトロ化合物の結晶として析出する可能性がある。ニトロ化されにくく強酸性下でも安定な塩化メチレンなどを溶媒として用いてニトロ化反応を行った事例もあるが溶媒自体も分解される可能性もあり，労働安全衛生やコストの観点からもその選択の幅は広いとは言えない。

　ニトロ化酸と呼ばれる前述のようにNO_2^+イオンを作るために混合された高濃度の硝酸と硫酸は極性が高い範疇に分類される。従ってその多くは非極性（疎水性）である芳香族ニトロ化合物の原料となる芳香族化合物との親和性は低い。

　このような反応では開始直後には水─油相界面付近でのみ進行することが一般的であり，中盤以降は主生成物である芳香族ニトロ化合物が両者の特徴を併せ持ち，溶媒の役割をすることで両者が任意に接触するため均一系となり溶液全体で反応が進行する。

　我々が反応をマイクロ空間に限らず連続系のもう一つのメリットとして感じているのは，反応の進捗に伴い，上記のような大きな変化がないため単一な制御の方法で反応をそれ全域にわたって司れることである。

　マイクロリアクターを使うことでその優れた攪拌能力によりその長所はさらに強調されることになる。我々はこの特徴を生かした攪拌回転型マイクロリアクターを設計・製造[6]し，ニトロ化合物の製造の研究開発[7,8]を行ってきた。

　その外観を写真1に示す。このマイクロリアクターは接液部がすべてフッ素樹脂でコーティングされており，ニトロ化酸などをはじめ腐食性の高い液体にも耐蝕性がある。中心部に回転体が配置され本体内側とその回転体の0.1mm以下の隙間（マイクロ空間）を混合された液体が流れて

写真1　攪拌回転型マイクロリアクター
開発された攪拌回転型マイクロリアクターの断面。手前から奥に液体が流れる。この際に内部のローターが回転して衝突混合を加速する。

マイクロリアクター技術の最前線

いくものである。

　この回転体は市販のマグネチックスターラー同様に外部から磁気の力で非接触状態を保ったまま高速での回転が可能である。これにより混合の難しい芳香族化合物とニトロ化酸を常時高効率で混合することで反応を全域にわたって同じパラメータ（回転数，反応温度や流速など）で制御するものである。

　このリアクターを用いて，同じ硝酸や硫酸濃度であっても回転数を変化させることによりバッチ（マクロ）での反応の選択性を高めるのが極めて難しいポリニトロ体の選択的一回（一段階）合成[7]が可能であることが実証されている。

　併せてこの攪拌回転型マイクロリアクターは，細い流路を多用するマイクロリアクターでよく問題となる流路の閉塞にも強いという特徴を持っており，流路の圧損なども，同様の攪拌能力を示す流路型のマイクロリアクターの1/5以下であった。写真2に示すように，マイクロリアクターから流出した反応直後の溶液の外観もエマルジョン状であり膨大な反応界面が生成していることがわかる。

　今回我々は工業的な見地で検討が不可欠な製造数量の増加（スケールアップ）もナンバリングアップ（Numbering-up）と呼ばれるマイクロリアクターをそのままで並列化を行う（部品の構成点数を増やした結果，故障診断を複雑にする）のではなく，全体を大きくする方向で検討している。これはイコーリングアップ（Equaling-up）[9]と呼ばれる範疇に属する考え方であり，反応部体積は$2^3=8$倍となるが，内部の回転体の回転数が同一ならば角速度は上昇するため，さらに攪拌が進みより高効率な反応場が構築[8]できる。現在我々はこの検証を行い，さらに新しいマイクロリアクターシステムの開発[10]を行っている。

写真2　流出液

第3章 マイクロ化学プロセス開発

2.5 おわりに

　冒頭でも述べたように芳香族ニトロ化合物の反応プロセスは18世紀には確立された技術ではあるが，現在の新しい思想や技術を取り入れることで新たな可能性を見い出すことができる。協奏的反応場という考え方はマイクロ空間や力・圧力などと協奏的に組み合わせることでさらに反応系の到達度や完結度を高め，後工程の負担をなるべく軽減することを目的とした考え方である。

　反応工学の基礎の一つである熱力学や分子動力学の分野では同じ組成，体積，温度を持つ閉鎖系の集合体である統計集団を表すために，アンサンブル（ensemble：重奏と合奏)[11]という考え方がある。

　今後，協奏的反応場構築も重要になる考え方であると思われる。Mitscherichによるニトロ化よりも約300年早くイタリアにおいて初めて演奏された協奏曲（Concerto）はハイドンやモーツァルトが活躍した古典派の時代に「急→緩→急」の3楽章の形式で確立された。マイクロ空間を基軸とした協奏的反応場構築に関しても研究，開発，そして実用化の楽章においては産学の協奏とそれぞれの緩急のリズムが今後より重要になると考えられる。

　最後に本研究の一部は経済産業省所管㈱新エネルギー・産業技術総合開発機構（NEDO）による革新的部材産業創出プログラムに係る「革新的マイクロ反応場利用部材技術開発（マイクロリアクター技術，ナノ空孔技術および協奏的反応場技術を利用したプラント技術の開発）」プロジェクトの支援のもとに行われました。ここにその事実を記して感謝の気持ちを表せて頂きます。

文　　献

1) 木之下正彦ほか，医学のあゆみ，**81**(6)，192-196（1996）
2) 西田克次ほか，薬理と治療，**16**(5)，2359-2363（1988）
3) Mitscherich, E. *Annln. Phys. Chem.*, 31, 625-631（1834）
4) T. Uruaneski, Chemistry and Technology of Explosives Vol. II, 114-119, PERGAMON PRESS（1965）
5) 火薬学会編，爆薬，一般火薬学新改訂第3版，60-66，日本火薬工業会（2010）
6) 小倉ほか，火薬学会2007年度秋期研究発表講演会講演要旨集，31（2007）
7) Agura et al., 11 th International Conference on Microreaction Technology, The Characterization of Micro Dynamical Mixing through Liquid Multiphase Reaction, Kyoto, Japan（2010）
8) Agura et al., 3rd EuCheMS Chemistry Congress, High Exothermic Reaction Process Using Microreaction Technology, Nurnberg, Germany（2010）
9) 前一廣，マイクロ化学工学，122-125，近畿経済産業局（2008）
10) 太田ほか，計測と制御，**51**(2)（印刷中）
11) R. Car et al., *Phys. Rev. Lett.*, 55, 2471（1985）

3 医薬品製造のためのマイクロリアクターの工業化設計とスケールアップ戦略

Dominique Roberge[*1], 早川道也[*2]

3.1 概略

近年マイクロリアクター技術は有機合成化合物の製造方法を変革しつつある。本節ではマイクロリアクターの設計とマイクロリアクターによるスケールアップ戦略に焦点を絞り紹介する。我々ロンザ社の主な目的は，前期臨床試験で必要な少量製造から，後期臨床試験あるいは商業化で必要なトン・スケールでの工業製造まで一貫して対応するマイクロリアクターを開発することにある。そのためには，微小流量（数 mL/min）から大流量（数百 mL/min）に対応したマイクロリアクター技術を開発することが必要となる。ここで，我々のマイクロリアクター技術のもっとも特筆すべき点は，スケールアップの際に一般に行われているような多数並列化による「ナンバリングアップ」を回避している点である。すなわち，ラボスケールから大量製造プロセスまでを多目的な製造用途で堅牢なプロセスを開発し工業化までのスケールアップが一貫して提供できる技術を提供することである。

3.2 はじめに

工業的規模製造におけるマイクロリアクターの開発は，大学・研究所だけではなく多くの企業でも様々な試みがなされている。工業化検討されている代表的なシステムとしては，Corning[1]，Forschungszentrum Karlsruhe[2]，Alfa Laval[3]，IMM[4]，と Ehrfeld Mikrotechnik BTS[5] が挙げられる。様々な材質，微細流路構造，多様な撹拌方式や熱交換構造を持つリアクターが多数開発されてきている。工業化へのスケールアップ戦略についても様々な方法が検討されてきているが，ほとんどの例はマイクロリアクターの多数並列化によるいわゆるナンバリングアップによるものである[6,7]。

ロンザ社は医薬品受託製造におけるパイオニアで，30年以上の実績と経験を持ち様々な革新的工業化技術を独自に開発してきている。高精度な反応制御が要求される医薬品製造における，マイクロリアクターの可能性にいち早く着目し，独自の開発戦略に基づき研究開発に取り組んできた。多数並列化を避け，スケールアップを一台のリアクターでするという基本戦略はこのような背景と経験から生まれたものである。

化学工業で広く認められているマイクロリアクターの概念は図1に示されたようなプレートアレンジメントによるものである。これらは第二世代のマイクロリアクターとも言われ，一つのプレートに複数の機能を組み込ませている。例えば混合機能と滞留時間の制御機能を一つのプレート上に持たせ，さらに熱交換機能を持たせることにより非常に高い反応制御性能をそなえること

[*1] Dominique Roberge　Lonza Ltd.　Lonza Custom Manufacturing　Head of Continuous Flow/MRT Business Development

[*2] Michiya Hayakawa　ロンザジャパン㈱　有機合成受託事業部　事業部長

第3章 マイクロ化学プロセス開発

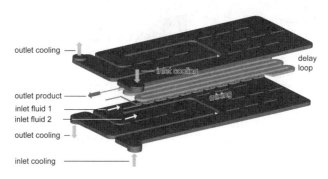

図1 撹拌機能,滞留時間制御,熱交換機能が組み込まれたプレート方式による第二世代マイクロリアクターの概念図

ができる。異なる反応タイプに最適化したマイクロプレートをそれぞれの反応の特質に合わせテーラーメイドで設計することも可能であり,各製造工程での目的に適したプレートを組み合わせることにより製造プロセスを構築することが可能である[8]。

3.3 工業用マイクロリアクター設計のための反応分類

マイクロリアクターあるいは連続反応プロセスに適した反応の候補がどの程度あるかを把握するために,我々は数年前ファインケミカル工業で使用されている反応の分類を行った[9]。反応分類の基準として,物理化学的特性,反応速度論と相(固相・液相・気相)に基づき分析を行った。反応速度論的には下記の3タイプに分類した(図2)。

- タイプA反応:非常に速い反応(<1s)で主に撹拌プロセスで制御される。一般に反応収率はそのマイクロリアクターの持つ高速混合能力と高い熱交換効率により向上する。
- タイプB反応:比較的速い反応(10 s to 20 min)で主に速度論的に制御される。ここでは,反応収率は精密な滞留時間制御と温度制御により向上する。すなわち,マイクロリアクターにより「オーバーリアクション」による副生成物の生成を抑えることができる。
- タイプC反応:遅い反応(>20 min)でかつ一気に試薬を投入する「バッチ方式」で行われる反応(徐々に試薬を投入する「セミバッチ方式」ではなく)。このような反応では大きな熱蓄積が観察され(バッチ式では100%の熱蓄積)熱的危険性を伴うため適切な対策が要求される。このようなタイプの反応では連続フロープロセスを用いることにより安全性を向上させることができる。

ただしここで強調したことは,図2の円グラフで示された分析は,将来のマイクロリアクター技術の利用率を予想するためのものではない点である。なぜならば,現在ファインケミカル業界で採用されているプロセスのほとんどが(フロープロセスではなく)「バッチ式」か「セミバッチ式」であり,ここでの反応分類はその現状の結果であるからである。従って従来の「バッチ方式」による反応装置を用いている限りプロセス開発における将来的な進歩は限定的であると考えられ

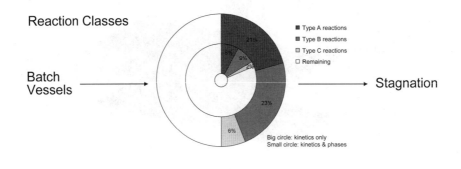

図2　ファインケミカルにおける反応分類
この図はマイクロリアクターの将来の使用率を予測するものではない。

る（Stagnation）。

　熱的危険性が高く，製造検討前のリスク解析で特別な安全対策が必要なタイプCに該当する反応は全体の6％と比率が低いことは注目すべき一例である。円グラフの白地で示された半数以上の反応は遅い反応（＞20 min）であるにも関わらず，タイプC反応に分類されない。これが示している理由は，プロセス化学者は通常安全な工業プロセスを構築し反応を制御するために，初期のプロセス開発の段階から，高希釈条件での温和な条件でのプロセスの開発を指向していることによる。そのためファインケミカル製造業界は，環境化学的な観点から，環境指数"Eファクター"が一般に高い産業であると位置づけている。実際に，破棄物生成率を示すEファクター（E＝kg of waste per kg of product）が25を下回るケースは非常に稀である。将来，マイクロリアクターを用いた連続フロープロセスが広まり，この新たなツールにより，あえて「高速で発熱の大きな反応条件」を用いた製造プロセスを開発する方向に指向させ，現状の円グラフに変化を起こすかもしれない（Progress）。

　この円グラフで示した反応分類は，一方でファインケミカル工業でのマイクロリアクターの要求性能を理解するための基本的な情報として重要である。反応タイプの分類からどのようなタイプのリアクターを使うべきかの指針となる。図3では，3タイプのリアクター（Module A, B, C）の写真を示している。Module A, Bはロンザ社で設計開発され実際に製造で使用されている。Module Cの例としては，実際に我々の製造で使用しているEhrfeld Mikrotechnik BTS社のリアクターの写真である。

　Module AおよびBは，ともにロンザ社により設計された優れた熱交換効率を持つプレートタイプのリアクターである[11]。高い流速に適合しながら熱交換効率性能を損なわないように微細流路構造が設計されている。Module Aは高速混合と高熱交換性能を持つように設計されたマイク

第3章　マイクロ化学プロセス開発

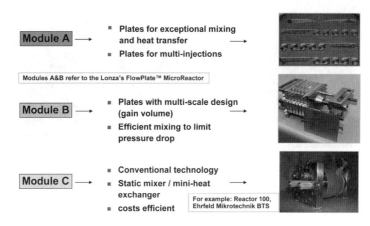

図3　それぞれの反応タイプに適した3タイプのフロー反応装置

ロリアクタープレートを示している[10]。このマイクロリアクターは混合部位でのホットスポットの生成を防ぐために,「マルチインジェクション方式」を採用している。実際マイクロリアクターといえども非常に速い反応や発熱反応に対しては,その材質(ガラス,金属あるいはセラミック)に関わらず,厳密には等温リアクターとは考えられない。マルチインジェクション方式はリアクター内の温度を精密に制御するためにもっとも重要な方式である。Module Bの長所は,反応プレートが,それぞれの反応の特質と要求に合わせて異なる流路幅を持っている点である[12]。例えば,微細な流路幅は発熱反応が激しい反応開始時に用いられ,そのあと,反応速度が遅く反応発熱が小さい反応に適合させるために徐々に流路幅を広くしている。このような流路構造の設計により反応容量を最大で数mL程度まで稼ぐことができるので圧力損失を最小化でき,熱交換効率を最適化できる。このことは他のマイクロリアクター技術(ガラス製によるものなど)では不可能であった。またこのリアクターは一般的な熱交換器との組み合わせにより,さらに数Lまで容量を増加し滞留時間を数分程度まで伸ばすことも可能である。

　これらのロンザ社のプレートリアクター技術はFlowPlate™(図4)として商品化され,現在Ehrfeld Mikirotechnik BTS社を通して製造され一般購入も可能となっている。日本での販売代理店はDKSHジャパン㈱である。各種プレートの組み合わせが可能なモジュール方式であるので,その反応特性に最適化したプレートを開発して組み込むことが可能である。すでに「マルチ・インジェクション方式」のプレートや気液相反応用プレートなどが製造され,この技術の多目的性が実証されている。この微細流路を持つプレートはハステロイ製で,高い熱伝導度を持つアルミニウム製の熱媒体を通すプレートで「サンドイッチされ」全体として非常にコンパクトな構造となっている。熱媒体を流すプレートと微細流路を持つマイクロリアクタープレートは溶接されずに独立して構成されているため,多様な反応に高い適合性を持ち,全体のデバイスの製造コストを抑えることが可能となっている。リアクター全体は非常に堅牢な構造となっており,100 bar以上の液圧にも対応可能である。図4(b)に示した,小型のプレートデバイスは,FlowPlate™ Lab

217

図4 プロセス開発および小規模製造に用いられる A6サイズ の FlowPlate™(a)とラボ検討用のロンザ社のFlowPlate™ Lab (b)

と呼ばれ微小流量による少量でのプロセス開発を可能としている。特に開発初期段階での貴重な中間体や反応試薬の大量入手が限られている場合に有用である。反応条件はキャピラリーによる技術と類似しているが，このリアクターの長所は反応ゾーンの目視による観察が可能という点である。この反応器は，気相―液相反応，液相―液相反応のための新しい微細流路構造を持つプレートの設計や開発のためにも有力なツールとして使用される。ここでの検討結果はそのあとの大量スケールでのマイクロリアクターへ適応される。

一方，反応速度が遅く特別に精密な反応制御が要求されない反応系では，従来のスタティックミキサーやミニ2管式熱交換器のような安価で技術的に成熟した装置を用いて反応容量を稼ぎフロープロセス全体を構築することも一つの選択肢かもしれない。

3.4 スケールアップコンセプト

このマイクロリアクターの最大の特長は，スケールアップが容易な点である。図5および表1で示されたように，非常に広範囲な流量に適応するように設計開発されている。微細流路の幾何学的構造は撹拌効率，熱交換効率そして滞留時間に関して，ラボユニットFlowPlate™ Labから大量製造用プレートFlowPlate™のA6～A4サイズまで同一の性能を保証している。

ロンザ社のマイクロリアクター設計の基本コンセプトでは，標準化も重要であると考えている。各種プレートの標準には，European DIN標準（日本でも紙のサイズとして広く使われている）A4，A5，A6サイズを採用している。標準化の一つの利点として，プレートがA6，A5，A4と大きくなるにつれ面積が2倍ずつ増加する点にある。その結果，熱交換面積と反応体積もそれに従い2倍ずつ大きくなる。またスケールアップコンセプトは反応タイプも密接に関係している。

タイプA反応での重要な留意点は
- プレートと撹拌ポイントの十分な冷却を確保すること
- 最大の撹拌効率を実現すること，または大きな圧力損失を持つ混合器を採用すること

タイプB反応での重要点はそれとは異なり
- 反応の面積―体積比を同一に保つこと

第3章 マイクロ化学プロセス開発

図5　段階的スケールアップが可能なマイクロリアクター技術

表1　FlowPlate™の流速とその一般的な製造能力
（製造能力は製造キャンペーン毎の単離製品量を示す）

Lab	= 1～10 mL/min	development tool, few grams
A 6	=（10）50～150 mL/min	0.1～300 kg
A 5	= 100～300 mL/min	300～900 kg
A 4	= 200～600 mL/min	900～2500 kg

・ 圧力損失をできるだけ小さくしながら，撹拌効率を最適化すること

その結果，A6サイズのプレートで100 mL/minの流速で行われる反応は，A5サイズでは200 mL/min，さらに大きいA4サイズのプレートにおいて400 mL/minの流速で反応を行うことが可能であり，反応がタイプAであるかBであるかには関わらない。ただし，タイプA反応に関しては，すべてのプレートは，撹拌能力と熱交換効率が反応を決定づける重要な要素であるので，すべてのプレートにおいて微細流路構造をとっている。一方，タイプB反応では，一定の面積対体積比率を保つために，それぞれ異なるプレートサイズで同じ流路幅が用いられている。実際，段階的なプレートのサイズアップと，適切な流路の幾何学的構造を持たせることにより，最大600 mL/minでの高速流量でマイクロリアクターの操業が可能となる。多くの場合，特に高粘性あるいは低温反応系において，圧力損失は高流量において非常に重要となる。その中でも特に撹拌部はプレート上の各部位においてもっとも圧力損失の大きい部位である。従って，高流量において撹拌部位を大きくすれば，全体の圧力損失を劇的に低下させる。ここで撹拌部位で同じ散逸エネルギー（watt per litre）が保たれている限り，一般的には撹拌効率の低下はない。このように，撹拌部位はこのリアクター技術において唯一サイズが大きくなる部位であり，適切に設計し製作されなければならない。高圧力ポンプシステムの利用は圧力損失が大きい状況で高速流量を実現するもう一つの方法である。高速流量で高い生産性を実現するための5つの主な要素を図6にまとめた。最初の3要素（反応時間，リアクター設計，高圧力ポンプ）は，製造への技術移管を行う前に実験室で比較的短期間で検討を行うことが可能であり，スケールアップ検討に時間がかかるバッチ法に対するこの技術の長所と考えられる。

マイクロリアクター技術の最前線

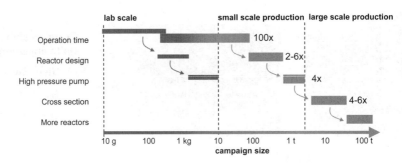

図6 ロンザ社のFlowPlate™によるスケールアップ概念

　医薬品製造における開発初期（前臨床）から開発後期，商業用途での需要量増加をまかなうための製造スケールアップには，完全に一台のマイクロリアクター（単一反応経路）で行うことが必須条件と考えているため，多数並列化によるスケールアップ法を回避した基本戦略をとっている。現実の製造プロセス現場での問題点として，予期せずに強固な不溶性沈殿物が形成するという問題がある。このような現象により予期せぬ圧力損失を生じさせることになるが，このことを完全に予測することはプロセス開発時には困難である。このリアクター技術は堅牢な製造プロセスを迅速に開発することが目的であるので，このようなエンジニアリング的な問題や不安をできるだけ少なくする必要がある。ロンザ社のFlowPlate™のように単一流路によるスケールアップ戦略は，常に正確な薬液供給バランスを保ち精密な化学量論制御と洗浄性が確保された製造を可能にしている[13]。

　薬液供給バランスにより化学量量を正確に制御し，高い洗浄性を持つことは，c-GMP製造において基本的な重要点である。ロンザ社の設計したFlowPlate™の構造は，図4写真(a)の手前に示されたように，微細流路を持つプレート全面が，同じハステロイ金属板で完全に溶接密閉された構造をとっている。この高品質なマイクロリアクターの製造は，Ehrfeld Mikrotechnik BTS社の高い製造技術により実現した。構造上，完全にデッドボリュームをなくしているので定置洗浄（CIP）が適用できる。従ってUV法などに代表される，適切な分析方法やCIPにのっとった作業手順によりc-GMPでの製造に使用することができる。バッチレコードの考え方については，通常の「バッチ式」とは異なり，フロープロセスにおいては操作時間（時間と流量）に基づいて規定された反応液をロットとして用いてバッチレコードが作製される。このように，c-GMP製造でのFlowPlate™の適用が可能である。

3.5　マイクロリアクター技術の工業的利用

　この項では，ロンザ社でマイクロリアクターを用いて行われた実製造例として，スキーム1に示された2ステップの有機金属反応（Li-H交換反応とカップリング反応）による製造について概説する。このプロセスは図7に示された通り，薬液1（基質濃度15 wt％）薬液2（BuLi 濃度

第3章　マイクロ化学プロセス開発

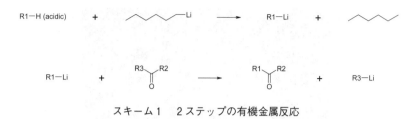

スキーム1　2ステップの有機金属反応

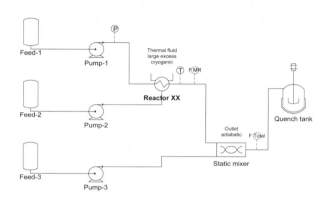

図7　2ステップ反応のフローダイアグラム

30 wt%）薬液3（ケトン濃度16 wt%）の3つの薬液注入から構成されている。それぞれの反応は量論的に進行し，ステップ1，ステップ2は異なる反応温度により行われ，薬液1と2はあらかじめ低温装置の反応温度まで冷却されている。図8は製造現場での写真で，手前で霜がついた白い箱状の物が，低温で操業中のマイクロリアクター，FlowPlate™である。

ステップ1のブチルリチウムによるLi-H交換反応はタイプA反応で，75℃以上の断熱温度上昇を伴う。3種の異なる反応器，スタティックミキサー，ガラス製マイクロリアクターおよびFlowPlate™による比較テスト結果を表2にまとめている。

ステップ2のカップリング反応はタイプB反応であるが，この反応に関しては熱交換効率（$\Delta T_{adiabatic} < 25℃$）および撹拌効率に関する装置への要求度は高くない。従って，ステップ2の反応に関してはマイクロリアクターとスタティックミキサーでは大きな差は見られなかった。ステップ2の反応では複雑なマイクロリアクター技術は必要なく一般的なスタティックミキサーを断熱条件下で使用することにより低流速あるいは高流速でも良好な結果であった。

ステップ1の反応では，スタティックミキサーの場合では温度制御が十分ではなく，ほぼ完全な断熱温度上昇が観察された（9 vs. 41℃）。このことにより反応収率の低下が見られた（88 vs. 84％）。一方，ガラス製マイクロリアクターでは，ステップ2反応への滞留時間が非常に短いため，全体的な収率低下はなかったものの，高流速での温度制御が十分にできないため温度上昇が確認された（-14 vs. 15℃）。ステップ1の反応では熱交換性能に関しては，非常に精密な反応

図8 有機金属反応を用いた多目的連続反応装置での実製造写真
（手前は低温のため霜のついたマイクロリアクター）

表2 2ステップ反応における3種のリアクターによるスケールアップの結果

Reactor	F Total [g/min]	F MR [g/min]	T [℃]	P [bar]	Yield
Glass MR	100	33	－14	0.4	86
Glass MR	440	148	15	3.2	88
Static mixer	100	33	9	0.3	88
Static mixer	440	148	41	1.6	84
Lonza MR-A6	100	33	－22	0.9	89
Lonza MR-A6	420	140	－16	8.8	90
Lonza MR-A5	450	150	－21	2.0	88
Lonza MR-A5	711	237	－16	4.5	87

制御が要求されるので，スケールアップのための適切なマイクロリアクターの設計が必要となる。表2に示された通り，FlowPlate™においては，A6サイズからA5サイズにスケールアップした場合でも同等の反応制御性能を示している。A5サイズを用いた場合では，最大で237g/minの流速，すなわち全体では700g/minの製造量を実現し，最終的に約2トンの生成物が単離製造された。圧力損失に関しても問題なく制御され，A6においては8.8barさらにA5にスケールアップしても2.0barであった。この製造で使用された反応液全量が20m^{3}以上であったことから，一台のA5サイズのマイクロリアクターが大型のバッチ式反応装置に相当する生産能力を持っているという見方もできる。

3.6 まとめ

ロンザ社で開発したFlowPlate™は，プロセス化学者のみならず製薬企業の製造現場においても大きな反響を呼んでいる。なぜならこの技術により，①ラボスケールでの検討から大規模製造プロセスまで一気通貫に行え，②完全に一台でスケールアップが可能なので，多数並列化（ナンバリングアップ）によりスケールアップを行う際に起こりうる技術的な問題を回避することがで

第3章 マイクロ化学プロセス開発

きるからである。微細流路構造を持つプレートによる連続フロープロセスは，製造プロセスの開発期間を大幅に短縮することができる。ここで開発されたマイクロリアクター技術は多用途での利用が可能で，堅牢な製造プロセスの構築さらに工業規模へのスケールアップが可能であることが示された。ロンザ社での実製造でこの技術が適用され，ある製品に関しては数週間の製造期間で数トンの製造を行った実績がある。

　ロンザジャパン㈱では，FlowPlate™を用いた「お客様の反応」の実機での試験やスケールアップ検討などの技術的なお問い合わせをお受けしている。また国内での，FlowPlate™の販売は，DKSHジャパン㈱により行われている。

謝辞

　ロンザ社のMichael Gottsponer, Markus Eyholzer, Nikolaus Bieler and Bertin Zimmermann各氏に感謝申し上げます。また，ジーメンス社のRainald Forbert氏およびドルトムント工科大学のNorbert Kockmann教授に感謝申し上げます。

文　　献

1) E. D. Lavric, P. Woehl, *Chem. Today*, **27**, 45-48 (2009)
2) P. Poechlauer, M. Vorbach, M. Kotthaus, S. Braune, R. Reintjens, F. Mascarello, G. Kwant, *Micro Process Engineering*, Vol. 3, 249-254 (2009)
3) L. Prat, A. Devatine, P. Cognet, C. Cabassud, C. Gourdon, S. Elgue, F. Chopard, *Chem. Eng. Techno*, **28**, 1028-1034 (2005)
4) P. Löb, V. Hessel, U. Krtschil, H. Löwe, *Chem. Today*, **24**, 46-50 (2006)
5) P. Stange, F. Schael, F. Herbstritt, H. -E. Gasche, E. Boonstra, S. Mukherjee, IMRET-10：10 th International Conference on Microreaction Technology, New Orleans (2008)
6) B. Chevalier, F. Schmidt, *Chem. Today*, **26**, 6-7 (2008)
7) C. Wille, R. Pfirmann, *Chem. Today*, **22**, 20-23 (2004)
8) D. M. Roberge, B. Zimmermann, F. Rainone, M. Gottsponer, M. Eyholzer, N. Kockmann, *Org. Process Res. Dev.*, **12**, 905-910 (2008)
9) D. M. Roberge, L. Ducry, N. Bieler, P. Cretton, B. Zimmermann, *Chem. Eng. Technol.*, **28**, 318-323 (2005)
10) D. M. Roberge et al., *Chem. Eng. Technol.*, **31**, 1155-1161 (2008)
11) D. M. Roberge, N. Bieler, B. Zimmermann, R. Forbert, WO2007112945 Patent to Lonza AG (2007)
12) A. Renken, V. Hessel, P. Löb, R. Miszczuk, M. Uerdingen, L. Kiwi-Minsker, *Chem. Eng. Process.*, **46**, 840-845 (2007)
13) N. Kockmann, M. Gottsponer, B. Zimmermann, D. M. Roberge, *Chem. Eur. J.*, **14**, 7470-7477 (2008)

4 過酸化水素酸化反応によるビタミンK₃製造プロセス開発

夕部邦夫*

4.1 はじめに

酸化剤として過酸化水素（H_2O_2）を用いる酸化反応は，環境調和型の物質変換プロセスとして注目されている[1,2]。しかし，一般的に過酸化物を用いる酸化反応（高速，高発熱，複合反応）のコントロールは難しく，通常は目的生成物の選択率や酸化剤の有効利用率を上げるため，半回分式滴下プロセスなどによる穏やかな反応条件（低温，低濃度，大気圧下，長時間）が適用される。また大きな反応熱による，反応の暴走や爆発の危険性もはらんでいる[3]。本節では，このような安全性や反応効率の問題を解決するため，マイクロリアクターシステムの適用可能性について検証した[4]。ここでは均一液相系での2-メチルナフタレン（以下2MNと略）のH_2O_2酸化反応をモデル反応として，迅速混合，高速熱交換，精密滞留時間制御などのマイクロ反応操作の効果について検討した。

4.2 過酸化水素酸化反応によるビタミンK₃合成

目的反応生成物の2-メチル-1,4-ナフトキノンは，止血作用などを有するビタミンK₃として有用な化学品である（以下VK3と略）。工業的には，硫酸存在下で無水クロム酸（CrO_3）などを酸化剤とする半回分式滴下プロセスが適用されているが[5,6]，六価クロム化合物は強い毒性を持つことから，代替プロセスの開発が望まれている。H_2O_2を酸化剤として用いた2MNの酸化も古くから知られているが[7～11]，安全性を確保するためにゆっくりとH_2O_2水溶液を添加する必要があり，生産性の点では劣る。

また2MN酸化反応は，図1に示す逐次的な三段の酸化反応を経由して進行すると推測されている（一段目の酸化が律速段階）[9]。副生成物としては，構造異性体の6-メチル-1,4-ナフトキノンや，側鎖メチル基の酸化によるカルボン酸類，逐次的な過剰酸化物（エポキシド類，ポリオール類），キノン環の分解物（フタル酸無水物）や重合物なども確認されている[12]。これらの多種多様な副生成物を抑制した，高効率な反応プロセスが望ましい。

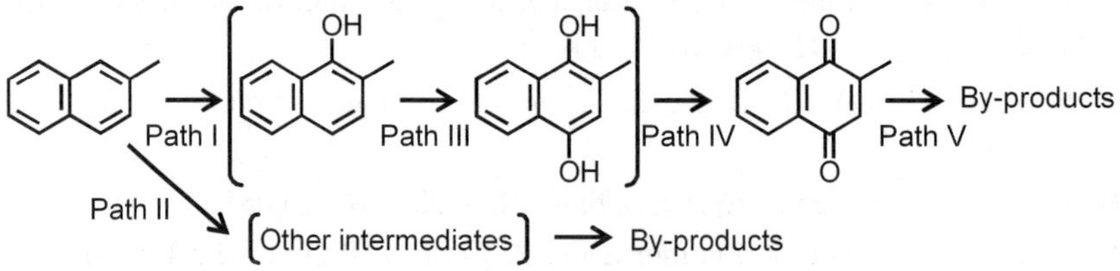

図1 2-メチルナフタレン（2MN）の酸化によるビタミンK₃（VK3）合成経路

---

* Kunio Yube 三菱ガス化学㈱ 東京研究所 主任研究員

第3章 マイクロ化学プロセス開発

ここでは，H_2O_2酸化によるVK3合成反応を精密にコントロールするため，マイクロ反応操作の適用を試みた。流通式マイクロリアクターとして，市販のスタティックマイクロミキサー（IMM社製 Single Mixer，流路幅30μm，流路材質SiO_2，縮流スリット材質SUS-316）の出口へ，マイクロチューブ（内径1.58 mm，材質PFA，長さにより平均滞留時間を可変）を接続したものを使用した。ミキサーの二つの入口には，熱交換用マイクロチューブ（内径1.0 mm，材質SUS-316，長さ1 m）を接続して，所定温度に予熱した。反応チューブの出口には背圧弁（0.69 MPa）を取りつけ，溶液中の溶存気体成分などによる気泡発生を防ぐ工夫をした。恒温槽中に浸漬した流通式マイクロリアクターへ，基質2MNの酢酸溶液と酸化剤水溶液とを送液することで，反応を進行させた。

はじめに酸化剤として60% H_2O_2水溶液を用い，反応温度60℃，無触媒条件下で，2MNの酸化反応を実施したところ，半回分式リアクター（50 mLフラスコ，反応熱による過熱を防ぐためH_2O_2を30分間かけて滴下）と比べて反応速度は著しく向上した（図2）。

また触媒として酢酸パラジウムPd$(OAc)_2$および硫酸H_2SO_4共存させると，さらに反応速度を向上させることができた。反応温度70℃の場合，平均滞留時間10分以下で転化率は80%に達した。比較のため，滴下法（H_2O_2を15分かけて添加）で同様の反応を実施したところ，フラスコ内の液温は数分後に79℃まで上昇した。また，試みにH_2O_2を一時に添加した場合，液温は瞬時に110℃（AcOH溶媒の沸点近傍）に達したため，即座に反応を中止せざるを得なかった。一方，マイクロリアクターを用いた場合，H_2O_2を瞬時に混合しているにもかかわらず，反応チューブ内の液温は70℃±1℃の範囲にあり，精密な反応温度制御が可能なことが確認された。

ただしマイクロリアクターを用いた場合，選択率が50%程度とやや低下した（滴下法は59%）。

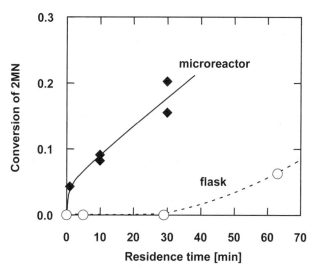

図2　過酸化水素酸化反応による2MN転化率の経時変化（60℃，無触媒条件）

ここでは高いH_2O_2濃度条件によって副反応が促進されたため，選択率が低下したものと考えられた（反応チューブ内には気体の生成も確認された）。

4.3 過酢酸を酸化剤に用いたビタミンK_3合成

本反応の反応活性種は，溶媒である酢酸CH_3COOHと酸化剤H_2O_2との平衡反応（(1)式）から生じた過酢酸（CH_3COOOH，以下PAAと略）だと考えられる[13,14]。そこで次に酸化剤としてPAAを用いた2MN酸化反応（(2)式）について検討した（反応熱は標準生成エンタルピーΔH_f°より推算）[15～17]。

$$\begin{cases} CH_3COOH + H_2O_2 \rightleftharpoons CH_3COOOH + H_2O + 4.2 kJ/mol & (1) \\ 2MN + 3CH_3COOOH \rightarrow VK3 + 3CH_3COOH + H_2O + 841.6 kJ/mol & (2) \end{cases}$$

事前に，濃硫酸存在下で氷酢酸と60%H_2O_2水溶液とを混合して調製した26 wt%平衡PAA溶液を酸化剤として用い，先述の流通式マイクロリアクターによる2MN酸化反応を実施したところ，反応温度70℃，滞留時間10分の条件で，最大のVK3収率53.6%が得られた（転化率97.9%，選択率54.8%）。また，反応チューブ内の流体の挙動を観察したが，酸化剤の分解による気体の発生などは確認されなかった。本反応系においてH_2O_2ではなくPAAを酸化剤として用いると，副反応や無駄な酸化剤の分解なども抑えられることがわかった[18]。

ここで，マイクロミキサーによる迅速混合の影響について検証した。異なる二つのミキサーを用いた場合の反応収率の経時変化を図3に示す（チューブ長さとポンプ流量を変えて平均滞留時間を調節）。マイクロミキサー（流路幅30μm）を用いた場合には，T字型ミキサー（流路径1.3mm，

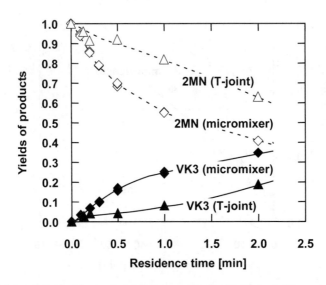

図3　過酢酸を酸化剤に用いた2MN転化率とVK3収率の経時変化（60℃，Pd（OAc）$_2$触媒）

第3章 マイクロ化学プロセス開発

材質SUS-316L)を使用した場合と比較して,転化率,収率ともに高い値を示した。両ミキサーの合流部分において,流れは層流域であり,混合は分子拡散によって進行する。T字型ミキサーよりも拡散距離の短いマイクロミキサーを用いることで,反応速度を向上できることが明らかとなった。

なおVK3選択率は滞留時間(反応の転化率)を変えてもほぼ一定であった。図1における主反応経路(Path I)と副反応経路(Path II)の反応次数はほぼ等しいものと思われた(一方で,並列反応の次数が異なる場合には,迅速混合により生成物の選択率が制御できると予想される)。

続いて,反応温度を精密にコントロールできるマイクロリアクターの特長を生かし,高温条件での反応実験を試みた。70℃,80℃,90℃,100℃と恒温槽の設定温度を上昇させて反応を行った結果,いずれの温度でも,反応チューブ内の反応液温度は恒温槽設定温度から±1℃に保てることが確認された。このようにマイクロリアクターを適用することによって,従来のマクロな反応器では不可能であった高温条件での反応操作を実現できることがわかった。このときの反応成績を表1に示す。ここでは90℃以下の温度条件では高い選択率を維持できるとわかったが,100℃では若干の選択率低下が見られた。これは高温条件によって逐次的な副反応(図1のPath V)が進行してしまったためと考えられた。

また,高温条件における逐次的な副反応を抑制するため,パラジウム触媒量を増やした条件(Pd/2MNモル比=0.011)で実験を行ったところ,滞留時間わずか30秒にて2MN収率は最大値47.9%を示した(転化率83%)。そして滞留時間が長くなるとVK3収率はわずかに低下した。2MN転化率とVK3選択率の関係を図4に示す。

以上の実験から得られた,液相均一系反応用マイクロリアクターの利点をまとめると,以下のようになる[19]。

① 酸化剤の混合が律速な(従来は滴下法にて酸化剤をゆっくりと添加する必要があった)反応プロセスに対して,マイクロミキサーを適用することで,迅速混合が可能となり,反応物濃度を瞬時に所望の値に設定することができた。

② マイクロミキシングと精密温度制御の組み合わせにより,(酸化剤の分解を考慮して)過剰量の酸化剤を用いる必要をなくすことができた。

③ これまでは実現困難であった高温・高濃度(酸化剤濃度,触媒濃度)での反応操作が可能となり,反応速度を劇的に向上させることができた(反応に必要な滞留時間を1分以内に短

表1 温度条件によるVK3選択率の変化 (過酢酸, Pd(OAc)$_2$触媒, 滞留時間4分)

Temp. [℃]	Conv. of 2MN [-]	Yield of VK3 [-]	Selec. of VK3 [-]
70	0.821	0.471	0.575
80	0.892	0.499	0.560
90	0.857	0.477	0.557
100	0.869	0.438	0.504

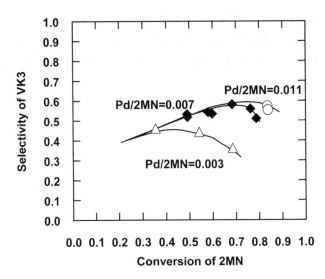

図4　高温条件でのVK3選択率の変化（過酢酸，100℃，Pd（OAc）$_2$触媒）

縮）．

④　極めて過酷な反応条件にもかかわらず，滞留時間の厳密な制御によって逐次的な副反応を抑制し，高い目的生成物の選択率を維持できた．

今回実施したようなシビアな反応条件は，マクロな反応器だと容易には実現し得ない．過酸化物を用いた酸化反応に代表されるような，高速で複雑な反応系においてさえも，マイクロリアクターの特質（迅速混合，厳密な温度制御，そして，厳密な滞留時間制御）によって，反応条件の最適化のための選択肢を大きく広げることが可能とわかった[20]．

4.4　マイクロ連続反応システムによるビタミンK$_3$合成

次に，ビタミンK$_3$合成反応プロセスを題材にした「過酸化水素酸化反応用マイクロ連続反応システム」を製作し，マイクロリアクターの物質生産への適用可能性（処理量の向上や運転の連続化などの課題）について検証を行った．

ここでは，酸化剤を必要な量だけオンサイトで製造・供給でき，より安全性の高い化学プロセスの実現のため，(1) 過酸化水素からの過酢酸調整工程と，(2) 過酢酸を用いた基質の酸化反応工程を組み合わせた連続反応システムを設計した（図5）．

オンサイト型マイクロ反応システムとしては，堅牢な大型装置ではなく，コンパクトで，ディスポーサブルなリアクターを製作することが好ましい．上述の2段の反応工程に対応した，過酢酸調製用マイクロリアクター (1)，および，酸化反応用マイクロリアクター (2) は，いずれもスタティックマイクロミキサーとマイクロチューブリアクターの組み合わせとした．チューブ型のマイクロ流路は，プレート接合型のマイクロ流路などと比べ，耐圧性が高く，また微細加工を要

第3章　マイクロ化学プロセス開発

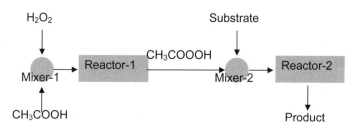

図5　過酸化水素酸化反応用マイクロ連続反応システムのフロー図

表2　マイクロリアクターの構成

Designed value	Microreactor (1)	Microreactor (2)
Inner diameter of tube [mm]	1.59	1.59
Outer diameter of tube [mm]	3.18	3.18
Tube length [mm]	10000	40000
Reaction volume [mL]	19.8	79.4
Total flow rate [mL/min]	3.96〜9.90	7.92〜19.80
Linear velocity [mm/s]	33〜83	67〜166
Mean residence time [min]	2〜5	4〜10
Re number (as CH_3COOH^*) [-]	1.2×10^{-4}〜4.9×10^{-5}	2.5×10^{-4}〜9.8×10^{-5}
Δp [MPa]	0.005〜0.012	0.038〜0.095

*$\rho=1.05\times10^3$ [kg・m^{-3}], $\mu=1.13\times10^{-3}$ [Pa・s]

しないため安価であり，取替え（反応用途や条件に応じた寸法変更）も用意というメリットを有する。

また連続運転することを考えた場合，送液不良（圧力損失や閉塞など）を防ぐため，マイクロ空間の特性を保ったままで，可能な限りのスケールアップ（マイクロ流路の延長や流路径拡大）をすることが重要と考えられる。リアクターチューブには，内径1.59 mm，外径3.18 mmのステンレス鋼またはフッ素樹脂ETFE製チューブを用いた。マイクロミキサーとしては，構造のより単純なT字型合流ミキサー（内径1.0 mm，合流角90度，材質PCTFE）を採用した。熱交換方法には，外部熱媒循環方式を採用し，PAA調製工程（0〜40℃）では1段，2MN酸化反応工程では2段の熱媒ジャケットを準備した（表2）。

開発したマイクロ検証プラントの概略フローを図6に示す。四種の原料送液系（ポンプA＝60 wt% H_2O_2水溶液＋99.9 wt% AcOH，ポンプB＝96 wt% H_2SO_4水溶液，ポンプC＝反応基質2MN＋AcOH溶媒＋Pd(OAc)$_2$触媒，ポンプD＝蒸留水）にはそれぞれ送液量や接液部材質の異なる高耐圧仕様の送液ポンプを使用。また反応装置には，三系列の温度調節・熱媒循環装置を備え，二つのマイクロリアクターの温度制御を行った。マイクロリアクターには市販の小型センサー類を設置し，各種運転データ（温度，圧力，流量）のリアルタイムモニタリングシステムを

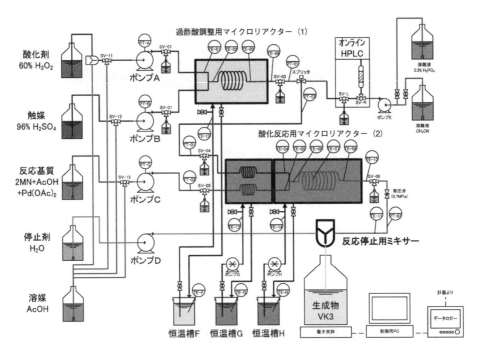

図6　ビタミンK_3合成用マイクロ化学プラントの概略

写真1　ビタミンK_3合成用マイクロ化学プラントの外観

作成した。送液ポンプや流路切替バルブなどは，LAN経由でネットワーク接続された遠隔のPC端末にて制御可能とした。前段のPAA調製工程と後段の2MN酸化反応工程の間には，定期的にPAA溶液を自動サンプリングしながら反応の安定性を検証できるよう，オンラインHPLCシステムも一系列装備した。本マイクロ連続反応システム（写真1）は，H_2O_2を酸化剤に用いた液相酸化反応を実施するマイクロ化学プラントとして世界で初めての例である。

第3章 マイクロ化学プロセス開発

　実際にビタミンK_3合成プロセスを題材に，反応液処理量を1.0kg/hrに設定して運転実験を行った（三菱ガス化学㈱東京研究所内にて）。まず，過酢酸調製用マイクロリアクター（1）のみを用いて，連続的に過酢酸水溶液を調製可能なことを確認した。反応チューブ内の温度は設定温度40℃から±0.5℃以内の変動で抑えられており，濃硫酸の溶解による発熱も効果的に除去できることが確認された。平均滞留時間5分で反応はほぼ平衡状態に達し（転化率93.0％，選択率99.4％），反回分式滴下法（室温，一晩）と同等の成績であった。続いて，酸化反応用マイクロリアクター（2）を使用して，2MN酸化反応を実施した（反応温度70℃，滞留時間30秒～10分）。反応は開始より数分間で安定化し，各計測データ値も定常となった。リアクター内の反応液温度はほぼ所定の温度に保たれており，その変化は＋1.9℃以内に抑えられた（CFDシミュレーションの結果とも一致）。反応器内部に気体の発生もなく，安定した圧力・流量での送液が可能であった。得られた反応生成物を分析した結果，このように処理量を大幅にスケールアップした条件でも，ラボスケールと比較して，ほぼ等しい転化率・選択率が得られた。また2～3ヶ月にわたり断続的に連続運転を実施したが，圧力・温度・流量には全く変動が見られず，反応成績も安定して推移した（収率43.4～46.3％，転化率80.4～81.0％，選択率53.6～57.6％）。さらに，従来は扱いの困難であった過酸化物（爆発性を有する化合物）を連続的に供給し，安全に反応を行えることも確認できた[21]。

4.5　ビタミンK_3合成におけるマイクロ化学プロセス適用のメリット

　ここでビタミンK_3合成プロセスを例として，H_2O_2酸化法を用いたマイクロ化学プロセスと，現行バッチプロセス（CrO_3酸化法）との比較を，表3にまとめる。マイクロ化学プロセスは，安全性や反応効率の観点からは明らかに優位であった。

　今後，省資源・省エネルギー化が求められる傾向の中で，マイクロリアクターを用いた環境調和型の過酸化水素酸化反応プロセスは実現する可能性が高まると考えられる。

表3　ビタミンK_3合成プロセスの比較

	Microreaction process（H_2O_2 oxidation）	Batch process（CrO_3 oxidation）
Required reaction time	Short (30 s～10 min)	Very long (8 hr～3 day)
Selectivity	Good (ca.60%)	Good (ca.60%)
Process safety	Excellent	Fair (Specific equipment required)
Environmental benefits	Yes (Clean oxidant)	No (Use of heavy metal)
Cost saving	Yes (Fixed cost saving)	Yes (Variable cost saving)

4.6 おわりに

本開発の一部は，経済産業省の革新的部材産業創出プログラム「高効率マイクロ化学プロセス技術」プロジェクト（平成14年度）ならびに「マイクロ分析・生産システム」プロジェクト（平成15～17年度）の支援を受けて実施した．

文　　献

1) 日本化学会，化学技術戦略推進機構 訳編，グリーンケミストリー，丸善（1999）
2) グリーンケミストリー：持続的社会のための化学，講談社（2001）
3) J. Barton, R. Rogers, Chemical Reaction Hazards：A Guide to Safety, 2nd Ed., Institution of Chemical Engineers（1997）
4) マイクロリアクター――新時代の合成技術―，シーエムシー出版（2003）
5) L. F. Fieser, *J. Biol. Chem.*, **133**, 391（1940）
6) M. Juaristi, J. M. Aizpurua, B. Lecea, C. Palomo, *Can. J. Chem.*, **62**, 2941（1984）
7) R. T. Arnold, R. Larson, *J. Org. Chem.*, **5**, 250（1940）
8) 馬場隆司，高信悦也，斉藤義規，佐久間邦夫，特開昭53-50147（1978）
9) S. Yamaguchi, M. Inoue, S. Enomoto, *Chem. Pharm. Bull.*, **34**, 445（1986）
10) S. Yamaguchi, H. Shinoda, M. Inoue, S. Enomoto, *Chem. Pharm. Bull.*, **34**, 4467（1986）
11) 松本洋一，中尾公三，特許3449800号（2003）
12) A. B. Solokin, A. Tuel, *Catal. Today*, **57**, 45（2000）
13) D. Swern, *Chem. Rev.*, **45**, 1（1949）
14) 有機過酸化物：その化学と工業的利用，化学工業社（1972）
15) S. Havel, J. Greschner, *Chemický průmysl*, **16**, 73（1966）
16) 化学便覧：基礎編，4th Ed., 丸善（1993）
17) E. Berliner, *J. Am. Chem. Soc.*, **68**, 49（1946）
18) 夕部邦夫，前一廣，特開2006-22083号（2006）
19) K. Yube, K. Mae, *Chem. Eng. Technol.*, **28**, 331（2005）
20) 夕部邦夫，前一廣，特開2006-206518号（2006）
21) 夕部邦夫，前一廣，特許4776246号（2011）

5　トイレタリー高機能製品の製造

松山一雄*

5.1　はじめに

　マイクロデバイスの特性を生かした化学工業生産のシステム，すなわちマイクロ化学生産システムには大きく分けて2つの考え方がある。多くの工程をマイクロデバイスで構成し小さなプラント（＝マイクロプラント）を適所に新設する"all micro"の考え方と，既存のプラントの一部にマイクロデバイスを組み込みマクロの中でマイクロを生かす"micro in macro"の考え方である。"all micro"の考え方は本来のマイクロ化学の目指すところであり，低環境負荷のオンサイト生産システムである。一方で，トイレタリー分野の製品は品種が非常に多く，また家庭での消費材であるがゆえに生産量もそれなりに多い。さらに消費者の嗜好は近年ますます速く変化する傾向にあるために，商品上市サイクルも他業種に比べ短いことも特徴である。こういった背景を考慮すれば，"all micro"の生産システムは，多品種の並行生産やスクラップ＆ビルドが可能であるため，プロセス強化の視点からトイレタリー分野の生産技術として理想的と考えることができる。しかし現実には既存の設備を"all micro"型に置き換えていく方針には投資と信頼性のリスクを伴う。そこで，マイクロ化学技術の実用化を加速していくためには，"micro in macro"の考え方を導入して最小のリスクと短い開発期間でマイクロ化学技術の潜在能力を商業レベルで数多く実現し，実績を積み上げることが先決であると考えられる。

　トイレタリー分野の乳化・配合プロセスは多品種で短寿命であるがゆえに専用設備で生産することは稀であり，基本的に汎用のバッチ混合装置が用いられる。スケールアップにおいては，ビーカースケールで得られた結果を実機スケールでいかに再現するかに主眼が置かれており，既設の装置ごとの最適化や配合手順の工夫などで対処している。逆の言い方をすれば，混合操作に影響を受けにくい配合処方の開発が求められている一面も介在する。

　一方，乳化プロセスにマイクロ空間を適用することで，混合時間がビーカースケールで数秒であるのに対しミリ秒オーダーとなるため相転移などの一瞬の変化に対応可能となる。こういった特性を生かしたプロダクトエンジニアリングを実行し既存技術で得られない新しい価値を持った製品を次々と生み出していくことは，トイレタリー分野の乳化・配合プロセスの革新を導くはずである。しかしながら，反応プロセスや抽出プロセスと異なり乳化プロセスにおいてマイクロ空間を用いた優位性を明確に示した例は少なく，単分散エマルジョンの製造やマイクロカプセルの製造など，低Reynolds数の限定された範囲に限られる。

　以上の背景に基づき本節では，マイクロ化学プロセスの実用化を促進する"micro in macro"の考え方に合致した汎用的なマイクロミキサー開発，マイクロ空間の特性を利用して既往の品質を凌駕する製品を簡便に生産できる新しい乳化プロセスの提案，およびマイクロ空間を利用して得られた新しい価値を生産スケールで具現化した実例について，以下に順に紹介する。

＊　Kazuo Matsuyama　花王㈱　加工・プロセス開発研究所1室　グループリーダー

5.2 "micro in macro"に基づく汎用マイクロミキサー開発

　トイレタリー各商品の年間生産量は1トン未満のものから数百トン，数千トンと幅広く，多品種を汎用の同設備で生産するためにバッチプロセスが主体である。これらに"micro in macro"の考え方を当てはめる際，バッチプロセスのサイクルタイムは維持すべきである。したがって，年間生産量の大小に無関係に，マイクロミキサーを用いた混合プロセスの時間当たりの処理量は十分に大きくなければならない。送液系や計装の設備投資の観点からNumbering upには上限があり，マイクロミキサー1基の処理量をどこまで大きくできるかが，"micro in macro"の実現には不可欠な設計要素となる。さらに，汎用の既存プラントに組み込むことを考慮すると，マイクロミキサーにはメンテナンスの容易さとパーツ交換による処理量の可変性が要求される。

　以上の着目点を踏まえ，実用に向けたオリフィス型マイクロミキサー"K-JETミキサー"を試作した[1]。外観と内部構造を図1に示す。全体の構造は軸対象となっており，2つの流体を導く二重管構造，オリフィス，オリフィス後方の急拡大部を備えた出口管から構成されている。オリフィス前後はそれぞれパーツで構成され，分解・組み立てが容易である。二重管部と出口管はミリ径オーダー以上であり，既存の配管に適合する。オリフィス孔径dは数百ミクロンオーダーで任意に設定でき，オリフィスの交換によって容易に変更可能である。

　このK-JETミキサーは，急拡大部で生成する数百ミクロンオーダー径の噴流"micro-jet"における液液剪断によって高速混合が実現される点が最大の特徴である[2]。"micro-jet"の高剪断部は文字通りマイクロ空間の体積を有しており，オリフィスで加速された流体に与えられた運動エネ

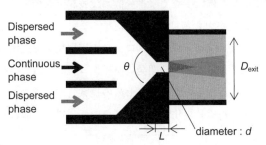

図1　K-JETミキサーの外観と内部構造

第3章 マイクロ化学プロセス開発

ルギーはミリ秒オーダーで散逸する。これにより瞬間的な対流混合が流体に作用するが，この剪断場は壁面に囲まれていないために運動エネルギーはほぼすべて二次流れによる対流渦生成に消費される。この瞬間的な対流渦の強さの指標としてエネルギー散逸率 ε_{jet} [W/kg] を次式(1)で定義可能である。

$$\varepsilon_{jet} = \frac{\Delta P}{\rho \cdot \tau} \tag{1}$$

この式では対流渦が生成する"micro-jet"のマイクロ空間に着目し，ΔPはその空間における二次流れによる流体運動エネルギーの損失 [MPa] であり，これはオリフィス前後の圧力損失とほぼ等しい。τはこの空間の滞留時間 [s] でありマイクロ空間体積 V [m³] を体積流量 Q [m³/s] で除した値である。ρは流体の密度 [kg/m³] である。Vは一般の噴流理論を用いて定量的に見積もることが可能である[2]。この式から，空間のマイクロ化によりτが非常に小さくなることで，低い圧力消費でも大きなエネルギー散逸率を得られることが予測できる。

以上示した混合性能を実際に評価するために，孔径dが0.3 mmのオリフィスを装着したK-JETミキサーを用いてシリコーンの乳化実験を行い，バッチ式のRoter-stater型混合器であるホモミキサーを用いた場合と結果を比較した。乳化液滴分布を図2に示す。ホモミキサーは投入エネルギー量，パス回数が圧倒的に多いにもかかわらず液滴径が大きく，1 pass処理のK-JETミキサーの乳化性能が優れていることがわかる。

次に，並列競争反応（Villermaux/Dushman反応[3]）を用いてK-JETミキサーの混合速度を推定した結果を図3に示す。縦軸の混合速度は文献4を元に算出した。図3よりミリ秒オーダーの

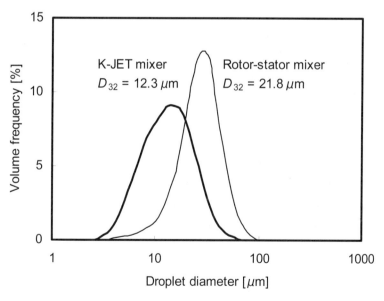

図2 乳化性能比較

乳化物組成：環状シリコーン／0.3％多糖増粘剤，0.5％PVA水溶液＝30/70（vol/vol）
操作条件：K-JETミキサー1.52 MPa（1 pass），ホモミキサー8.35 MJ/m³（100 pass）

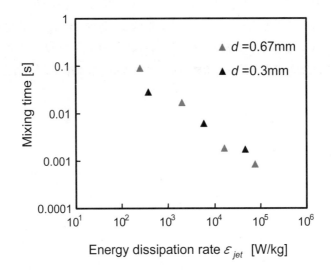

図3　K-JETミキサーの混合速度
流量：孔径0.3mm使用時0.6〜3.0L/h，孔径0.67mm使用時3〜20L/h

混合時間が達成可能と示唆される．さらにエネルギー散逸率ε_{jet}［W/kg］を指標とすれば孔径によらず同等の性能となることから，この例でいえば数十［L/h］の生産規模に対し1［L/h］の実験結果を元にスケールアップ可能であることを示している．

以上2つの結果から，"micro in macro"の実現に向けて開発したK-JETミキサーは，流体運動エネルギーが瞬間的に散逸する原理に基づき，1passで高い乳化性能を有すること，ミリ秒オーダーの混合性能を有することが示された．

5.3　マイクロ空間の特性を利用した新しい乳化プロセスの提案

一般に，水／油／界面活性剤からなる多成分系の相図は複雑であり，温度や成分比によって様々な相状態をとりうる．このような複雑な系にマイクロ空間を利用した乳化操作を適用してミリ秒オーダーで界面を形成させることにより，バッチ混合では実現できない異相系混合物の状態の獲得が期待できる．しかしながらマイクロ空間を利用したこのような適用事例はほとんど報告されていないのが現状である．

ここでは，次に示す三種の化粧品原料を用いてそれぞれ行った乳化プロセスの応用検討を以下に紹介する．セラミドは角質の細胞間脂質を構成する成分の1つであり皮膚のバリア機能の中枢的な役割を果たす物質であるが，スキンケア用途の乳化製剤に配合されるポピュラーな機能性有機素材である．一方，パール化剤はシャンプーに配合される有機結晶素材として知られ，乳化晶析にて得られる数ミクロンのサイズの板状結晶がパール光沢を発現する．種々知られているパール化剤の中でも特にジステアリルエーテルは，パール光沢の付与のみならず，皮膚や毛髪に対して保湿性向上などの付加的機能を有する有用な素材である．また，酸化チタン分散シリコーンは紫外線防御剤としての酸化チタン微粒子を高濃度に分散したシリコーン系のスラリーであるが，

第3章 マイクロ化学プロセス開発

良好な使用感の得られるO/W型の乳化製剤に酸化チタン分散シリコーンを用いることは配合上難しい。

実験フローを図4に示す。分散相（油相），連続相（水相）の各流体は保温された状態でそれぞれ送液され，マイクロミキサーは恒温バス内に設置された。マイクロミキサーで得られた乳化物を連続的に冷却してサンプルを得た。実験組成を表1に示す。セラミドの乳化実験（1）では，油相には合成セラミドとイソデシルグリセリルエーテル溶融混合物を，水相にはポリオキシエチレンラウリルエーテル酢酸ナトリウムの水溶液をそれぞれ用いた。パール化剤の乳化晶析実験（2）では，油相にはジステアリルエーテルとポリオキシエチレンオレイルエーテルの溶融混合物を，水相にはポリオキシエチレンラウリルエーテル酢酸ナトリウムの水溶液をそれぞれ用いた。酸化チタン分散シリコーンの乳化実験（3）では，油相には酸化チタン分散シリコーンとワックスの溶融混合物を，水相には多糖類および高分子分散剤の水溶液をそれぞれ用いた。

表2に3つの実験結果を示す。なお表中にはバッチ法による比較実験の結果も併せて記載した。セラミドの乳化実験（1）では，バッチ混合ではホモミキサー，転相乳化法のいずれも冷却前の乳化操作中にゲル化して撹拌不能となったが，マイクロミキサーを用いた操作では微細なサスペンジョンが得られた。これは，乳化時に液晶相が連続構造を形成して増粘する現象が高速混合により妨げられたことを意味しており，興味深い。パール化剤の乳化晶析実験（2）では，従来のミクロンオー

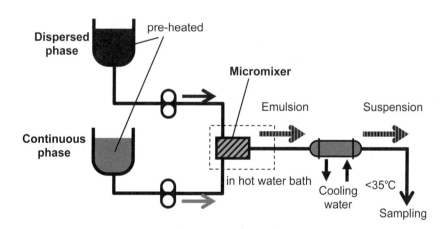

図4　化粧品原料の乳化実験フロー

表1　化粧品原料の乳化実験組成

	Exam. 1	Exam. 2	Exam. 3
Dispersed phase (O)	Ceramide derivative Isodecyl glyceryl ether	Distearyl ether Oleth-9	TiO$_2$ dispersion Wax
Continuous phase (W)	4.7 wt% aqueous solution of sodium laureth-5 carboxylate	2.3 wt% aqueous solution of sodium laureth-5 carboxylate	Aqueous solution of Polysaccharide and Polyvinylalcohol
O/W volume ratio	10/90	10/90	30/70

表2　化粧品原料の乳化実験結果

		Exam. 1	Exam. 2	Exam. 3
Particle diameter [μm]	Micromixer	0.48	0.085	9.1
	Homomixer	Gelation		not successful
	Phase inversion method	Gelation		

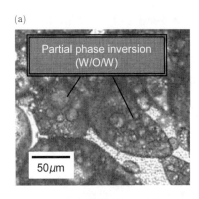 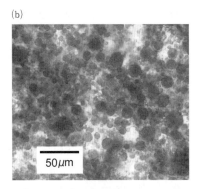

図5　酸化チタン分散シリコーンの乳化物の顕微鏡観察結果
(a)ホモミキサー使用時（10000 r/m, 250 pass），(b)K-JETミキサー使用時（d = 0.3 mm, 10 L/h, 1pass）

ダーの結晶サイズとは全く異なる，平均粒径85 nmの微細な結晶分散液を得ることができた。この分散液は数ヶ月の保存安定性を有しており，シャンプーなどに配合して新たな機能の付与が期待できる。酸化チタン分散シリコーンの乳化実験(3)では，ホモミキサー10000 r/m, 250 passで処理を行っても均一な乳化物は得られず，図5(a)の顕微鏡写真に示すように部分的に転相したW/O/W型の油滴が生成していた。一方マイクロミキサーを用いた場合は図5(b)の顕微鏡写真に示すように転相は見られず1 passで均一な乳化物が得られることがわかった。油相がミリ秒オーダーで迅速に微細セグメント化されたことにより部分的な転相を抑制したことがこの理由であると思われる。

　以上の結果で見られたマイクロ空間の乳化特性を利用すれば，新しい乳化プロセスの提案が可能になり，トイレタリー分野での新規な価値の創出が期待できる。

5.4　"micro in macro"の実現による高機能製品の製造

　連続相にゲル化剤を含有したO/W乳化物を冷却して得られる，乳化油滴を分散内包したゲルカプセルは，機能性油性成分を化粧品などに安定に配合できる技術として既に実用化されている。この技術とマイクロ空間を利用した乳化プロセスとの融合による新しい消費者価値の創出を狙って，紫外線防御化粧料の高機能化を達成した事例を以下に紹介する。

　"micro in macro"の考え方に基づいて，ゲルカプセルの既存設備にK-JETミキサーを実装した実際の製造フローの概略を図6に示す。K-JETミキサー1基のほか，ポンプ1台，センサー類，配管を新規に追加したのみであり最小限の投資となった。さらに新プロセスでは乳化槽を用いず

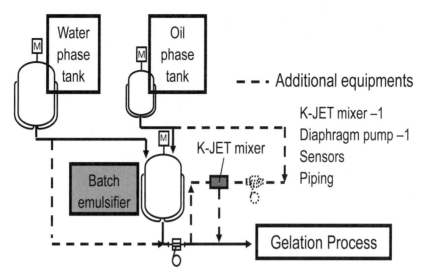

図6 "micro in macro" プロセス

にゲルカプセルの製造が可能となった。

このように設計した新プロセスにより，界面活性剤を減量し酸化チタン分散シリコーンの内包率を高めたゲルカプセルの設計が可能となり，使用感と性能向上の両立という新しい価値を有する紫外線防御化粧料の開発を具現化するに至った。商業規模での試運転の結果，設計通りの乳化液滴径と，24 h以上の安定操作を確認できた。得られたゲルカプセルの品質はスペックを満足し，これを配合した化粧料において目標性能が得られることを確認した。

5.5 おわりに

本節では，トイレタリー分野の高機能製品の製造に関して，"micro in macro"の考え方に基づいたマイクロミキサー開発と乳化プロセスへの応用検討を中心に述べた。また，従来技術では実現不可能な材料設計を商業生産規模で達成した事例を紹介した。このような汎用的なマイクロミキサーの設計手法と新しい混合操作を反応などほかのプロセスに展開していくことによって，マイクロ化学プロセスのさらなる発展への貢献が期待できる。

文　　献

1) K. Matsuyama *et al.*, *Chem. Eng. J.*, **167**, 727 (2011)
2) K. Matsuyama *et al.*, *Chem. Eng. Sci.*, **65**, 5912 (2010)
3) P. Guichardon *et al.*, *Chem. Eng. Sci.*, **55**, 4233 (2000)
4) L. Falk *et al.*, *Chem. Eng. Sci.*, **65**, 405 (2010)

6　有機顔料微粒子製造

長澤英治*

6.1　はじめに

　有機顔料微粒子は，有機系顔料の分子が凝集した粒子であり，塗料，電子写真用トナー，印刷インク，インクジェットインク，カラーフィルターなど，様々な化学工業製品の素材として利用されている[1]。その特徴は，鮮明な色調と高い着色力を有し，耐水性や耐光性が良いという性能面での基本的な特徴がある。しかしながら，インクジェットインクとして用いる場合は，顔料分子は凝集した粒子の状態であるため紙表面への染み込みが悪く密着性や対擦性に問題がある。また，現行品の顔料ではサイズが大きいため透過性がなく，数種類の顔料系インク，たとえばシアン系，マゼンタ系，イエロー系などを重ね塗りしたときに，写真画質のような豊かな階調が得にくいという問題もある。

　これは，有機顔料微粒子の製造方法に起因している。現行の製造方法は，有機顔料の塊をミル分散機などで粉砕して微粒子化するブレイクダウン法が一般的である。そのため，高濃度で有機顔料微粒子を製造できるが，到達粒子サイズが大きく多分散になりやすい。また，ブレイクダウン法では，平均粒子サイズをナノメートルサイズにするため1日単位，場合によっては1週間単位といった長い処理時間が必要となる場合があり，結果として過大なエネルギーを消費するという製造上の問題もある。

　このような背景から，現行品よりも透明性を出すために有機顔料微粒子の粒子サイズを小さくし，しかも色調などの制御がしやすいように単分散にする有機顔料微粒子製造技術が望まれており，分子レベルから顔料を合成したり分子レベルの凝集を制御して微粒子化制御を行ったりする液相ビルドアップ法による有機顔料微粒子製造プロセスの研究開発が行われ始めている[2]。

　本節では，液相ビルドアップ法による有機顔料微粒子製造に関する研究開発のうちマイクロリアクターを利用した主な研究開発の動向について述べ，当社における取り組みを紹介する。

6.2　研究開発の動向

　マイクロリアクターを利用した液相ビルドアップ法による有機顔料微粒子製造プロセスに関する先駆的研究開発事例としては，クラリアント社の取り組みが挙げられる。クラリアント社は，特許出願状況[3~5]などから判断すれば2000年ごろから研究を始めており，ドイツのCellular Process Chemistry Systems GmbH社（CPC社）のマイクロリアクターシステム（CYTOS）を用いてジアゾカップリング反応を行うことにより，撹拌槽を用いたバッチ法に比べて粒子サイズが小さく，また分布も狭いアゾ顔料微粒子を製造できることを示した。また，量産化適正についても検討を行い，マイクロリアクターを並列に配置して稼働させ処理流量をあげるスケールアップ法（ナンバリングアップ法）では実験スケールと同等の性能の顔料が得られること，そしてそのナンバリ

---

*　Hideharu Nagasawa　富士フイルム㈱　R&D統括本部　技術戦略部　主任技師

第 3 章　マイクロ化学プロセス開発

ングアップ法により168時間以上の連続運転を行い安定的に有機顔料微粒子が製造できることを示した[6]。クラリアントは，2004年の報告によれば年間80トンレベルの製造を可能としており[7]，マイクロ化学プラントの実用化を果たしていると思われる。

　一方，日本では，㈱新エネルギー・産業技術総合開発機構（NEDO）の「マイクロ分析・生産システム」プロジェクトに参画した大日本インキ化学工業㈱（DIC）が有機顔料の一つで青色着色剤として重要な銅フタロシアニンのマイクロリアクターを利用した製造プロセスの研究開発を行っている[8]。現行の製造プロセスでは反応工程に長時間を要する上，粒子の形状や粒子サイズを整えるため顔料化工程に多大な労力を要するなどの問題があった。そこでDICでは，急速熱交換や厳密な滞留時間制御が可能なマイクロ化学プロセスを構築して銅フタロシアニン製造を試み，現行法では数百μmにもおよぶ粗大粒子があったが，大幅に結晶成長が抑制され数μm程度まで微細化できたことを示した。また，生産性に関しても，現行法では数時間を要していた反応時間が2分程度にまで短縮され，大幅な工程時間短縮につながったことを報告している。

　富士フイルム㈱（当社）においても，前述の「マイクロ分析・生産システム」プロジェクトおよびその後継プロジェクトである「革新的マイクロ反応場利用部材技術開発」プロジェクトに参画し，以下に示す研究開発を行っている。

6.3　当社における有機顔料微粒子製造プロセスの開発
6.3.1　狙いとする有機顔料微粒子分散液

　現行のブレイクダウン法による有機顔料微粒子は，粒子サイズ（MV：体積平均径）が100 nm程度である。透過性を出すために粒子サイズは，透過光の10分の1程度，つまり50 nm以下の粒子サイズを目標とした。また，生産性の観点では，分散液中の有機顔料微粒子の濃度を1 wt％以上とし，その分散液を年間で50トン以上生産できる見通しを立てることを目標とした。

　また，有機顔料には水にも有機溶剤にも溶けにくいという特徴があるが，最終的な製品の使用形態は有機顔料微粒子を溶媒に分散させた分散液であることが一般的である。そのため，分散液の溶媒として，水などの親水性溶媒を用いるもの（水系有機顔料微粒子分散液）と有機溶剤などの親油性溶媒を用いるもの（溶剤系有機顔料微粒子分散液）との両方の製造プロセスを開発する必要がある。以下にそれぞれの製造プロセスの開発内容について述べる。

6.3.2　水系有機顔料微粒子分散液製造
(1)　水系有機顔料微粒子形成法

　当社は，水系溶媒中に目標とする粒子サイズの有機顔料微粒子を安定的に分散させる粒子形成法としてpH変換反応に着目した。有機顔料をアルカリ存在下で有機溶媒に溶解し，その溶液を反応容器中，分散剤共存下の水に注いでpH変換を行うと微粒子化が可能となる[9]。この方法を我々はpH変換共沈法と呼んでいる。pH変換はきわめて速い反応であり，これをマイクロリアクターにて高度に制御すれば，従来のバッチ法以上の単分散な微粒子形成が可能になると考え，この反応を選択した。この方法は，分子内に解離基を有し，その水素結合力で凝集して顔料化している

有機顔料の微粒子化に適用が可能である。今回は，黄色の縮合アゾ顔料で，従来のブレイクダウン法では比較的微粒子化がしにくいと言われていたC. I. Pigment Yellow（PY128）をモデルとして選択した。

(2) 中心衝突型マイクロリアクター

上記のpH変換共沈法を行うためのマイクロリアクターとして，迅速混合を狙いとして開発した中心衝突型マイクロリアクター（通称，KMリアクター：Kinetic-energy and Molecular-diffusion Mixing Microreactor）[10]を選定した。

図1に代表的なKMリアクターの概観および流路図を示す。KMリアクターは入口プレート，混合プレート，出口プレートから構成されている。入口プレートから導入された流体Aと流体Bは，それぞれの正方形断面を有するリング状の溝を通じて，混合プレート上の放射状に加工された複数の矩形断面形状を有するマイクロ流路に均等に分割されたあと，放射状マイクロ流路中心部で衝突合流する。合流後は，流れの向きを変えて出口プレートを経て流出する。このようにKMリアクターでは，効果的なマイクロ混合，つまりマイクロセグメントを形成するための混合流体の均一な分割流れ形成，マイクロセグメントの配列による迅速な混合，そして混合ゾーンでの合流後の縮流などの機能的要素から成り立っている。最も特徴的な点は，混合流体が混合ゾーンで合流する際におこる運動エネルギーと分子拡散の両方の混合原理を利用して，迅速かつ高処理流量を狙っているということである。また，KMリアクターでは，入口プレートと混合プレートの変更により混合流体のマイクロ流路の数や流路幅を自由に変更できるため，混合流体の流量比を幅広く設定できるという点も大きな特徴である。さらに，出口プレートの変更もできるため，出口マイクロ流路直径の変更により縮流状態を変え混合を制御できる。そして，各機能を持った複数のプレートを連結させることにより，複雑な多段混合をシーケンシャルに実行できるという特徴がある。

(3) KMリアクターを用いたpH変換共沈法による有機顔料微粒子形成[11〜14]

顔料溶液は，ジメチルスルホキシド（DMSO）を溶媒とした1.0 wt％ PY-128溶液とし，分散剤は，ポリビニルピロリドン（PVP）を0.5 wt％で添加した。そして，微粒子析出溶液としては，蒸留水を用いて1.0 wt％のオレイルメチルタウリンナトリウム塩水溶液とした。

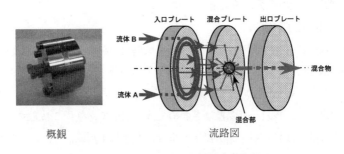

図1　KMリアクターの概観と流路図

第3章 マイクロ化学プロセス開発

ここでは,KMリアクターによる微粒子サイズ分布とバッチによる微粒子サイズ分布の実験結果を図2に示す。KMリアクターは,14本の50μm幅のマイクロ流路が放射状に加工されたタイプを用い,顔料分散液流量を15mL・min^{-1}とした。一方,バッチは,50mLのサンプル瓶とマグネティックスターラーを用いて,500rpmの撹拌を行った。温度条件は,293Kとした。この結果より,KMリアクターを用いた有機顔料微粒子形成では,従来のバッチ法と比較して,大サイズ粒子がなく小サイズ単分散なナノ顔料微粒子が得られることがわかり,マイクロリアクターを利用した製造プロセスの有用性が示された。

(4) パイロットプラントによる顔料微粒子分散液量産化の検討

上記で示した代表的な結果のような実験装置レベルで有用性検討を経て,パイロットプラントを建設して量産化の可能性を検討した。図3にフローシートを示す。量産化検討に用いたKMリ

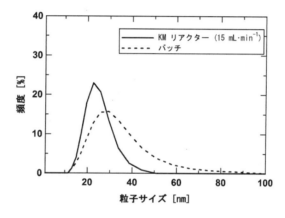

図2 PY-128微粒子サイズ分布

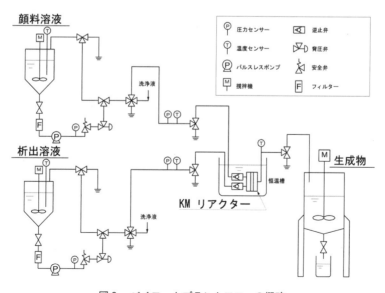

図3 パイロットプラントフローの概略

表1 PY-128微粒子形成における量産化検討用KMリアクターとバッチとの比較

	KMリアクター	バッチ
サイズ	Mv = 15 nm	Mv = 153 nm
分布	Mv/Mn = 1.30	Mv/Mn = 2.29
SEM写真		
生成物		

アクターは，実験装置レベルの10倍の流量，すなわち200 mL・min^{-1}の流量が処理できる6本の400 μm幅のマイクロ流路が放射状に加工されたタイプとした。温度条件は293 Kとした。

ここでは，このKMリアクターを用いた実験と300 mLのビーカーとマグネティックスターラーを用いて行ったバッチ実験の結果を比較したものを表1に示す。これらの結果からわかるように，KMリアクターによるPY-128微粒子形成では，高流量化を図っても小サイズ単分散であり，透明な顔料分散液が得られる。この処理流量は，年間稼働時間を5000時間と想定した場合，生産量は年間で60トンに相当する量であり，KMミキサーが十分に工業的プロセス用デバイスとして利用可能であることが示された。

6.3.3 溶剤系有機顔料微粒子分散液製造

(1) 溶剤系有機顔料微粒子形成法

前項で紹介した方法は水性インクなど親水性溶媒を用いる製品に適用可能であるが，一方でUV硬化型インクなど有機溶剤系の溶媒の製品に適用する場合は溶媒置換が必要であり，その過程で凝集が発生しやすく結果的にナノサイズの微粒子を得ることが難しいという問題がある。このような背景から，有機溶剤系の溶媒中で直接顔料微粒子を形成する方法の開発も望まれていた。当社は「革新的マイクロ反応場利用部材技術開発」プロジェクトにて京都大学と共に，ラテント顔料を用いたマイクロリアクターシステムによる顔料微粒子形成法を開発した[15,16]。ラテント顔料とは，有機溶剤に難溶な有機顔料分子を可溶化するために化学修飾を行った有機顔料であり，熱などの外部エネルギーが加えられることにより化学修飾した部分が分解されて有機顔料分子となる。その分子の凝集体である有機顔料微粒子の粒子サイズを50 nm以下にするためには，その化学修飾部の分解と分散剤の吸着を瞬時に行う必要がある。開発した方法では，その瞬時分解に必要なエネルギーの付与をマイクロリアクターでラテント顔料に高温の有機溶剤を瞬時に混合させることにより行った。

第3章　マイクロ化学プロセス開発

(2) 高温流体混合加熱方式マイクロリアクターシステム

この粒子形成法を実現するために開発した高温流体混合加熱方式マイクロリアクターシステムを図4に示す。また，その下部にはラテント顔料溶液がこのシステムを流れる際の温度パターンを示す。室温のラテント顔料溶液はコイル状の熱交換器により373Kに加熱される。そして，内径が150μmのT字型マイクロリアクターで高温の有機溶剤と0.05秒（数値シミュレーション値）で混合され598Kまで昇温する。そして，化学修飾部の分解が行われ，分解により生成された有機顔料分子の溶液は急速に冷却され，有機顔料微粒子分散液を得る。

(3) 有機顔料微粒子形成

ラテント顔料であるPR-254-POC（図5）を用いて，PR-254の有機顔料微粒子形成を行った。ラテント顔料は，1-メトキシ-2-プロピルアセテート（MMPGAc）を溶媒とした0.5wt％PR-254-POC溶液とし，分散剤は，ブロック共重合ポリマーを2.0wt％で添加した。高温加熱用有機溶剤としてはMMPGAcを用い，0.25wt％でブロック共重合ポリマーを添加した。そして，ラテント顔料溶液および高温加熱用有機溶剤のそれぞれの流量を0.5 mL・min^{-1}，5.0 mL・min^{-1}とした。

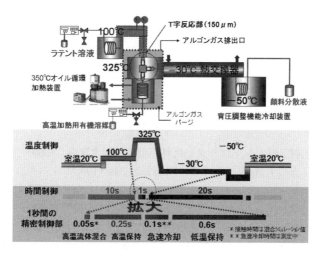

図4　高温流体混合加熱方式マイクロリアクターシステムのプロセスフロー図

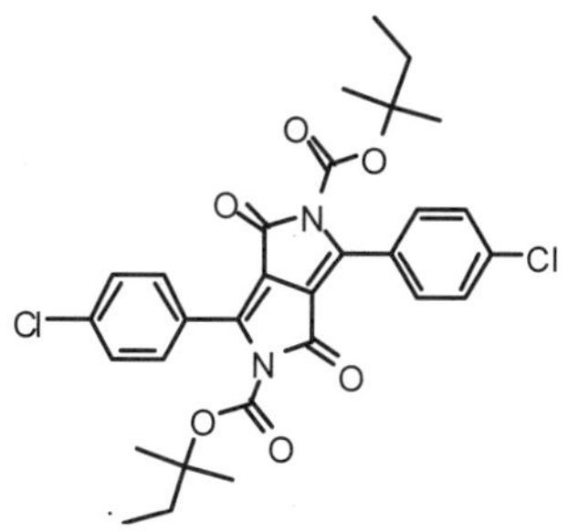

図5　PR-254-POC

温度条件は，上記のシステムの説明で紹介した通りである。その結果，平均粒子サイズが49 nmのナノ有機顔料微粒子分散液を得ることができた。

6.4 おわりに

本節では，塗料やインクジェットインクなどの様々な化学工業製品の素材として利用される有機顔料微粒子製造分野において，マイクロリアクター技術を用いた研究開発の動向および当社の取り組みについて紹介した。従来のブレイクダウン法からマイクロリアクターを利用したビルドアップ法に製造プロセスを変更することにより，小サイズで単分散な有機顔料微粒子が製造できることがわかり，各種量産化検討から連続で安定的に製造が実現でき従来法に匹敵する生産性が水系有機顔料微粒子製造における検証実験によって確かめられた。今後は，さらなる生産性の向上を目指すプロセス開発と本技術をほかの製品へ水平展開させる取り組みが期待される。

謝辞

本節で述べた研究は，㈱新エネルギー・産業技術総合開発機構（NEDO）からの受託でマイクロ化学プロセス技術研究組合（MCPT）にて行われた「マイクロ分析・生産システム」および「革新的マイクロ反応場利用部材技術開発」のプロジェクトの一環で実施したものであり，そのご支援に深く感謝いたします。

文　献

1) 信岡聰一郎，色材工学ハンドブック，色材協会編，朝倉書店（1989）
2) H. Kasai et al., *Jpn. J. Appl. Phys.*, **31**, L1132-L1134（1992）
3) クラリアント・ゲーエムベーハー，特開2002-012788，公開特許公報（A）（2002）
4) クラリアント・ゲーエムベーハー，特開2002-038043，公開特許公報（A）（2002）
5) クラリアント・ゲーエムベーハー，特開2002-155221，公開特許公報（A）（2002）
6) Ch. Wille et al., *Chem. Eng. J.*, **101**, 179-185（2004）
7) C. Boswell, *Chemical Market Reporter*, **266**（11），8-10（2004）
8) 村田ほか，*DIC Technical Review*, **13**, 37-46（2007）
9) 富士フイルム，特許3936558，公開特許公報（B2）（2007）
10) H. Nagasawa et al., *Chem. Eng. Technol.*, **28**, 324-330（2005）
11) H. Maeta, Proc. of 2006 AIChE Spring National Meeting, 98 a（2006）
12) 長澤ほか，化学工学，**72**（4），20-23（2008）
13) 佐藤忠久，FUJIFILM RESEARCH & DEVELOPMENT, 53, 21-26（2008）
14) 永井洋一，化学と教育，**57**（8），2-5（2009）
15) 京都大学ほか，特開2010-65129，公開特許公報（A）（2010）
16) Y. Nagai et al., IMRET 11 Book of Abstracts, 386-387, Organizing Committee of IMRET 11（2010）

7 電子ペーパー用ツイストボール製造

滝沢容一*

7.1 はじめに

　近年，新しい表示媒体として注目されている電子ペーパーであるが，薄くて軽い取り扱いのしやすさや，消費電力の低さなどから，省エネ性の高い次世代表示材料として注目をされている。電子ペーパーの表示方式としては，微粒子を表示媒体として用いた，電気泳動タイプのものが多く検討されており，表示にバックライトを用いない反射型表示を特徴に，電子書籍や掲示板などの用途で実用化されている。

　微粒子型電子ペーパーの表示方式は古くから検討されており，代表的な方式として，マイクロカプセル法などのカプセルインク型方式と並び，本節で紹介するツイストボール方式がある。この方式は，40年以上前にゼロックス社のN. K. Sheridonらによって提唱された方法で[1]，0.1 mm程度の直径の一つの微粒子を半分ずつ違う色に塗り分け，その反面ずつを，静電的に逆極性を持つように制御したツイストボールと呼ばれる粒子を表示媒体とし，それを静電気力で反転させることで表示を得る方式である（図1）。

　この方式の電子ペーパーは，古くからいろいろな企業や研究機関で研究開発が行われてきたが，表示媒体のツイストボール製作に関して，微粒子表面の塗り分け方法や，各面の静電的制御など，微粒子を精密に加工する技術が必要なため，これを工業的に大量に生産することは非常に困難で，商品として確立されるまでには至らなかった。

7.2 ツイストボールの製作方法

　これまでの文献などによると，ツイストボールの作製方法で代表的なものとしては，単色の粒子を単層に並べたあと，スパッタリングなどの方法で半面のみを着色し，粒子のみを剥離しツイ

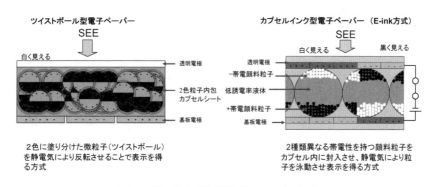

図1　代表的な微粒子型電子ペーパー方式

---

*　Yoichi Takizawa　綜研化学㈱　PLD事業推進プロジェクト　リーダー

マイクロリアクター技術の最前線

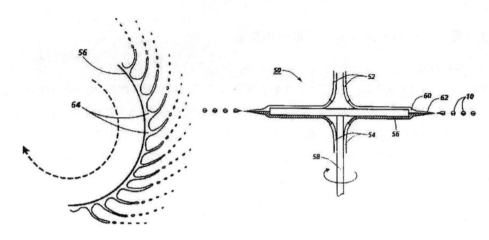

図2　遠心法によるツイストボールの作製方法
（特開平6-226875　ゼロックス）

ストボールを得る方法や[2]，加熱溶融させた2種の着色ワックスを，高速回転する円盤上で合一させ，遠心力で振りまいて粒子化することでツイストボールを作製する方法などがあり[3]，特に後者によるものは，ジャイリコンディスプレイとして一時商品化まで行われたが，他方式との比較では，表示性能などはまだ不十分なものであった（図2）。

　我々は，アクリル樹脂の合成メーカーとして樹脂の開発を行う中で，光拡散フィルムの拡散子などで使用される，アクリル単分散微粒子の研究開発などを行ってきたが，その技術開発の中で，新しい微粒子作製方法であるマイクロチャンネル（微細流路）技術に着目し，東京大学大学院の鳥居徹教授のグループの指導の下，2002年よりツイストボールの開発検討を行い，表示性がよく，各種電子ペーパー表示に使用できるツイストボールの作製に成功した。開発においては，この方法での微粒子作製に関して，まったく未経験の分野であったことから，マイクロチャンネルを使用した粒子の基本的な製法から，2色をきれいに合一する方法，また，チャンネルの設計では，単流路の設計開発から複合流路の検討，さらには，ツイストボールの必須条件である，表面電荷の制御などの検討などを行った。

　マイクロチャンネルを用いたツイストボールの作製法であるが，基本的な粒子作製方法は，アクリル樹脂を水相中で液滴合成を行う懸濁重合法で，作製工程は各々の色に着色したモノマー原料をマイクロチャンネル中で合体させ2層流とし，それを切断することで液滴化し，重合固化することによりツイストボールを作製する。

　たとえば白と黒の粒子の例を取ると，チャンネルの上流側より，白側に酸化チタンなどの白色顔料を分散させたアクリルモノマー，黒側にカーボンブラックなどの黒色顔料を分散させたアクリルモノマーをチャンネル中に別々に導入し，マイクロチャンネルチップ中で2相を合一させ，平行流で流す。次に，この流れを一つ一つの粒子になるように交差水流で切断することにより，粒子内で2相に分かれた液滴を作製し，この液滴をそのまま重合させることにより，ツイストボ

第3章　マイクロ化学プロセス開発

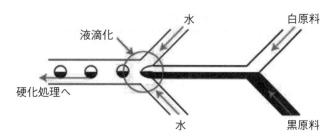

図3　ツイストボールの合成方法

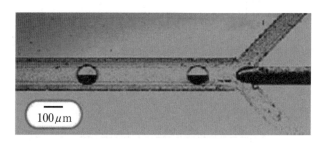

図4　ツイストボールの生成状況（単流路）

ールを得る方法である[4]（図3，4）。この方法により得られる粒子は，粒子径や形状が非常に揃っており，同一条件では，2色の色バランスもほぼすべて同じバランスの粒子が生成する。

　マイクロチャンネル法を使用する利点であるが，非常に粒度の揃った均一な単分散微粒子ができる点や，顔料などの添加物の導入が容易なことがあるが，何よりも粒子内部で不均一な構造を物理的に形成できることが，ほかの方法と比較した一番の特徴といえる。また，マイクロチャンネルの特徴となるレイノルズ数の低さのため，2種類の原料相が平行流で流れる際に，2相が混合しないこともマイクロチャンネル法の利点といえる。

7.3　マイクロチャンネル法での粒径制御

　マイクロチャンネル法での2色粒子の液滴径のコントロールは，分散相（モノマー相）および連続相（水相）の流速や粘度などで変化するが，もっとも支配的な因子はマイクロチャンネルの流路径と形状である。流路径については，当然のことであるが，液滴生成部分の分散相出口の流路幅が狭いほど小さい粒子径に対応可能であるが，実際の粒子作製では，作製に用いるマイクロチャンネルチップなどの微細加工などに技術的な問題や，固形物である顔料による流路閉塞などの課題が多く，単純に流路を細くすることでの小粒子化は多くの課題がある。

　次に，連続相および分散相の流速の影響であるが，この系では連続相の流速が速いほど，また，分散相の流速が遅いほど粒子径が小さくなる方向に向かい，同一のマイクロチャンネルでは，流速の制御のみで，2倍程度の液滴径の制御が可能である。液滴生成では連続相と分散相の流速バ

マイクロリアクター技術の最前線

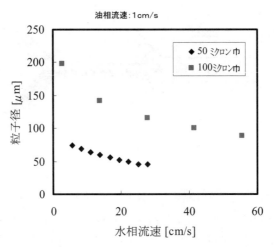

図5 粒子系の制御（水相流速と流路巾の影響）

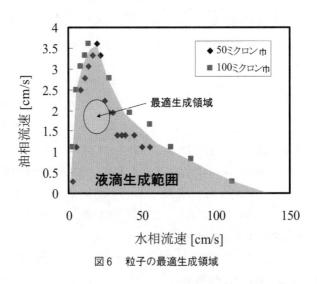

図6 粒子の最適生成領域

ランスの影響も大きく，決まった流路径液滴生成では，ある領域で非常に安定に液滴が生成する領域がある。また，この領域で生成した粒子は，再現性や単分散性が非常に優れているのが特徴である。逆に流速バランスの悪い領域で生成した粒子は，単分散性が悪かったり，サテライト粒子が多数発生したりすることがわかっている[4]（図5，6）。

　この系の粒子径制御因子としてのもう一つのおもしろい特徴として，マイクロチャンネル中の流れ方向に対する連続相の入射角度によっても得られる粒径が変化する。これは，液滴の生成部分での連続層の流入角度を変えることにより，生成する粒子径が変化する現象で，連続相が分散相の流れ方向にそった形で液滴を生成する場合が，対向して液滴生成する場合より小さい液滴が生成することが確認されている。この原因としては各チャンネルの液滴生成滞留部分の体積が影

第3章　マイクロ化学プロセス開発

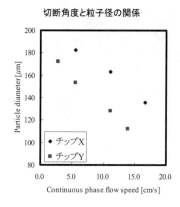
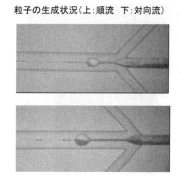

図7　水流による切断角度と粒子径

響しているものと考えている[5]（図7）。

　また，マイクロチャンネル中での粒子生成では，粒子生成の副産物として，サテライト粒子の生成がある。これは，主体粒子が生成する際に，切断時の糸引き現象に起因するもので，生成速度や粘度の影響を受けるが，粒子の生成条件が安定な条件ではこの生成も少なくなるものの，まったく生成しない条件は見つかっていない。しかしながら，生成するサテライト粒子は，主体粒子系の1/10以下の粒子径で，生成量も少なく，実際の製品化では後工程の分級で簡単に除去できるため，大きな問題となっていない。

7.4　スケールアップについて

　マイクロリアクターを利用して製品を作る際に，一番難問とされることはスケールアップである。特に，電子ペーパー用表示粒子は汎用工業材料となるため，安定的に多量の製品の生産が必須となる。我々は，この量産化に際し，チップ内流路の多流路化と，チップを複数個組み合わせた複合台座ユニットを使用してのナンバリングアップで対応を行っている。
　まず，流路の複合化であるが，粒子の生成機構は単チップと同様であり，多数のチップに均一な流量が得られるように，合理的に円形に配置したものを量産用チップとする。現在，量産化対応として，100流路程度の生成点を持ったチップを作製し，安定な粒子製造に成功している。また，ホルダーの設計では，各色のモノマーおよび水相が均一に各チップに行きわたるように，ホルダー内部で合理的に分岐しマイクロチャンネルチップに供給するが，効率的な生産をするために，チップを複数，同一ホルダーに数個埋め込んだ複合ホルダーによる装置での粒子製造を行うまでになってきた。これまでのところ，多分岐チップと複合台座を組み合わせた1000流路程度の生成点を持つ複合的なマイクロチャンネルプラントが実証されており，時間当たり1kg程度の粒子製造ユニットの稼動が可能になった。また現在，これをさらにナンバリングアップを行うことにより，生産量を上げる検討も行っている（図8）。
　なお，粒子生成装置で使用するマイクロチャンネルチップは，ガラス，シリコン，ステンレス

マイクロリアクター技術の最前線

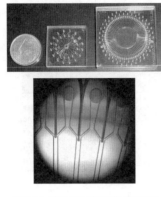
多分岐チップ(上)および複合流路内部(下)

4チップ複合ホルダー

図8　スケールアップ

などで作製できるが，粒子作成の状況を観察しやすく，不具合が見つけやすいことで，ガラス系のチャンネルが使用しやすい．また，その流路の成型法は，機械加工法やドライ，もしくはウェットエッチング法やプレス加工による方法があるが，特に本用途ではマイクロリアクターとしては比較的広め（0.1mm巾程度）の流路を使用しているため，機械加工やプレスなどの方法が，作りやすさや精度の点で有効である．

7.5　ツイストボールの設計

ツイストボールを表示媒体として使用する場合，静電気を使用して粒子を反転させることで表示を得るため，粒子表面の帯電性の制御が必要となる．この粒子の設計については非常に難しく

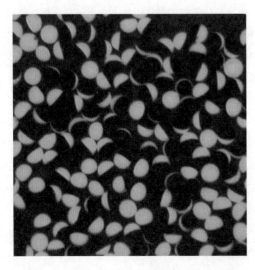
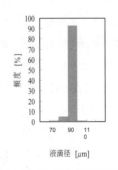

図9　作製したツイストボールの性状

第3章　マイクロ化学プロセス開発

思えるが，実際に粒子を作製してみると，顔料など違う物性を持った物質が両極面に存在するだけで，電圧印加時に粒子内に分極が起こり，比較的簡単に粒子反転の現象が得られる。しかしながら，良好な表示を得るためには各面の帯電制御は必要であり，その発現因子としては，構成樹脂への官能基や顔料の種類，ポリマーの極性など，様々な因子が複合的に影響を与え，そのバランスをうまく制御することにより表示の良好なツイストボールを設計している。また，電子ペーパーとしての良好な表示を得るためには，2色粒子の色バランスの制御も重要となる。これは，ツイストボールには基本的には半分ずつ均等に分かれた色バランスを持たせるが，たとえば色目を明るくしたい場合など，明るい色の面積を増やすことで色目を変化させることができる。このバランスを制御するためには，初期の各色の流量を変化させて行うこともできるが，導入する各相の化学組成や界面張力もバランスに影響を与える場合がある[6]（図9）。

7.6　電子ペーパーへの応用

　以上のような方法によりツイストボール粒子は作製されるが，この粒子がどのように電子ペーパー化されるかを簡単に述べる。ツイストボール粒子の電子ペーパー化では，まず，表示材とするために，でき上がった粒子を均一にシート状に並べることと，粒子が動かないようにシート内にカプセル化して固定化することが必要となる。ツイストボール方式の電子ペーパーでは，このシート化工程が非常に簡便にできることが特徴となる。製作方法としては，架橋型のシリコーンゴムにツイストボール粒子を混合後，シート状に加工，硬化し，そのあと，炭化水素系オイルやシリコーンオイルなどに浸漬させることで，ゴムのみが膨潤して粒子の周りに隙間が生じることにより自動的に粒子がカプセル化されたシートが得られる。また，表示を得るためには，でき上がったカプセルシートを電極間に挟み込み電圧を印加することで簡単に表示が可能となる。

　本方式で作製された電子ペーパーの特徴として以下のことが挙げられる。

①　反射型表示のため，見やすく屋外などで表示が鮮明。
②　耐久性，耐候性に優れ，薄く軽い表示装置となる。
③　粒子の着色でカラー表示が簡単にでき，大型表示にも適する。

A1サイズ電子ペーパー曲面サイネージ

FPD international 2008 綜研化学㈱ブース

図10　ツイストボール型電子ペーパー

④ 表示に記憶性があり，駆動電力も些少。
⑤ フレキシブル表示が可能で，曲面ディスプレイが可能。

また，この方式の表示方法としては，時計などで応用できるセグメント表示や，LED看板などのドット表示，また，TFTなどを用いた高精細表示も可能で，これまでに有機TFTとの組み合わせで50DPI程度までの表示の実績もある（図10）。

7.7 おわりに

現在，本電子ペーパー開発は商品化段階に入っており，特に微粒子型電子ペーパーの特徴であるコンパクトで低消費電力の特徴に加え，本方式の特徴である耐久性の高さやカラーバリエーションの豊富さより，特に広告看板や大型サイネージの分野での商品化が行われている。また，高精細，高コントラスト表示を目的に現在の表示方式を発展させ，ツイストボールを単層に敷き詰めた表示方式により，低電圧で高コントラスト表示を得る検討なども行われている[7]。

我々は，ケミカル分野である微粒子合成方法と精密工学の分野であるマイクロリアクター技術を融合させることで，高性能のツイストボールを開発し，新しい電子ペーパー市場を開拓することができたが，本開発の特に微粒子自体を精密に加工することは，マイクロリアクター技術なしでは不可能だったと考えている。また，開発に際しては，具体的な商品の目標を持つことにより，マイクロチップや周辺装置の精密加工技術が格段に進み，最終的に非常に高度な生産工程および製品の創出につながったと考えている。

我々の取り組みはこれまで小スケールでの検討が主であったマイクロリアクターを，電子ペーパーという汎用工業製品の生産に応用した新しい試みと考えており，今後の素材，材料商品の新しいあり方を提案できたと考えている。

文　献

1) N. K. Sheridon, SID77, 289 (1977)
2) 特開昭58-123579ほか
3) 特開平6-226875
4) 高橋，滝沢，西迫，鳥居，樋口，化学工学会第68年会研究発表講演要旨集，B106 (2003)
5) 高橋，滝沢，西迫，鳥居，樋口，第12回ポリマー材料フォーラム講演要旨集，74 (2003)
6) 高橋，滝沢，西迫，鳥居，第15回ポリマー材料フォーラム講演要旨集 (2005)
7) H. S. Lee *et al.*, Proc. IDW '09, 541 (2009)

8 洋上GTLプラントの開発

内田正之[*]

8.1 はじめに

洋上風力発電や船上でLNGを生産するフローティングLNGなど，海洋のエネルギー資源利用を目指す技術が実用化の時期を迎えている。本節では，マイクロチャンネルリアクターを利用し，天然ガスを液体に化学転換するGTLプラントを船上に設置するという試みについて概説する。マイクロチャンネルリアクターの実用化に対する期待には多様なものがあり，従来法では生成が困難な化合物の合成を目指す分野，従来は実現できなかった反応条件を実現することで不純物の生成を避け目的化合物の生成効率を高めることを目指す分野，安全性の向上や連続運転上の課題を解決することを目指す分野など，多くの分野でマイクロチャンネルリアクターによるプロセス強化（Process Intensification）が期待されている。本試みは，マイクロチャンネルリアクターの特徴である高効率かつコンパクト性がなければ実現できない分野でのプロセス開発事例であり，プロセス強化を超えてプロセス創造（Process Generation）に分類されるべき試みと考える。

8.2 GTLとは

天然ガスを化学的に液体に転換する技術を総称して，Gas to Liquids，すなわちGTLと称される。広義には，天然ガスを原料に，メタノールやアンモニアなどの化学品を製造する技術もGTLに含まれるが，狭義にはFischer-Tropsch（FT）合成反応により液体炭化水素に転換する技術をGTLと称し，本節でも狭義のGTLを意味する。GTLは天然ガスを酸素あるいはスチームにより酸化することで，合成ガス（H_2とCOの混合ガス）にいったん転換し，これをさらにFT合成反応により炭化水素に転換することにより石油類似製品を製造するプロセスである。

$$CH_4 + H_2O \rightarrow CO + 3H_2 \rightarrow (-CH_2-)n + nH_2O$$

反応自体は古くから知られており，第二次世界大戦中に，天然ガスの代わりに石炭をガス化し，航空機の石油代替燃料製造などを目指しドイツなどで工業化されており，日本でも大戦中に大規模プラントが建設されたという記録がある。1980年代後半以降，オイルメジャーズを中心に本技術の改良開発が進み，2000年代初頭には，供給側面からはパイプラインやLNGなどに次ぐ大規模ガス田の開発手法のひとつとして，また需要側面からは硫黄や重金属を全く含まないクリーンな石油類似製品を生産する方法として大型GTLプラント計画が注目された。しかしながら，競合する石油価格が$20/bbl程度に低迷していた時期でもあり，かつ地球環境問題意識の高まりなどからLNGが脚光を浴びる状況となり，多くの大型GTLプラント計画はそのあと凍結もしくは延期され多くは実現には至らなかった。2010年前後には中東の比較的安価な天然ガスを原料とした一部パイオニア的な大型GTLプラントが稼働を開始したことにより，技術的にも確立された技術で

---

[*] Masayuki Uchida 東洋エンジニアリング㈱ 取締役常務執行役員，経営計画本部長

あることが再認識され、再び注目されつつある。その背景には、米国におけるシェールガス革命や中東での大型LNG設備の稼働により世界的にガス供給能力が増大し価格が低迷する一方、石油価格が高値で安定していることがある。GTLは天然ガス資源をガスとしてではなく、石油として市場に届ける技術として両者の価格差により経済性が担保される。現下の世界経済の低迷とフクシマの原発事故により、世界のエネルギー事情と環境は不透明感を増しているが、天然ガスと石油をブリッジするGTLに対する期待感は大きく、今後も一定の役割を担っていくと考えられる。筆者はGTLはパイプラインやLNGなどと競合する大型ガス田向けではなく、むしろ従来の手法では経済性の観点から開発生産が困難な中小規模ガス田や未利用のガス資源へ適用すべき技術と考えている。石油生産に伴う随伴ガスも適した回収法がないため、フレアによる燃焼処理もしくは油田に圧入され有効に利用されていない。これら中小規模ガス田や未利用のガス資源は数が多いため総量では無視できない規模になるが、そのひとつひとつの資源量は多くないため、従来の大規模ガス田に対する経済性での劣位は避けられない。すなわち、単位生産ガス量あたりの開発コスト（利用コスト）が高いため、それを克服する利用手法が求められる。GTLはその要求に応える技術であり、ガスをガスの価値で市場に提供するのではなく、ガスを石油の価値で利用しようとするものである。現下のように、ガス価格が低迷する一方で、石油価格が高い状況はまさにGTLの実用化には好ましい状況である。IEAのレポートによれば、単位熱量あたりで比較した天然ガスと石油価格の差は過去のトレンドを外れて大きくなってきており、またこの状況は将来にわたって続くと予想されている。

8.3　洋上GTLプラントが必要とされる背景

石油や天然ガスの開発生産が活発に繰り広げられているが、比較的開発が容易な陸上大型油ガス田の新規発見は停滞気味であり、より開発が困難な海洋の油ガス田の開発生産比率が高まりつつある。さらに開発が困難な大水深と呼ばれる3,000 m超級深海の油ガス田開発へと展開してきている。このような深海油ガス田からの石油や天然ガスの開発生産には、FPSO (Floating Production, Storage & Offloading) と呼ばれる、船体内に貯蔵タンクを備えデッキ上に生産設備を配置した船が用いられ、現在世界で150隻以上が既に稼働しているほか、毎年多数が新規建造されている（写真1）。

石油の生産には随伴ガスが副生するが、特に海洋ではガスの用途が限られ、余剰ガスはフレアでの燃焼や再圧縮し海底の油田に圧入するなどの方法で処理されており、資源活用の観点からは改善の余地がある。特に、深海の石油生産の場合には随伴ガスを再圧縮して海底の油田に戻すためには、相当な高圧まで再圧縮せねばならず、技術的にも困難な場合がある。フレアでの燃焼は最も簡便な処理方法ではあるが地球温暖化ガスの排出など環境問題があり、多くの国では今後規制される方向である。例えば、一定量以上のフレア燃焼には罰金が科せられたり、石油生産量が制限される例もある。すなわち、海洋での石油開発においては随伴ガスの処理という課題の解決が迫られている。また、陸地までの距離が長い海洋ガス田の開発生産には、船上で生産したガス

第3章 マイクロ化学プロセス開発

写真1 洋上での石油生産に使用されるFPSO―随伴ガスはフレアで燃焼処理される
（三井海洋開発㈱提供）

をLNG化もしくはCNG（Compressed Natural Gas）化しその体積を小さくし貯蔵，輸送する必要があるが，輸送船や受け入れ設備など付随するサプライチェーンへの投資を含め，ガス田の規模が小さい場合などは経済性が課題になることも多い。GTLにより天然ガスを洋上で液体燃料化することができれば輸送や受け入れ設備は容易になり，経済的かつ有効なガス利用手法となり得る。すなわち，洋上GTLプラントが実現できれば，石油生産に伴う温暖化ガス放出の解決に資するとともに，未利用の海洋資源をより有効に活用することが期待できる。ただし，従来型のGTLプラントでは，主反応である反応器に純酸素装置もしくは大型加熱炉が必要であったり，揺動に弱い大型縦型容器を必要とするため，従来の大型GTLプラントのミニチュア化では船上設置が困難であるばかりか経済性もないため，それに特化した新たな技術開発が必要である。Velocys社が開発中のマイクロチャンネルリアクターを，GTLプラントの主反応器として利用し，設備の小型化，低コスト化，高効率化を達成することにより，従来技術では実現できなかった洋上GTLプラントという新たな海洋資源開発手法を提供することができる可能性がある。

8.4　Velocys社およびそのマイクロチャンネルリアクターの特徴

　Velocys社は，米国のBattelle Memorial Instituteが基本特許を保有するマイクロチャンネルリアクター技術を実用化するために，2001年に同研究所からスピンアウトし設立された米国の開発ベンチャー会社である。社員数は約80人，オハイオ州コロンバス市に本社を構える。2008年に英国のOxford Catalysts Groupにより買収され現在に至っている。Velocys社では様々な分野でのマイクロチャンネルリアクターの実用化を目指しているが，現在はGTL向けに特化注力しており，2007年11月に東洋エンジニアリング㈱と三井海洋開発㈱（MODEC）との間で洋上GTL共同開発契約を締結し，マイクロチャンネルリアクターを用いた洋上GTLプラントの共同開発を進めている。開発プログラムは2012年末完了を目指す5ヶ年計画であり，GTLに用いるマイクロチャンネルリアクターの設計と製作，触媒の開発と生産，商業生産に向けた体制作り，デモプラントの建設と試運転，商業化に向けた概念設計などを内容としている。現在は開発の最終段階であるデモ

プラントをブラジルに建設し実証運転を行っている。

　化学反応では反応物質への熱供給や反応系からの熱除去が律速となることが多く，より高い熱移動効率を実現することで全体としての反応効率や経済性を高めることが可能である。GTLプラントにおける主要な反応，Steam Methane Reforming反応（SMR）とFT合成反応（FTR）はいずれも熱移動律速であり，高い熱移動効率の反応器が望まれる反応系である。これら両反応にそれぞれマイクロチャンネルリアクターを用いることで高い熱移動効率を実現し，結果としてGTLプラント全体を大幅に小型化，軽量化，低コスト化し，中小規模でも経済性のあるGTLプラントを実現することを目指す。

・SMR：Steam Methane Reforming反応

　触媒を用いて，天然ガスを水蒸気存在下で改質し，合成ガス（CO＋H_2の混合ガス）に化学転換する反応。改質反応は大きな吸熱反応であり，それに必要な熱は隣接するチャンネル内で燃料ガスの空気による触媒燃焼反応により供給される。

・FTR：Fischer-Tropsch合成反応

　触媒を用いて，合成ガスを直鎖状炭化水素（石油類似物）に化学転換する反応。FT合成反応は大きな発熱反応のため反応熱を除去する必要があり，隣接するチャンネル内にボイラー水を流しスチームとして熱回収を行う。

　上記SMRとFTRに使用するマイクロチャンネルリアクターは，数mm角，長さ500〜750 mm程度のチャンネルと称する流路を多数集積した構造からなる積層型多流路反応器である。図1に示すイメージの通り，非常に小さな流路内で，隣接する流路との間で熱交換を行いつつ反応を進行させるプレート式熱交換器に類似した反応器である。ひとつの流路内で発熱反応，壁を隔てて隣接した流路内で吸熱反応（あるいは相変化）を併行して同時に行い，反応器内部で発熱側から吸熱側への高速熱移動をバランスさせるよう設計される。従来型反応器に比べ，大幅に熱伝達効率が高いため，熱移動律速の反応系において総括反応速度は飛躍的に向上し，結果として単位生産量あたりの反応器の大きさや触媒量を減らすことが可能になる。反応器は製作上の限界を考慮した規格サイズでの大量生産を考えており，ひとつひとつの生産量は大きくないため，これを多数設置することにより所定の生産量に対応することになるが，複数の反応器をヘッダーで結合し横型圧力容器内に格納した姿で使用する（写真2）。

　SMRの改質反応条件は，1,000℃近くの高温にさらされるため，ニッケル―クロム系合金材料の中から，高温強度（クリープ）と高温腐食（酸化，浸炭，メタルダスティング耐性）を考慮の上，市場調達の容易性と価格を加えた総合評価で選定されている。高温腐食およびメタルダスティング耐性をより確実にする観点から，各流路の壁面にはアルミナ蒸着による防食処理が施される。この蒸着法は母材合金の表層に高密度の金属酸化物保護皮膜を作るもので，CVD法（Chemical Vapor Deposition）を採用している。また，SMRに用いる燃焼および改質触媒は，いずれもVelocysが独自に開発したもので，該当流路の内壁面に特殊な方法でコーティングされる。触媒活性金属種として貴金属系を使用しており，改質原料ガスの高次脱硫による前処理が触媒毒の除去の観点

第3章　マイクロ化学プロセス開発

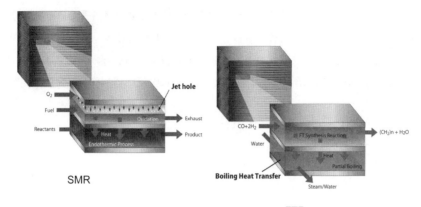

図1　SMRおよびFTRのマイクロチャンネルリアクター模式図

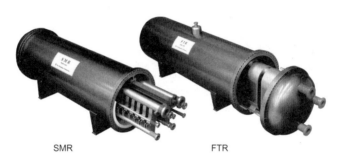

写真2　マイクロチャンネルリアクターを収納した圧力容器

から必要である。

　一方，FTRの使用温度はSMRより低い220～230℃前後のため，材料は通常のステンレス鋼を用い，ロウ付けもしくは溶接で積層される。プロセス流路と冷却媒体側の流路が交互に並び，触媒が充填されているプロセス流路には上部から合成ガスが入り，下部からFT合成反応の生成物である液状油および未反応ガスが出てくる。FT合成反応は大きな発熱反応のため，冷却側には冷媒としてボイラー水が水平方向に流れ，一部が反応熱を受熱して蒸発し，スチームとの混相流となり反対側から出ていく構造である。

　FTR反応器はSMRと同様に数個並べられ圧力容器内に格納して使用する。圧力容器はスチームドラムを兼ねており，容器内は発生する水蒸気で加圧された状態になっており，スチームの圧力を常に反応器内のプロセス側圧力より高くし，差圧設計となっている反応器を圧縮応力下で使用する。FTR触媒もVelocysによる独自開発触媒であり，アルミナ担体上にコバルトを主成分とする活性金属を担持した約150 μmの球形で，これをチャンネル内に充填して使用する。

　積層型多流路反応器において多数の流路に均一な分配を確保し，また時間経過に伴う不均一性

の発現を最小化し，かつ長時間の使用に対する健全性を確保するには，きわめて高い精度の積層技術が求められる。加えて，商業製作上の課題として，各反応器の均一性を含む品質保証，大量生産設備への先行投資，製作コストの低減などを同時に達成する必要がある。本GTL開発では，高い技術力を有する㈱神戸製鋼所の協力を得て，これらSMR反応器製作上の課題の克服に取り組んでいる。

8.5 マイクロGTLプラント

FPSO上に併載する洋上GTLプラントのブロックフローを図2に示す。このフローは，石油生産に伴い副生する随伴ガスを原料とし合成石油（Syncrude）を生産するもので，石油に混合し出荷することを想定している。したがい，FT合成反応により生成した合成石油を最終製品であるディーゼル留分に分解する水素化分解装置は含まない。GTLプラントの主反応であるSMRとFTRにそれぞれマイクロチャンネルリアクターが用いられる。SMRおよびFTRともに反応条件は，従来型反応器で用いられる条件と類似である。すなわち，本技術の特徴は従来技術と同じ反応条件を，マイクロチャンネルリアクターという新しいタイプの反応器と異なる触媒で実現していることである。なお，SMRで生成する合成ガス組成は平衡上，H_2/CO比＞3の組成であり，FT合成反応の最適条件に比べ水素が過剰である。本GTLプラントではメンブレンにより合成ガス中の余剰水素を除き，H_2/CO比を2程度の最適条件に調整するとともに，除去した水素はSMRの燃料ガスとして利用する。

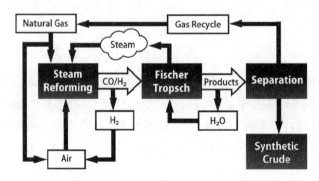

図2　マイクロGTLブロックフロー

8.6 開発の状況

マイクロGTLプラントの開発はほぼ予定通りに進捗し，現在ブラジルに小規模実証プラントを建設し実証運転を継続中である。これまで実験室レベルで蓄積した開発成果ならびにマイクロチャンネルリアクター製作技術をほぼ商業規模の反応器を用いた実証プラントで確認することになる。実証プラントは写真3に示すようにタイの組立工場でGTLプラント全体をモジュールで製作

第3章　マイクロ化学プロセス開発

写真3　タイで製作したGTLモジュール

し，これをブラジルへ搬送した。マイクロチャンネルリアクター利用によるプラントのコンパクト化がこのような工法を可能にしており，極寒地や現地工事労働力がない僻地でのプラント立地には同様な工法を用いる予定である。ブラジルの国営石油会社であるペトロブラス公社に，用地や原料ガスの提供のほか，現地での据付工事，用役やオペレーターの用意などで協力を戴いた。ペトロブラス傘下の石油精製設備内に設置した実証プラントは2012年初から実証運転を開始し，2012年末までの実証運転期間中に商業化に必要な設計データや運転データを収集するとともに，コストダウンと短納期化を目指した次世代反応器の試験を追加実施する予定である。実証運転では定常状態の連続運転以外に，天然ガス中にCO_2を30％程度含むCO_2リッチな原料ガスによる運転や意図的なスタートストップを繰り返すことで，特にマイクロチャンネルリアクターの熱履歴に対する健全性も確認する予定である。実証プラントは小規模とはいえ，商業規模のプラントで使用予定と同規模の反応器を設置しており，本プラントのコアであるマイクロチャンネルリアクターの実証には充分と考えており，実証運転終了と同時に商品化が完了し，商業プラントの受注活動を進めていく予定である。

8.7　商業プラントの概念設計

　併行して，FPSOのデック上に搭載し，石油生産に随伴するガスを洋上で液体燃料化するGTL商業プラントを追加設置する概念設計を進めている。プラント規模を約1,000bpdと仮定し，既存FPSOの空きデックスペースに搭載することを考慮し，追加設置するGTLプラントで必要な電気，水，スチームなどの用役設備を含めた上で，必要面積の最小化とモジュール工法の採用による工期の短期化を重視した設計としている。図3にその概念図を示すが，必要面積は約40m×25mで，重量制限上4つのモジュールに分割した構成で計画した。この規模であれば既存のFPSOにもスペースを確保できる可能性が高く，新設FPSOのみならず既存FPSOにも随伴ガスの処理方法として提案できると期待している。

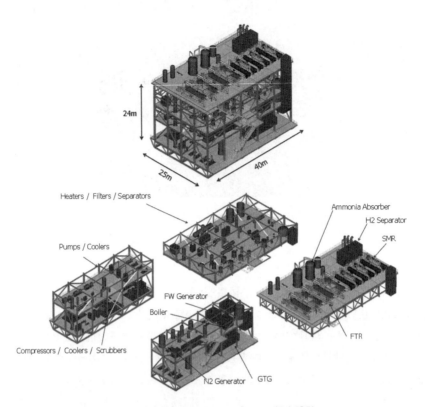

図3　1,000 bpd 洋上GTLプラント概念設計

8.8　おわりに

マイクロチャンネルリアクター技術は種々の分野で化学反応プロセスを革新する可能性を秘めており，本節で紹介したような新たな分野を開拓する可能性もある。本マイクロGTL技術が実用化できれば，先に記したような新たなガス利用ソリューションとして，従来手法では利用が困難だったガス資源を資源として活用することが可能になる。当然のことながら，洋上設備のみならず，陸上におけるガス資源への適用のほか，メタンハイドレートを含む非在来型ガス資源やバイオガスなどへの適用も可能であろう。当初からの開発目標であった，未利用資源の有効活用の見地は，世界のエネルギー需要の増大はもとより，震災後いっそう不透明感の強い世界のエネルギー事情の中で益々重要性を増しており，マイクロチャンネルリアクター技術に期待するところ大である。

謝辞

本開発の一部は，㈶日本海事協会の「業界要望による共同研究」のスキームにより，同協会の研究支援を受けて実施しております。この場を借りて御礼申し上げます。

マイクロリアクター技術の最前線《普及版》(B1277)

2012年5月1日　初　版　第1刷発行
2019年3月11日　普及版　第1刷発行

監　修　　前　一廣　　　　　　　Printed in Japan
発行者　　辻　賢司
発行所　　株式会社シーエムシー出版
　　　　　東京都千代田区神田錦町1-17-1
　　　　　電話 03(3293)7066
　　　　　大阪市中央区内平野町1-3-12
　　　　　電話 06(4794)8234
　　　　　http://www.cmcbooks.co.jp/

〔印刷　あさひ高速印刷株式会社〕　　　　ⓒ K. Mae, 2019

落丁・乱丁本はお取替えいたします。

本書の内容の一部あるいは全部を無断で複写(コピー)することは，法律で認められた場合を除き，著作者および出版社の権利の侵害になります。

ISBN978-4-7813-1360-3　C3043　¥6300E